高等学校规划教材
国家精品课程系列教材
国家精品资源共享课配套教材
教育部大学计算机课程改革项目成果

数据库原理与实践

（Access 2013）

（第 2 版）

邢为民　董卫军　索　琦　编著

耿国华　主审

电子工业出版社
Publishing House of Electronics Industry
北京·BEIJING

内 容 简 介

本书是国家精品课程"计算机基础"系列课程"数据库原理与技术"的主教材,也是国家精品资源共享课配套教材。

全书共 11 章,分为数据库基础理论篇和 Access 应用实践篇两大部分。数据库基础理论篇主要包括:数据库基础、数据库设计、数据库安全共 3 章;Access 应用实践篇以 Access 2013 版本为平台,内容包括:Access 简介、数据库和表的创建、查询、窗体、报表、宏、模块与 VBA、综合实例共 8 章。

本书基础理论部分与 Access 应用实践部分相辅相成,既照顾到理论基础的坚实,又强调技术实践的应用,在编写时还兼顾了计算机等级考试的要求。为方便教学,本书还配有电子课件,任课教师可以登录华信教育资源网(www.hxedu.com.cn)免费注册下载。

本书可作为高等院校计算机基础课程及相关专业数据库技术课程的教材,也可作为全国计算机等级考试二级 Access 的培训或自学教材。

未经许可,不得以任何方式复制或抄袭本书之部分或全部内容。
版权所有,侵权必究。

图书在版编目(CIP)数据

数据库原理与实践:Access 2013 / 邢为民,董卫军,索琦编著. —2 版. —北京:电子工业出版社,2015.2
高等学校规划教材
ISBN 978-7-121-25487-1

Ⅰ. ①数… Ⅱ. ①邢…②董… ③索… Ⅲ. ①关系数据库系统－高等学校－教材 Ⅳ. ①TP311.138

中国版本图书馆 CIP 数据核字(2015)第 024008 号

策划编辑:索蓉霞
责任编辑:张　京
印　　刷:北京捷迅佳彩印刷有限公司
装　　订:北京捷迅佳彩印刷有限公司
出版发行:电子工业出版社
　　　　　北京市海淀区万寿路 173 信箱　邮编:100036
开　　本:787×1 092　1/16　印张:17　字数:435.2 千字
版　　次:2015 年 2 月第 1 版
印　　次:2019 年 7 月第 4 次印刷
定　　价:42.00 元

凡所购买电子工业出版社图书有缺损问题,请向购买书店调换。若书店售缺,请与本社发行部联系,联系及邮购电话:(010)88254888。
质量投诉请发邮件至 zlts@phei.com.cn,盗版侵权举报请发邮件至 dbqq@phei.com.cn。
服务热线:(010)88258888。

前　　言

数据库技术是计算机科学技术发展的重要内容，是构成信息系统的重要基础。建设以数据库为核心的各类信息系统和应用系统，对提高企业效益、改善部门管理具有重要意义。因此，学习和掌握数据库技术的基本知识和基本技能已成为大学生必备的素质要求。

本书是国家精品课程"计算机基础"系列课程"数据库原理与技术"的主教材，也是国家精品资源共享课配套教材。教材从培养学生分析问题和解决问题的能力入手，立足于"以理论为基础，以实例为引导，以应用为目的"，通俗易懂，循序渐进，满足应用型人才培养的特点和需求。

全书共 11 章，分为数据库基础理论篇和 Access 应用实践篇两大部分。

数据库基础理论篇主要介绍数据库组织、管理和使用的一般知识。内容包括数据库基础、数据库设计、数据库安全共 3 章，使读者能够对数据库有一个从外到里、由浅入深的理解。

Access 应用实践篇从实用性出发，以 Access 2013 版本为基础介绍了 Access 数据库程序设计所涉及的基本概念、数据表设计方法和程序设计方法。主要内容包括：Access 简介、数据库和表的创建、查询、窗体、报表、宏、模块与 VBA、综合实例共 8 章。通过引例，循序渐进地介绍了数据库的设计、建立与使用方法，能够让读者在很短的时间内掌握 Access 数据库设计，实现信息的有效管理。

本书基础理论部分与 Access 应用实践部分相辅相成，既照顾到理论基础的坚实，又强调技术实践的应用。同时，在编写时兼顾了计算机等级考试的要求。为方便教学，**本书还配有电子课件，任课教师可以登录华信教育资源网（www.hxedu.com.cn）免费注册下载。**

本书由多年从事计算机教学的一线教师编写，董卫军编写第 1~3 章及附录，邢为民编写第 4~8 章，索琦编写第 9~11 章。全书由董卫军统稿，西北大学耿国华教授主审。在此感谢教学团队成员的帮助。由于水平有限，书中难免有不妥之处，恳请指正。

编　者
于西安·西北大学

目 录

数据库基础理论篇

第1章 数据库基础 ………………… 1
  1.1 数据管理 ……………………… 1
    1.1.1 数据管理的基本概念 …… 1
    1.1.2 数据管理的发展 ………… 7
  1.2 数据的表示 …………………… 11
    1.2.1 数据的抽象表示 ………… 11
    1.2.2 数据模型 ………………… 14
  1.3 数据库的体系结构 …………… 17
    1.3.1 三级模式 ………………… 17
    1.3.2 两级映射 ………………… 18
  1.4 关系数据库 …………………… 18
    1.4.1 基本概念 ………………… 18
    1.4.2 关系数据库的体系结构 … 20
    1.4.3 关系模型的完整性规则 … 22
    1.4.4 关系的运算 ……………… 23
  习题 1 ……………………………… 28

第2章 数据库设计 ………………… 32
  2.1 工程化设计 …………………… 32
    2.1.1 工程化设计的基本思想 … 32
    2.1.2 工程化设计的基本过程 … 33
  2.2 数据库设计 …………………… 35

    2.2.1 数据库设计的基本内容 … 35
    2.2.2 数据库设计的基本过程 … 36
    2.2.3 关系模式的规范化 ……… 42
  习题 2 ……………………………… 49

第3章 数据库安全 ………………… 51
  3.1 数据库安全概述 ……………… 51
    3.1.1 数据库安全标准 ………… 51
    3.1.2 数据库安全的特征 ……… 52
    3.1.3 数据库的安全层次 ……… 53
  3.2 数据库安全技术 ……………… 54
    3.2.1 容易忽略的简单漏洞 …… 54
    3.2.2 数据库加密技术 ………… 55
    3.2.3 存取管理技术 …………… 57
    3.2.4 安全审计技术 …………… 58
    3.2.5 备份与恢复 ……………… 60
  3.3 云数据及其安全 ……………… 64
    3.3.1 云数据库概述 …………… 64
    3.3.2 现有的云数据库产品 …… 66
    3.3.3 云数据库安全策略 ……… 68
  习题 3 ……………………………… 69

Access 应用实践篇

第4章 Access 简介 ………………… 72
  4.1 Access 概述 …………………… 72
    4.1.1 Access 的优缺点 ………… 72
    4.1.2 Access 的基本概念 ……… 73
  4.2 Access 的启动和退出 ………… 79
    4.2.1 启动 Access ……………… 79
    4.2.2 退出 Access ……………… 82
  习题 4 ……………………………… 82

第5章 数据库和表的创建 ………… 84
  5.1 创建和管理数据库 …………… 84
    5.1.1 数据库设计的基本步骤 … 84
    5.1.2 创建数据库 ……………… 85
    5.1.3 数据库的打开保存与关闭 …… 87
  5.2 创建和操作表 ………………… 88
    5.2.1 创建表 …………………… 88
    5.2.2 表间关系的创建 ………… 97

    5.2.3 操作表 ································ 100
  5.3 数据的导入和导出 ························· 106
    5.3.1 导入并链接 ······················ 107
    5.3.2 导出数据 ··························· 110
  习题 5 ··· 110

第 6 章 查询 ·· 114

  6.1 查询与表 ··· 114
  6.2 常见的查询 ··· 114
    6.2.1 选择查询 ··························· 114
    6.2.2 参数查询 ··························· 114
    6.2.3 交叉表查询 ······················ 115
    6.2.4 操作查询 ··························· 115
    6.2.5 SQL 查询 ·························· 115
  6.3 创建选择查询 ···································· 116
    6.3.1 利用查询设计视图建立查询 ···· 116
    6.3.2 利用查询向导建立查询 ···· 120
  6.4 创建参数查询 ···································· 120
  6.5 创建交叉表查询 ······························· 121
  6.6 操作查询 ··· 124
    6.6.1 生成表查询 ······················ 124
    6.6.2 删除查询 ··························· 125
    6.6.3 更新查询 ··························· 126
    6.6.4 追加查询 ··························· 126
  6.7 Access SQL 查询 ····························· 128
    6.7.1 SQL 的特点 ····················· 128
    6.7.2 SQL 数据库的体系结构 ···· 128
    6.7.3 Access SQL 的特点 ········ 129
    6.7.4 Access SQL 的数据定义 ···· 131
    6.7.5 Access SQL 的数据查询 ···· 133
    6.7.6 Access SQL 的数据更新 ···· 137
    6.7.7 建立 SQL 查询 ·············· 139
  6.8 查询的打开与修改 ························· 140
    6.8.1 打开查询 ··························· 140
    6.8.2 修改查询 ··························· 140
  习题 6 ··· 141

第 7 章 窗体的使用 ··························· 145

  7.1 窗体的功能与构成 ························· 145
    7.1.1 窗体的功能 ······················ 145
    7.1.2 窗体的构成 ······················ 145

  7.2 创建窗体 ··· 146
    7.2.1 创建窗体 ··························· 146
    7.2.2 使用窗体向导建立窗体 ···· 147
  7.3 窗体设计视图与控件 ····················· 148
    7.3.1 窗体的设计视图 ············· 149
    7.3.2 窗体中的常见控件 ········· 149
    7.3.3 在窗体上添加控件对象 ···· 151
  7.4 创建子窗体 ··· 156
    7.4.1 主窗体和子窗体的关系 ···· 156
    7.4.2 创建子窗体 ······················ 156
  7.5 通过窗体处理数据 ························· 159
    7.5.1 窗体视图工具栏 ············· 159
    7.5.2 记录导航按钮集 ············· 159
    7.5.3 处理数据 ··························· 160
  习题 7 ··· 161

第 8 章 报表 ·· 164

  8.1 报表的功能与类型 ························· 164
    8.1.1 报表的功能 ······················ 164
    8.1.2 报表类型 ··························· 164
  8.2 报表的组成 ··· 165
    8.2.1 报表的节 ··························· 165
    8.2.2 报表的常见节 ·················· 166
  8.3 使用报表向导建立报表 ················ 167
  8.4 通过设计视图创建报表 ················ 169
    8.4.1 报表创建过程 ·················· 169
    8.4.2 报表控件 ··························· 170
    8.4.3 在报表中添加分组 ········· 172
    8.4.4 添加计算字段 ·················· 174
  8.5 修饰报表 ··· 175
    8.5.1 添加文字 ··························· 175
    8.5.2 设置内容的显示效果 ····· 175
    8.5.3 调整显示对齐方式 ········· 176
  8.6 打印报表 ··· 176
    8.6.1 页面设置 ··························· 176
    8.6.2 预览与打印报表 ············· 176
  习题 8 ··· 177

第 9 章 宏 ··· 181

  9.1 理解宏 ··· 181
    9.1.1 宏介绍 ······························ 181

  9.1.2 宏的功能 ································· 181
  9.1.3 宏的分类 ································· 182
  9.1.4 事件的概念 ······························ 182
 9.2 创建宏 ·· 183
  9.2.1 宏操作 ···································· 183
  9.2.2 宏设计器窗口 ··························· 186
  9.2.3 在宏中添加操作 ······················ 186
  9.2.4 创建宏组 ································· 191
  9.2.5 建立数据宏 ······························ 193
  9.2.6 创建 AutoExec 宏 ···················· 193
 9.3 运行宏 ·· 194
 9.4 宏向 Visual Basic 代码转换 ············ 195
  9.4.1 转换窗体或报表中的宏 ········· 195
  9.4.2 转换宏到 Visual Basic 代码 ··· 195
 习题 9 ··· 196

第 10 章 模块和 VBA ································ 199
 10.1 模块和 VBA 简介 ························· 199
  10.1.1 模块的基本概念 ··················· 199
  10.1.2 VBA 与 VB 的区别 ·············· 200
  10.1.3 VBA 开发环境 ······················ 200
 10.2 模块的创建和调试 ······················ 202
  10.2.1 创建模块 ······························ 202
  10.2.2 模块的调试 ·························· 206
 10.3 VBA 基础 ···································· 210
  10.3.1 关键字和标识符 ··················· 210
  10.3.2 数据类型 ······························ 210
  10.3.3 常量与变量 ·························· 212
  10.3.4 运算符与表达式 ··················· 214
  10.3.5 基本语句 ······························ 217
  10.3.6 函数 ······································ 220

 10.4 数组的定义和使用 ···················· 220
  10.4.1 数组的定义 ························ 220
  10.4.2 静态数组 ···························· 221
  10.4.3 动态数组 ···························· 221
 10.5 基本程序设计 ····························· 222
  10.5.1 程序的基本结构 ················· 222
  10.5.2 顺序结构 ···························· 223
  10.5.3 选择结构 ···························· 223
  10.5.4 循环结构 ···························· 228
 10.6 VBA 过程设计 ···························· 232
  10.6.1 子程序过程 ························ 232
  10.6.2 函数过程 ···························· 237
  10.6.3 参数传递 ···························· 239
 10.7 应用举例 ···································· 240
  10.7.1 VBA 函数和子过程举例 ····· 240
  10.7.2 VBA 对窗体操作 ················ 241
  10.7.3 调用 Windows 系统自带的
     应用程序 ······························ 243
 习题 10 ··· 243

第 11 章 综合实例 ·································· 248
 11.1 需求分析 ···································· 248
 11.2 系统设计 ···································· 248
 11.3 系统实现 ···································· 250
  11.3.1 数据库设计 ························ 250
  11.3.2 查询设计 ···························· 250
  11.3.3 报表设计 ···························· 252
  11.3.4 窗体设计 ···························· 252
 11.4 系统测试及运行 ························ 256
 习题 11 ··· 257

附录 A VBA 主要关键字 ··· 258

附录 B VBA 常见函数 ··· 260

参考文献 ··· 264

数据库基础理论篇

第 1 章　数据库基础

有效地管理和利用数据是一个急切需要解决的问题。在数据库技术没有出现以前，人们常通过计算机高级语言程序来处理数据，这种方法不仅速度慢，数据冗余大，而且程序设计和维护复杂。20 世纪 60 年代末期出现的数据库技术极大地提高了数据管理的效率，数据库具有的数据结构化、低冗余、数据独立性和易于扩充、易于程序设计等优点，使其迅速成为数据管理的基础。

1.1　数　据　管　理

1.1.1　数据管理的基本概念

1．数据

数据是事物特性的反映和描述。数据不仅包括狭义的数值数据，还包括文字、声音、图像、视频等一切能被计算机接收并处理的符号。数据在空间上的传递称为通信（以信号方式传输），在时间上传递称为存储（以文件形式存取）。

信息是和数据关系密切的另外一个概念。数据是信息的符号表示（或称为载体）；信息则是数据的内涵，是对数据语义的解释。数据必须经过处理，才能成为有意义的信息。

2．数据的组织级别

计算机中数据的组织一般可以分为四级：数据项、记录、文件和数据库，如图 1.1 所示。不同的数据项形成记录，同类型的记录形成文件，有联系的文件形成数据库。

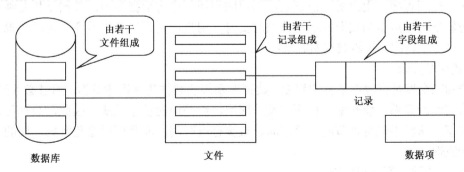

图 1.1　数据的组织级别

(1) 数据项

数据项也叫元素、字段等，是现实世界事物属性的抽象表示。

数据项有名、值、域三个特性。数据项的名称称为数据项名；数据项的具体取值称为数据项值，值可以是数值、字母、字母数字、汉字等形式；数据项的取值范围称为数据项域，域以外的任何值对数据项无意义。

(2) 记录

记录是处理和存储信息的基本单位，由若干相关联的数据项组成，是关于一个实体的数据总和。

记录有型和值的区别。记录型是同类记录的框架，它定义记录的组成；记录值反映实体的内容。为了唯一标识每个记录，记录之间就需要有区分标志（关键字），能唯一标识记录的关键字称主关键字。

(3) 文件

文件是用文件名称标识的给定类型记录的全部具体值的集合。即数据库文件可以看成是具有相同性质的记录的集合，因而其具有以下特性：

① 文件的记录格式相同，长度相等。

② 不同行表示不同的记录，因而不能有两行内容相同，但行顺序变化不影响内容表达。

③ 不同列表示不同的字段，同列数据的属性相同，列的内容不可分割，但列顺序变化不影响内容表达。

(4) 数据库

数据库是存放数据的仓库，是对现实世界有用信息抽取、加工处理，并按一定格式长期存储在计算机内、有组织、可共享的数据集合。数据库是比文件更大的数据组织形式，其内部结构是存在某种联系的文件集合。数据库具有很多特点，主要包括：

① 数据结构化

数据库中的数据不针对特定应用，而是面向所有应用，从全局观点出发，基于数据间的自然联系，按一定的数据模型组织、描述和存储数据，具有整体的结构化特征。

② 数据独立性

数据独立性是指数据的逻辑组织方式和物理存储方式与用户的应用程序相对独立。通过数据独立性可以将数据的定义和描述与应用程序分离开来，从而减少了应用程序的维护和修改工作量。

数据独立性包括物理独立性和逻辑独立性。数据的物理独立性是指当数据的物理存储方式改变时，应用程序不用改变。换言之，用户的应用程序与数据库中的数据是相互独立的；数据的逻辑独立性是指当数据的逻辑结构改变时，用户应用程序不用改变。也就是说，用户的应用程序与数据库的逻辑结构是相互独立的。

③ 数据低冗余

数据的冗余度是指数据重复的程度。数据库系统从整体角度描述数据，通过必要的冗余，来保持数据间的联系，使数据不再面向某一应用，而是面向整个系统。因此，数据可以被多个应用共享，这样不但可以节约存储空间、减少存取时间，而且可以避免数据之间的不相容性和不一致性。

④ 统一的数据管理和控制

数据库是共享资源，计算机支持并发方式访问共享资源，即多个用户可以同时存取数据库中的数据，甚至可以同时存取数据库中同一个数据。因此，数据库管理系统必须提供相应的数据控制保护功能。主要包括以下几方面：

- 数据的安全性保护

数据的安全性是指保护数据以防止非法使用造成数据泄密和破坏，使每个用户只能按规定对特定数据以系统认可的方式使用和处理。例如，使用身份鉴别、口令检查或其他手段检查用户的合法性，只有合法用户才能进入数据库系统。

- 数据的完整性控制

数据的完整性指数据的正确性、有效性和相容性。完整性检查可以保证数据库中数据在输入和修改过程中始终符合原来的定义和规定，在有效的范围内或保证数据之间满足一定的关系。例如，月份是1~12之间的正整数，性别是"男"或"女"，成绩是大于等于0且小于等于100的整数，学生的学号是唯一的等。

- 数据恢复

计算机系统的硬件故障、软件故障、操作员的失误及人为的攻击和破坏都会影响数据库中数据的正确性，甚至会造成部分或全部数据的丢失。因此数据库管理系统必须能够提供一套机制，可及时发现故障和修复故障，从而防止数据被破坏。

- 并发控制

当多个用户的并发进程同时存取、修改数据库时，可能会发生由于相互干扰而导致结果错误的情况，并使数据库完整性遭到破坏。因此，必须对多用户的并发操作加以控制和协调。

3．数据库管理系统

数据库管理系统（Database Management System，DBMS）是位于用户与操作系统（OS）之间的一层数据管理软件，是数据库系统的核心。它为用户或应用程序提供访问数据库的方法，包括数据库的建立、查询、更新及各种数据控制。

（1）DBMS 的基本功能

DBMS 具有以下基本功能。

① 对象定义功能

DBMS 通过提供数据定义语言（Data Definition Language，DDL）实现对数据对象的定义，例如，描述和定义外模式、模式和内模式；定义数据库完整性；定义安全保密（如用户口令、级别、存取权限）；定义存取路径（如索引）等。

② 数据操纵功能

DBMS 提供数据操纵语言（Data Manipulation Language，DML）实现对数据的一些基本操作，如检索、插入、修改、删除和排序等。DML 一般有两类：一类是嵌入主语言的 DML，如嵌入到 C++或 PowerBuilder 等高级语言（称为宿主语言）中；另一类是非嵌入式语言（包括交互式命令语言和结构化语言），它的语法简单，可以独立使用，由单独的解释或编译系统来执行，一般称为自主型 DML。

③ 数据库控制功能

DBMS 提供的数据控制语言（Data Control Language，DCL）保证数据库操作都在统一的管理下协同工作，以确保事务处理的正常运行，保证数据库的正确性、安全性、有效性和多用户并发使用，以及发生故障后的系统恢复等。如安全性检查、完整性约束条件的检查、数据库内部的如索引和数据字典的自动维护、缓冲区大小的设置等。

④ 数据组织、存储和管理

DBMS 要分类组织、存储和管理各种数据（数据字典、用户数据、存取路径等）。要确定以何种文件结构和存取方式在存储器上组织数据，以及实现数据之间的联系。数据组织和存储的基本目标是提高存储空间利用率和方便存取，提供多种存取方法（如索引查找、Hash 查找、顺序查找等）提高存取效率。

⑤ 其他功能

除以上基本功能外，还提供一些别的辅助功能，如网络通信功能（一个 DBMS 与另一个 DBMS 或文件系统的数据转换功能）；异构数据库之间的互访和互操作等。

(2) 常见的数据库管理系统

在实际应用中，存在多种不同的 DBMS，常见的数据库管理系统包括以下几种。

① DB2

DB2 是 IBM 公司研制的一种关系型数据库系统，主要应用于大型应用系统。DB2 是成熟的商业数据库，在各个行业拥有众多的客户。国内的主要软件开发商，如用友、金蝶、东软、中软、亚信、浪潮、北大青鸟等都基于 DB2 开发其产品和应用。

② Oracle

Oracle 的关系数据库是世界第一个支持 SQL 语言的数据库，其定位于高端工作站，以及作为服务器的小型计算机。Oracle 数据库产品为大多数的大公司和大型网站使用，整个产品包括数据库、服务器、企业商务应用程序，以及应用程序开发和决策支持工具。

③ Informix

Informix 是 IBM 公司推出的一种大型的数据库管理系统，广泛应用于政府、金融保险、邮政电信、制造及零售等重要行业或领域。全球有 95% 的电信公司采用 Informix 支持企业的数据管理。

④ Sybase

Sybase 是美国 Sybase 公司研制一种基于 UNIX 或 Windows NT 平台上客户/服务器环境下的大型数据库管理系统。Sybase 提供了一套应用程序编程接口和库，可以与非 Sybase 数据源及服务器集成，允许在多个数据库之间复制数据，适于创建多层应用。

⑤ SQL Server

SQL Server 是 Microsoft、Sybase 和 Ashton-Tate 三家公司共同开发的一个关系数据库管理系统。在 Windows NT 推出后，Microsoft 公司将 SQL Server 移植到 Windows NT 操作系统上，专注于开发推广 SQL Server 的 Windows NT 版本。Sybase 公司则较专注于 SQL Server 在 UNIX 操作系统上的应用。

⑥ PostgreSQL

PostgreSQL 是美国加州大学伯克利分校计算机系开发的对象关系型数据库管理系统（ORDBMS），是目前世界上最先进，功能最强大的自由数据库管理系统，支持的平台多达十几种，包括不同的系统，不同的硬件体系。

⑦ MySQL

MySQL 是瑞典 MySQLAB 公司开发的一个小型关系型数据库管理系统，具有体积小、速度快、成本低、开放源码等特点，广泛地应用于 Internet 上的中小型网站中。目前，Internet 上流行的网站构架方式是 LAMP（Linux+Apache+MySQL+PHP），即使用 Linux 作为操作系统，Apache 作为 Web 服务器，MySQL 作为数据库，PHP 作为服务器端脚本解释器。由于这四个软件都是自由或开放源码软件,所以使用 LAMP 方式可以低成本建立起一个稳定、免费的网站系统。

⑧ Access

Access 是微软公司推出的基于 Windows 的桌面关系数据库管理系统。它提供表、查询、窗体、报表、页、模块等数据库对象;提供多种向导、生成器和模板实现了数据存储、数据查询、界面设计、报表生成等操作的规范化。为建立功能完善的数据库管理系统提供了方便,普通用户不必编写代码,就可以完成大部分数据管理的任务。

4. 数据库系统

数据库系统 DBS(Data Base System,DBS)是一个实际运行的存储、维护和管理数据的软件系统,是存储介质、处理对象和管理系统的集合体。它通常由硬件、软件、数据库和用户组成。

(1)数据库系统的组成

DBS 主要由数据库、硬件、软件和用户 4 部分构成,其逻辑结构如图 1.2 所示。

① 数据库

数据库是存储在一起的相互有联系的数据的集合。数据按照数据模型所提供的形式框架存放在数据库中。

② 硬件

硬件是数据库赖以存在的物理设备,运行数据库系统的计算机硬件不仅满足数据库系统运行的要求,还应具有一定的扩充能力,以满足未来系统的提升。

③ 软件

最为主要的软件是 DBMS,DBMS 在操作系统支持下工作,是数据库系统的核心组成部分。除了 DBMS 之外,常见的软件还有数据库应用系统,数据库应用系统是为特定应用开发的数据库应用软件。例如,管理信息系统、决策支持系统和办公自动化等都属于数据库应用系统。

除此之外,数据库系统的软件还包括:支持 DBMS 的操作系统,与数据库接口的高级语言和编译系统,以及以 DBMS 为核心的应用开发工具等。

④ 用户

数据库系统中存在一组参与分析、设计、管理、维护和使用数据库的人员,他们在数据库系统的开发、维护和应用中起着重要的作用。这些人员主要包括最终用户、专业用户、数据库管理员和程序开发人员。

● 最终用户

最终用户是系统的实际使用者,最终用户有不同层次,不同层次的最终用户的信息需求以及获得信息的方式是不同的。一般可将最终用户分为操作层、管理层和决策层。最终用户并不需要拥有数据库知识,也不需要了解数据库的内部结构,他们通过数据库应用系统的用户接口操作数据库。

● 专业用户

专业用户拥有数据库系统的基本知识,并了解数据库的内部结构,他们通过 DBMS 提供的数据控制接口直接操作数据库。

● 数据库管理员

数据库管理员负责数据库系统的全面管理和控制。主要职责包括:设计与定义数据库系统；帮助最终用户使用数据库系统；监督和控制系统的使用和运行；改进和重组数据库系统；调整数据库系统的性能；转储与恢复数据库；重构数据库等。

- 应用开发人员

应用开发人员一般包括系统分析员与应用程序员。系统分析员是数据库系统建设期的主要参与人员，负责应用系统的需求分析和规范说明，确定系统的基本功能和数据库结构，设计应用程序和软硬件配置并组织整个系统的开发。应用程序员根据系统功能需求负责设计和编写应用系统的程序模块，并参与对程序模块的测试。

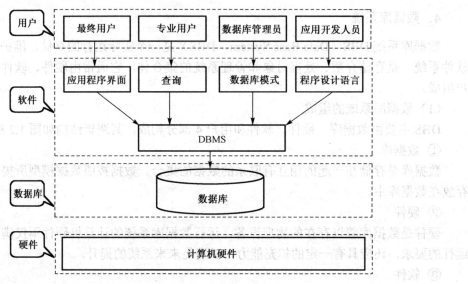

图 1.2　DBS 的逻辑结构

（2）数据库系统的数据访问过程

数据库操作的实现是一个复杂的过程。图 1.3 描述了从数据库中读取一条记录的工作过程。

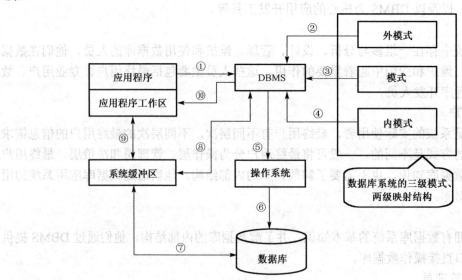

图 1.3　读取记录的工作过程

数据的一次访问大概需要经过十步来完成，不同的 DBMS 具体实现过程可能会有微小的差别，但基本原理相同，这十步及其基本功能如下：

① 用户发出读取数据的请求，读取时要告诉 DBMS 所要读取记录的关键字和模式。
② DBMS 收到请求，分析请求的外模式。
③ DBMS 调用模式，分析请求，根据外模式/模式映射关系决定读入哪些模式的数据。
④ DBMS 根据模式/内模式映射关系将逻辑记录转换为物理记录。
⑤ DBMS 向操作系统发出读取数据的请求。
⑥ 操作系统启动文件管理功能，对实际的物理存储设备启动读操作。
⑦ 操作系统将读取的数据传送到系统缓冲区，同时通知 DBMS 读取成功。
⑧ DBMS 根据模式和外模式的结构对缓冲区中的数据进行格式转换，转换为应用程序所需要的格式（外模式）。
⑨ DBMS 将转换后的数据传送到应用程序对应的程序工作区中。
⑩ DBMS 向应用程序发出读取成功的消息。应用程序在收到消息后，对收到的信息进行下一步处理。

1.1.2 数据管理的发展

1. 数据管理发展的 3 个基本阶段

数据管理包括数据组织、分类、编码、存储、检索和维护。随着计算机硬件技术和软件技术的发展，数据管理经历了 3 个基本阶段：人工管理阶段、文件系统阶段和数据库阶段。

（1）人工管理阶段

20 世纪 50 年代中期以前，计算机主要用于科学计算。计算机的软硬件均不完善，硬件方面只有卡片、纸带、磁带等，没有可以直接访问、直接存取的外部存取设备。软件方面还没有操作系统，也没有专门管理数据的软件，数据与程序不能独立，由程序自行携带，且不能长期保存，程序和数据的关系如图 1.4 所示。

在人工管理阶段，程序员在程序中要规定数据的逻辑结构，要设计其物理结构（包括存储结构、存取方法、输入输出方式等）。当数据的物理组织或存储设备改变时，程序就必须重新编制。由于数据的组织面向应用，不同的计算程序之间不能共享数据，使得不同的应用之间存在大量的重复数据。

（2）文件系统阶段

20 世纪 50 年代中期到 60 年代中期，大容量存储设备的出现推动了软件技术的发展，而操作系统的出现标志着数据管理步入一个新的阶段。此时，数据以文件为单位存储在外存，且由操作系统统一管理（由文件系统管理实现）。

在这个阶段，程序与数据相互独立存在，有了程序文件与数据文件的区别。长期保存在外存上的数据文件可多次存取，并可进行查询、修改、插入、删除等操作。文件的逻辑结构与物理结构脱钩，程序和数据分离，使数据与程序有了一定的独立性。各个应用程序可以共享一组数据，实现了以文件为单位的数据共享，程序和数据的关系如图 1.5 所示。

在文件系统阶段，数据的组织仍然是面向程序，所以存在大量的数据冗余。数据的逻辑结构不易修改和扩充，而且数据逻辑结构的细小改变都会影响到应用程序。互相独立的数据文件不能反映现实世界中事物之间的联系，操作系统不负责维护文件之间的联系信息，如果文件之间有内容上的联系，只能由应用程序去处理。

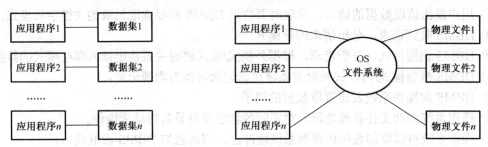

图 1.4　人工管理阶段程序和数据的关系　　　图 1.5　文件系统阶段程序和数据的关系

（3）数据库系统阶段

20世纪60年代后，随着计算机在数据管理领域的普遍应用，人们对数据管理技术提出了新的要求：希望以数据为中心组织数据，数据具有低冗余高共享的特点，同时要求程序和数据之间具有较高的独立性以降低应用程序的研制与维护费用。数据库技术正是在这样的需求基础上发展起来的。

在数据库方式下，数据库不仅包括数据本身，而且包括数据之间的联系。为了让多种应用程序并发地使用数据库中具有最小冗余的共享数据，必须使数据与程序具有较高的独立性，并需要一个专门的软件系统管理数据，提供安全性和完整性等方面的统一控制，方便用户以交互命令或程序方式对数据库进行操作。为数据库的建立、使用和维护而配置的软件就是数据库管理系统 DBMS，在数据库系统阶段，程序和数据的关系如图 1.6所示。

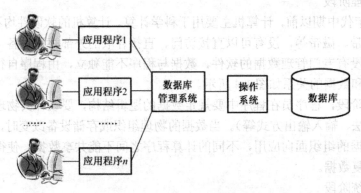

图 1.6　数据库系统阶段程序和数据的关系

2. 数据管理新技术

目前，数据库系统已从第一代的层次数据库、网状数据库，第二代的关系数据库系统，发展到以面向对象模型为主要特征的第三代数据库系统。另一方面，用户应用需求的变化、硬件技术和互联网技术的发展，促进了数据库技术与网络通信技术、人工智能技术、面向对象程序设计技术、并行计算技术的相互渗透与结合，从而形成了数据库新技术。

（1）面向对象数据库

关系型数据库系统虽然技术成熟，但其局限性也显而易见：能很好地处理"表格型数据"，但对复杂类型的数据处理支持不够。20世纪90年代以后，人们开始研究面向对象的数据库系统（Object Oriented Database）。

面向对象数据库系统主要有两个特点：
① 对象数据模型能完整地描述现实世界的数据结构，能表达数据间的嵌套、递归联系；
② 具有面向对象技术的封装性和继承性的特点，可提高软件的可重用性。

面向对象数据库的主要设计思想是用新型数据库系统来取代现有的数据库系统。但对于许多已经运行传统数据库系统多年并积累了大量工作数据的客户来说，无法承受新旧数据转换带来的巨大工作量及巨额开支。另外，面向对象的关系型数据库系统所使用的查询语言复杂。所以虽经数年发展，面向对象的关系型数据库系统的市场发展并不理想。

（2）多媒体数据库

多媒体数据库系统结合数据库技术和多媒体技术，能够有效实现格式化数据和非格式化多媒体数据的存储、管理和操纵。

相比较于传统数据库，多媒体数据库具有以下特征：

① 与传统数据库的差异大

多媒体数据库虽然在理论和技术上继承了传统数据库的很多技术特点，但其处理的数据对象、数据类型、数据结构、应用对象，以及处理方式都与传统数据库有较大差异，因此不能简单认为多媒体数据库只是对传统数据库的一种简单扩充或者试图用传统技术来处理多媒体数据。

② 处理对象复杂

多媒体数据库存储和处理现实世界中的复杂对象，不仅能处理数字、字符等格式化数据，还能处理图像、音频、视频等非格式化数据。

③ 屏蔽媒体间的差异

多媒体数据库从实用性的要求出发，强调多媒体数据库的用户可最大限度地忽略各媒体间差异（单一媒体数据和复合媒体数据的差异），实现对多媒体数据的有效管理和操作。

（3）主动数据库

主动数据库是相对于传统数据库的被动性而言的。传统的数据库系统只能根据用户或应用程序的服务请求操作数据库，而不能根据发生的事件或数据库的状态主动做出反应。主动数据库系统具有主动提供服务功能，并能以统一机制实现各种主动服务。一个主动数据库系统在某一事件发生时，会自动引发数据库管理系统去检测数据库当前状态，若满足指定条件，则触发规定执行的动作，我们称之为 ECA 规则。

一个主动数据库系统可表示为：ADBS = DBS + EB + EM。

其中，DBS 代表传统数据库系统，用来存储、操作、维护和管理数据；EB 代表 ECA 规则库，用来存储 ECA 规则，每条规则指明在何种事件发生时，根据给定条件应主动执行什么动作；EM 代表事件监测器，一旦检测到某事件发生就主动触发系统，按照 EB 中指定的规则执行相应的动作。

一个主动数据库系统应具有以下功能：
① 主动数据库系统提供传统数据库系统的所有功能，且不因增加了主动性功能而使数据库的性能受到明显影响。
② 主动数据库系统必须给用户和应用提供关于主动特性的说明，且该说明应该为数据库的永久性部分。

③ 主动数据库系统必须有效地实现主动特性，且能与系统其他部分有机集成在一起，包括查询、事务处理、并发控制和权限管理等。

④ 主动数据库系统应提供与传统数据库系统类似的数据库设计和调试工具。

（4）数据仓库

数据仓库是指为了满足中高层管理人员预测和决策分析需要，在传统数据库的基础上产生能够满足预测和决策分析需要的数据环境。数据仓库的概念包含以下四方面的含义：

① 数据仓库是面向主题的

与传统数据库面向应用进行数据组织的特点相对应，数据仓库中的数据是面向主题组织的。主题是一个抽象的概念，是对企业信息系统中的数据在较高层次上进行抽象、综合、归类，并进行分析利用。在逻辑意义上，它是相应企业中某宏观分析领域所涉及的分析对象。

② 数据仓库是集成的

数据仓库的数据主要用于分析，其数据的最大特点在于它不局限于某个具体的操作数据，而是对细节数据的归纳和整理。数据仓库中的综合数据不能从原有数据库系统中直接得到，而需从其中抽取。因此，数据在进入数据仓库之前，必须进行加工与集成，处理原始数据中的所有歧义和矛盾，将原始数据结构从面向应用组织转变到面向主题组织。这是数据仓库建设中最关键、最复杂的一步。

③ 数据仓库是稳定的

数据仓库数据反映的是一段相当长时间内历史数据的内容，是不同时间内数据快照（来自数据库的一个表或表的子集的最新复本）的集合，以及基于这些快照进行统计、综合和重组的导出数据，而不是联机处理的实时数据。

④ 数据仓库随时间变化

数据仓库的数据稳定性是针对应用来说的，即用户进行分析处理时不能进行数据更新操作。但并不是说，在数据从集成输入到数据仓库中开始到最终被删除的整个数据生存周期之中所有数据都永久不变。

对于用户而言，需要通过相应的工具实现对数据仓库的管理和利用。当前的数据仓库系统中，直接面向用户的前端工具主要有两类：联机分析处理的分析查询型工具和数据挖掘的挖掘型工具。

① 联机分析处理（OLAP）

OLAP 的显著特征是能提供数据的多维概念视图，使最终用户能多角度、多侧面、多层次地考察数据库中的数据，从而深入地理解包含在数据库中的信息和内涵，多维数据分析是决策的主要内容。目前，OLAP 工具可分为两大类：基于多维数据库的 MOLAP 和基于关系数据库的 ROLAP。MOLAP 利用专有的多维数据库存储 OLAP 分析所需的数据，数据以多维方式存储并以多维视图方式显示。ROLAP 则利用关系表模拟多维数据，将分析的结果经多维处理转化为多维视图展示给用户。

② 数据挖掘（MD）

数据挖掘（Data Mining, DM）也称为数据库中的知识发现，是指从大量数据中挖掘出隐含的、先前未知的、对决策有潜在作用的知识和规则的过程。它主要以人工智能、机器学习、统计学等技术为基础，高度自动化地分析企业原有数据，做出归纳性推理，从中挖掘出潜在的模式，预测客户行为，帮助企业决策者调整市场策略，减少风险，实现科学决策。

1.2 数据的表示

1.2.1 数据的抽象表示

数据从现实世界到计算机数据库的抽象表示表示经历了三个阶段,即现实世界、概念世界、信息世界,如图 1.7 所示。

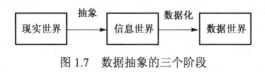

图 1.7 数据抽象的三个阶段

1. 现实世界

我们所要解决的问题来源于现实世界,现实世界里的事物是我们管理的对象,这些对象之间既有区别,也有联系。这种区别和联系取决于事物本身的特性。

2. 概念世界

概念世界也称为信息世界,是现实世界在人脑中的反映,是对客观事物及其联系的抽象。现实世界的客观事物以及客观事物间的联系很难直接在计算机中表示。因此,需要对其进行抽象表示,使其更接近于计算中的数据格式。在对现实世界进行抽象表示时,既要表示客观事物,还表示事物之间的联系。

(1) 概念世界中的基本概念

① 实体与属性

客观存在并可相互区别的事物在概念世界中称为实体。实体可以是具体的人、事、物,也可以是抽象的概念或联系。例如,一个学生、一门课、一个供应商、一个部门、一本书、一位读者等都是实体。

实体所具有的某一特性称为属性。一个实体可以由若干个属性描述。例如,图书实体可以由编号、书名、出版社、出版日期、定价等属性组成。又如,学生实体可以由学号、姓名、性别、出生年月、系列、入学时间等属性组成(2010119120,王丽,女,1995-12-26,计算机系,2014-9-1),这些属性组合起来体现了一个学生的特征。

唯一标识实体的属性或属性集称为主码。例如,学生号是学生实体的主码,职工号是职工实体的主码。学生实体中,主码由单属性学号构成。

属性的取值范围称为属性的域。例如,职工性别的域为(男,女),姓名的域为字母字符串集合,年龄的域为小于 150 的正整数,职工号的域为 5 位数字组成的字符串等。

② 实体型与实体集

具有相同属性的实体具有共同的特征和性质。用实体名及其属性名集合来抽象和描述同类实体,称为实体型。例如,学生(学号,姓名,性别,出生年月,系,入学时间)就是一个实体型。图书(编号,书名,出版社,出版日期,定价)也是一个实体型。

同型实体的集合称为实体集。例如,全体学生就是一个实体集。图书馆的图书也是一个实体集。

④ 联系

在现实世界中，事物内部以及事物之间是有联系的，这些联系在信息世界中反映为实体集内部的联系和实体集间的联系。实体集内部的联系通常是指同一实体集中，不同实体间的联系。例如，学生实体集中，班长和同学间的联系。实体集间的联系主要指多个不同实体集中实体之间的联系。

实体集之间的联系可以分为3类：

- 一对一联系（1∶1）

如果对于实体集 A 中的每一个实体，实体集 B 至多有一个实体与之联系，反之亦然，则称实体集 A 与实体集 B 具有一对一联系，记为1∶1。

例如，某宾馆只有单人间，每个客房都对应着一个房间号，一个房间号也唯一的对应一间客房。所以，客房实体集和房间号实体集之间具有一对一联系。又如，乘客实体集和座位实体集之间存在一对一联系，意味着一个乘客只能坐一个座位，而一个座位只能被一个乘客占有，如图1.8所示。

- 一对多联系（1∶n）

如果对于实体集 A 中的每一个实体，实体集 B 中有 n 个实体与之联系（$n \geq 0$），反之，对于实体集 B 中的每一个实体，实体集 A 中至多有一个实体与之联系，则称实体集 A 与实体集 B 具有一对多联系，记为1∶n。

例如，一个部门中有若干名职工，而每个职工只能在一个部门工作，则部门实体集与职工实体集之间具有一对多联系，如图1.9所示。

- 多对多联系（m∶n）

如果对于实体集 A 中的每一个实体，实体集 B 中有 n 个实体与之联系（$n \geq 0$），反之，对于实体集 B 中的每一个实体，实体集 A 中也有 m 个实体与之联系（$m \geq 0$），则称实体集 A 与实体集 B 具有多对多联系，记为 m∶n。

例如，在选课系统中，一门课程同时有若干个学生选修，而一个学生可以同时选修多门课程，则课程实体集与学生实体集之间具有多对多联系，如图1.10所示。

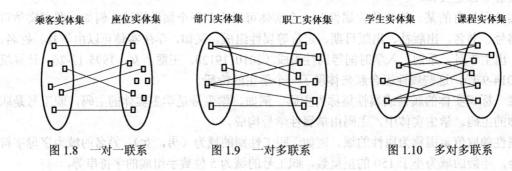

图1.8 一对一联系　　图1.9 一对多联系　　图1.10 多对多联系

实体集之间的这种一对一、一对多、多对多联系不仅存在于两个实体集之间，也存在于两个以上的实体集之间。

在授课系统中，对于课程、教师与参考书 3 个实体集，如果一门课程可以有若干个教师讲授，使用若干本参考书，而每一个教师只讲授一门课程，每一本参考书只供一门课程使用，则课程与教师实体集、课程实体集与参考书实体集之间的联系是一对多的。

同一个实体集内的各实体之间也可以存在一对一、一对多、多对多的联系。职工实体集内部有领导与被领导的联系。即某职工为部门领导,他领导若干职工,而一名职工仅被另外一个职工(领导)直接领导,因此这是一对多联系。

(2) 概念世界的表示

为了把现实世界中的具体事物抽象、组织为某一 DBMS 支持的数据模型,人们常常首先将现实世界抽象为概念世界,然后再将概念世界转换为机器世界。也就是说,首先把现实世界中的客观对象抽象为某一种信息结构,这种信息结构并不依赖于具体的计算机系统和具体的 DBMS,而是概念级的模型;然后再把模型转换为计算机上某一个 DBMS 支持的数据模型。实际上,概念模型是现实世界到机器世界的一个中间层次。

概念数据模型从用户的观点出发,将管理对象的客观事物及他们之间的联系,用容易为人所理解的语言或形式表述出来。概念模型应该能够准确、方便地表示概念世界,E-R 图(实体联系图)是对其进行描述的主要工具,图 1.11 描述了学生实体集和课程实体集的 E-R 图。

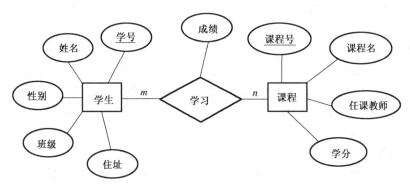

图 1.11 学生和课程的 E-R 图

构成 E-R 图的基本要素是实体、属性和联系。

① 实体(Entity)

具有相同属性的实体有相同的特征和性质,用实体名及其属性名集合来抽象和刻画同类实体(实体集)。在 E-R 图中用矩形表示,矩形框内写明实体集名。例如"学生"。

② 属性(Attribute)

一个实体可由若干个属性来刻画。在 E-R 图中用椭圆形表示,并用无向边将其与相应的实体连接起来。比如学生的姓名、学号、性别都是属性。

③ 联系(Relationship)

联系反映实体集之间的联系,用菱形表示,菱形框内写明联系名,并用无向边分别与有关实体连接起来,同时在无向边旁标上联系的类型(如 1∶1、1∶n 或 m∶n)。

3. 数据世界

数据世界是信息世界进一步数据化的结果,数据世界主要有以下基本术语:

① 数据项:数据项又称字段,是数据库数据中的最小逻辑单位,用来描述实体的属性。

② 记录:记录是数据项的集合,即一个记录是由若干个数据项组成,用来描述实体。

③ 文件:文件是一个具有文件名的一组同类记录的集合,用来描述实体集。

现实世界、概念世界、数据世界三种世界相关概念的对应关系如图 1.12 所示。

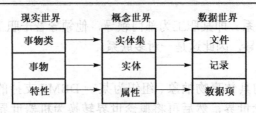

图 1.12 三种世界的概念对应关系

1.2.2 数据模型

1. 数据模型组成要素

数据模型用于描述一组数据的概念和定义，是数据库系统的基础，也是数据库的形式框架。一般地讲，任何一种数据模型都是严格定义的概念的集合。这些概念必须能够精确地描述系统的静态特性、动态特性和完整性约束条件。因此，数据模型通常由数据结构、数据操作和完整性约束3个要素组成。

（1）数据结构

数据结构描述系统的静态特性，主要研究数据之间的组织形式（数据的逻辑结构）、数据的存储形式（数据的物理结构）及数据对象的类型等。在数据库系统中，通常按照其数据结构的类型来命名数据模型。例如层次结构、网状结构、关系结构的数据模型分别命名为层次模型、网状模型和关系模型。

（2）数据操作

数据操作描述系统的动态特性，是指对数据库中的各种对象（型）的实例（值）允许执行的操作集合，包括操作及有关的操作规则。数据库主要有查询和更新（包括插入、删除、修改）两大类操作。数据模型必须定义这些操作的确切含义、操作符号、操作规则（如优先级）以及实现操作的语言。

（3）数据完整性约束

数据完整性约束是一组完整性规则的集合。完整性规则用于指明给定的数据模型中数据及其联系所具有的制约和储存规则，用以保证数据的正确、有效和相容。数据模型应该提供定义完整性约束的机制，以反映数据必须遵守的特定语义约束。例如，学生的"年龄"只能取大于零的值；人员信息中的"性别"只能为"男"或"女"；学生选课信息中的"课程号"的值必需取自学校已经开设课程的课程号等。

2. 数据模型的基本层次

数据模型按照应用层次的不同可分成三个层面。

（1）概念数据模型

概念数据模型用来描述问题的概念化结构，它使数据库设计人员在设计的初始阶段，摆脱计算机系统及 DBMS 的具体技术问题，集中精力分析数据以及数据之间的联系等。概念数据模型必须换成逻辑数据模型才能在 DBMS 中实现。概念模型常见的描述方式是 E-R 图。

（2）逻辑数据模型

逻辑数据模型是具体的 DBMS 所支持的数据模型，如网状数据模型、层次数据模型、关系数据模型等。逻辑数据模型既要面向用户，又要面向系统。在不引起概念混淆的情况下，常将将逻辑数据模型简称为数据模型。

（3）物理数据模型

物理数据模型是描述数据在存储介质上组织结构的数据模型，它不但与具体的 DBMS 有关，还与操作系统和硬件有关。每一种逻辑数据模型在实现时都有其对应的物理数据模型。DBMS 为了保证其独立性与可移植性，物理数据模型的大部分实现工作由系统自动完成，而设计者只设计索引、聚集等特殊结构。

3．常见的逻辑数据模型

逻辑数据模型是数据库系统的核心和基础，各种 DBMS 软件都是基于某种逻辑数据模型。通常按照逻辑数据模型的特点将传统数据库系统分成层次数据库、网状数据库和关系数据库三类。其中，层次模型和网状模型统称为非关系模型，非关系模型的数据库系统在 20 世纪 70 年代非常流行，到了 20 世纪 80 年代，关系模型的数据库系统以其独特的优点逐渐占据了主导地位，成为数据库系统的主流。

（1）层次模型

层次数据库系统采用层次模型表示实体类型及联系。层次结构是一棵树，树的节点是记录类型，根节点只有一个，根节点以外的节点只有一个双亲节点，每一个节点可以有多个孩子节点。层次模型如图 1.13 所示。

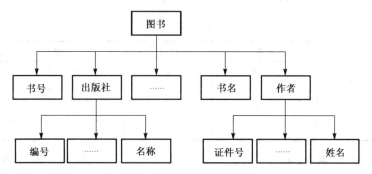

图 1.13　层次模型示意图

层次模型的另一个最基本的特点是任何一个给定的记录值（也称为实体）只有按照其路径查看时，才能显出它的全部意义。没有一个子记录值能够脱离双亲记录值而独立存在。

层次数据库系统的典型代表是 1968 年 IBM 公司推出的第一个大型的商用数据库管理系统 IMS（Information Management Systems）。

（2）网状模型

用网状结构表示实体类型及联系的数据模型称为网状模型，如图 1.14 所示。在网状模型中，一个子节点可以有多个父节点，在两个节点之间可以有一种或多种联系。记录之间联系通过指针实现，因此，数据的联系十分密切。

网状模型允许多个节点没有双亲节点；网状模型允许节点有多个双亲节点；网状模型允许两个节点之间有多种联系（复合联系）；网状模型可以更直接地去描述现实世界；层次模

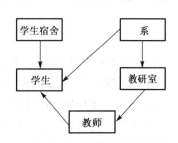

图 1.14　网状模型示意图

型实际上是网状模型的一个特例。网状数据库模型对于层次和非层次结构的事物都能比较自然地模拟,在物理上易于实现,效率较高,但是编写应用程序较复杂,程序员必须熟悉数据库的逻辑结构。

(3) 关系模型

网状数据库和层次数据库已经很好地解决了数据的集中和共享问题,但是在数据独立性和抽象级别上仍有很大欠缺。用户在对这两种数据库进行存取时,需要明确数据的存储结构,指出存取路径。而后来出现的关系数据库较好地解决了这些问题。关系数据库采用关系模型进行数据的组织。

关系模型是由若干个关系模式组成的集合。关系模式相当于前面提到的记录类型,它的实例称为关系,每个关系实际上是一张二维表。记录是表中的行,属性是表中的列。

图 1.11 对应的关系模式如表 1.1 所示。

表 1.1 关系模式

模式名	构成
学生	(学号、姓名、性别、班级、住址)
成绩	(学号、课程号、成绩)
课程	(课程号、课程名、任课教师、学分)

表 1.1 对应的关系如表 1.2、表 1.3、表 1.4 所示。

表 1.2 学生关系

学号	姓名	性别	班级	住址
2014001119	张瑜婷	女	新闻一班	2-503
2014001120	马云飞	男	新闻一班	7-306
2014001121	周婷婷	女	新闻一班	2-503
……	……	……	……	……

表 1.3 课程关系

课程号	课程名	任课教师	学分
1-01	大学英语	马丽	1
1-02	大学物理	张远	1
1-03	大学语文	周明国	1
1-04	高等数学	韩军	2
1-05	计算机基础	王华	3

表 1.4 成绩关系

学号	课程号	成绩
2014101119	1-01	85
2014001119	1-03	90
2014001119	1-04	87
2014001120	1-01	80
2014001120	1-02	67
201401120	1-04	79
201401120	1-05	89

与其他数据模型相比,关系模型具有如下优点。

① 提供单一的数据结构形式,具有高度的简明性和精确性。

② 逻辑结构和相应的操作完全独立于数据存储方式,具有高度的数据独立性。

③ 使数据库的研究建立在比较坚实的数学基础上,关系数据库语言与一阶谓词逻辑的固有内在联系,为以关系数据库为基础的推理系统和知识库系统的研究提供了方便。

1.3 数据库的体系结构

数据库系统的体系结构是数据库系统的一个总的框架。在实际应用中，DBMS 种类多且各有特点（数据模型不同、数据库语言不同、建立在不同的操作系统之上、数据的存储结构也各不相同）。但绝大多数的 DBMS 的体系结构上都采用三级模式和两级映射结构。数据库系统从外到内分为三个层次描述，分别称为外模式、模式和内模式。两级映射是"外模式/模式"映射和"模式/内模式"映射。

1.3.1 三级模式

数据库系统的三级模式结构如图 1.15 所示。

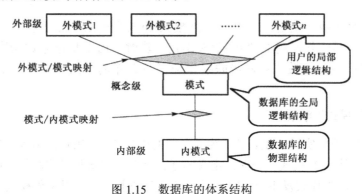

图 1.15 数据库的体系结构

1. 外模式

外模式也称为子模式或用户模式，它是数据库用户（包括应用程序员和最终用户）能够看到和使用的局部数据的逻辑结构和特征的描述，是数据库用户的数据视图，是与某一应用有关的数据的逻辑表示。

外模式通常是模式的子集，一个数据库可以有多个外模式。由于它是各个用户的数据视图，如果不同的用户在应用需求、看待数据的方式、对数据保密的要求等方面存在差异，则其外模式描述是不同的。即使模式中同一数据记录，在外模式中的结构、保密级别等都可以不同。另一方面，同一个外模式也可为某一用户的多个应用系统所用，但一个应用程序只能使用一个外模式。

外模式是保证数据库安全性的一个重要措施。每个用户只能看见和访问所对应的外模式中的数据，数据库中其余数据是不可见的。DBMS 提供子模式描述语言（子模式 DDL）来严格定义外模式。

2. 模式

模式也称为逻辑模式，是数据库中全部数据逻辑结构和特征的描述，是所有用户的公共数据视图。一个数据库只有一个模式，其以某一种数据模型为基础，综合考虑所有用户的需求，并将这些需求有机地结合成一个逻辑整体。模式是数据库系统模式结构的中间层，既不涉及数据的物理存储细节和硬件环境，也与具体的应用程序及其所使用的开发工具无关。

DBMS 提供描述语言（模式 DDL）来严格定义模式，定义模式时不仅要定义数据的逻辑结构（包括数据记录由哪些数据项构成，数据项的名字、类型、取值范围等），而且要定义数据之间的联系，定义与数据有关的安全性、完整性要求。

3. 内模式

内模式也称为存储模式，一个数据库只有一个内模式。它是数据物理结构和存储方式的描述，是数据在数据库内部的表示方式。

例如，记录的存储方式是顺序存储、按照 B 树结构存储还是按 Hash 方法存储；索引按照什么方式组织；数据是否压缩存储，是否加密存储记录有何规定等。DBMS 提供内模式描述语言（内模式 DDL，或者存储模式 DDL）来严格定义内模式。

1.3.2 两级映射

三级模式间存在两级映射：一级是"外模式/模式"映射，用于将用户数据库与概念数据库联系起来；另一级映射是"模式/内模式"映射，用于将概念数据库与物理数据库联系起来。数据库的三级模式和两级映射保证了数据库的数据独立性（逻辑独立性和物理独立性）。

1. "外模式/模式"映射

"外模式/模式"映射实现了模式到外模式之间的相互转换。用户应用程序根据外模式进行数据操作，通过"外模式/模式"映射，定义和建立某个外模式与模式间的对应关系，将外模式与模式联系起来，当模式发生改变时，只要改变其映射，就可以使外模式保持不变，对应的应用程序也可保持不变，这样就保证了数据与程序的逻辑独立性。

2. "模式/内模式"映射

"模式/内模式"映射实现了内模式到模式之间的相互转换。通过"模式/内模式"映射，定义建立数据的逻辑结构（模式）与存储结构（内模式）间的对应关系，当数据的存储结构发生变化时，只需改变"模式/内模式"映射，就能保持模式不变，因此应用程序也可以保持不变，这就保证了数据与程序的物理独立性。

1.4 关系数据库

关系数据库建立在关系模型基础上，借助于集合代数等数学概念和方法来处理数据库中的数据。关系模型由关系数据结构、关系操作集合、关系完整性约束三部分组成。现实世界中的各种实体及实体之间的各种联系均可用关系模型来表示。

1.4.1 基本概念

1. 关系、元组与属性

（1）关系

在现实世界中，人们经常用表格形式表示数据信息。在关系模型中，数据的逻辑结构就是一张二维表，每一张二维表称为一个关系，表 1.5 给出的工资表就是一个关系。

表 1.5 工资表

编号	姓名	基本工资	工龄工资	扣除	实发工资
101	武海云	2520.00	2532.00	545.00	4507.00
102	张 成	2426.00	2524.00	530.50	4420.50
103	马运琪	2388.00	2525.00	540.50	4373.50
201	周 洲	2388.00	2515.00	533.00	4370.00
202	马玉涛	2476.00	2512.00	522.50	4466.50
203	张锦强	2698.00	2527.00	560.00	4665.00
301	刘山雨	2900.00	2400.00	550.00	4750.00
301	金玉峰	2850.00	2700.00	500.00	5050.00

并非任何一个二维表都是一个关系，只有具备以下特征的二维表才是一个关系。
① 表中没有组合的列，也就是说每一列都不可再分。
② 表中每一列的所有数据都属于同一种类型。
③ 表中各列都指定了一个不同的名字。
④ 表中没有数据完全相同的行。
⑤ 表中行之间位置的调换和列之间位置的调换不影响它们所表示的信息内容。
具有上述性质的二维表称为规范化的二维表。如不作特殊说明文中提到的二维表均是规范化的二维表。

（2）元组
表中的行称为元组，一行为一个元组，对应存储文件中的一个记录值。

（3）属性
表中的列称为属性，每一列有一个属性名。属性值相当于记录中的数据项或者字段值。
一般来说，属性值构成元组，元组构成关系。即一个关系描述现实世界的对象集；关系中的一个元组描述现实世界中的一个具体对象，它的属性值则描述了这个对象的特性。

（4）关键字
能够唯一地标识一个元组的属性或属性集称为候选关键字，在一个关系中可能有多个候选关键字，从中选择一个作为主关键字。主关键字在关系中用来作为插入、删除、检索元组时的区分标志。如果一个关系中的属性或属性集不是该关系的关键字，但它们是另外一个关系的关键字，则称其为该关系的外关键字。

2．关系模式

关系模式是对关系的抽象描述，用于描述关系中元组的基本结构。一般包括关系名、组成该关系的多个属性名、域名、属性向域的映像（即属性与域之间的映像关系）等 4 部分。通常记为 R（U，D，dom，F），简记为 R（U）。

其中，R 是关系名，U 是组成关系的属性名集合，D 是属性组 U 中属性来自的域，dom 是属性向域的映射集合，F 是属性间的数据依赖关系集合。

关系实际上就是关系模式在某一时刻的状态或内容，也就是说关系模式是型，是二维表的表框架或结构；关系是它们的值。在实际中，在不影响理解的基础上，常常把关系模式和关系统称为关系。

3. 关系模型

关系模型是指用二维表的形式表示实体和实体间联系的数据模型。

关系模型是以集合论中的关系概念为基础发展起来的，关系模型中无论是实体还是实体间的联系均由单一的结构类型——关系来表示。在关系数据库中，关系也称表，一个关系数据库由若干个表组成。

关系模型由 3 部分组成：关系数据结构、关系操作集合和关系的数据完整性。

(1) 关系数据结构

现实世界的实体以及实体间的各种联系均用关系来表示，从用户角度看，关系模型中数据的逻辑结构是一张二维表。

(2) 关系操作集合

常用的关系操作包括查询操作和更新操作（插入、删除、修改）两大部分。其中查询操作的表达能力最重要，包括选择、投影、连接、除、并、交、差等。

关系模型中的关系操作能力早期用代数方法或逻辑方法来表示，分别称为关系代数和关系演算。关系代数是用对关系的代数运算来表达查询要求的方式；关系演算是用谓词来表达查询要求的方式。另外还有一种介于关系代数和关系演算的语言称为结构化查询语言，简称 SQL。

(3) 关系的数据完整性

关系的数据完整性包括域完整性、实体完整性、参照完整性和用户自定义的完整性。

1.4.2 关系数据库的体系结构

关系模型基本上遵循数据库的三级体系结构。从外到内分为三个层次描述，分别称为关系子模式、模式和存储模式。两级映射是"子模式/模式"映射和"模式/存储模式"映射。

1. 模式

模式是有联系的关系模式的集合。关系模式是对关系的描述，它包括模式名、组成该关系的诸属性名、值域名和模式的主键。具体的关系称为实例。

例如，图 1.16 描述了一个教学模型的实体联系图。

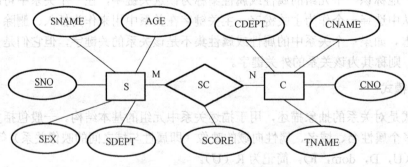

图 1.16 教学模型的实体联系图

实体型 S 的属性 SNO、SNAME、AGE、SEX、SDEPT 分别表示学生的学号、姓名、年龄、性别和学生所在系；实体型 C 的属性 CNO、CNAME、CDEPT、TNAME 分别表示课程号、课程名、课程所属系和任课教师。S 和 C 之间有 $M:N$ 的联系（一个学生可选多门课程，一门课程可以被多个学生选修），联系类型 SC 的属性成绩用 SCORE 表示。

转换成的模式如下：
关系模式 S（<u>SNO</u>，SNAME，AGE，SEX，SDEPT）
关系模式 C（<u>CNO</u>，CNANE，CDEPT，TNAME）
关系模式 SC（<u>SNO</u>，<u>CNO</u>，SCORE）
表 1.6、表 1.7、表 1.8 是对应的关系。

表 1.6 关系 S

SNO	SNAME	AGE	SEX	SDEPT
2014112001	卢雨轩	18	女	计算机
2014112009	江南	19	男	计算机
2014108093	韩晓云	18	女	新闻
2014102085	刘流	18	男	外语
2014102090	郑重	19	男	外语

表 1.7 关系 C

CNO	CNAME	CDEPT	TNAME
101	组成原理	计算机	张强
103	计算机网络	计算机	周明
201	新闻史	新闻	李莉
202	新闻写作	新闻	范梅
305	英语阅读	外语	杨丽华

表 1.8 关系 SC

SNO	CNO	SCORE
2014112001	101	78
2014112001	103	93
2014112009	101	82
2014112009	103	85
2014108093	201	78
2014108093	202	90
2014102085	305	83

关系模式是用数据定义语言（DDL）定义的，由于不涉及物理存储方面的描述，因此关系模式仅仅是对数据本身的特征的描述。

2．子模式

用户使用的数据不直接来自某个关系，而是从若干关系中抽取满足一定条件的数据。这种需求可用关系子模式实现。关系子模式是用户所需数据的结构的描述，其中包含数据来自哪些关系模式和应满足的条件。

例如，如果需要用到成绩子模式 G（SNO, SNAME, CNO, SCORE），子模式 G 对应的数据来源于表 S 和表 SC，构造时应满足它们的 SNO 值相等，子模式 G 的构造过程如图 1.17 所示。

子模式定义语言除了定义字模式外，还可以定义用户对数据进行操作的权限，例如是否允许读、修改等。由于关系子模式来源于多个关系模式，是否允许对子模式的数据进行插入和修改就要根据实际情况来决定。

3．存储模式

存储模式描述关系如何在物理存储设备上存储。例如，关系存储时的基本组织方式是文件，由于关系模式有关键码，因此存储一个关系可以用散列方法或索引方法实现，如果关系中元组数目较少（100 以内），也可以用堆文件方式实现。此外，还可以对任意的属性集建立辅助索引。

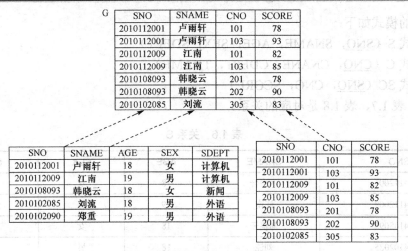

图 1.17 子模式 G 的数据来源

1.4.3 关系模型的完整性规则

关系模型提供 3 类完整性规则：实体完整性规则、参照完整性规则、用户定义完整性规则。其中实体完整性规则和参照完整性规则是关系模型必须满足的完整性的约束条件。

1. 实体完整性规则

实体完整性规则规定关系中元组的主键值不能为空。

在图 1.18 中给出学生表、课程表和成绩表中，学生表的主键是学号，课程表的主键是课程号，成绩表的主键学号和课程号的组合，这三个主键的值在表中是唯一的和确定的。为了保证每一个实体有唯一的标识符，主键不能取空值。

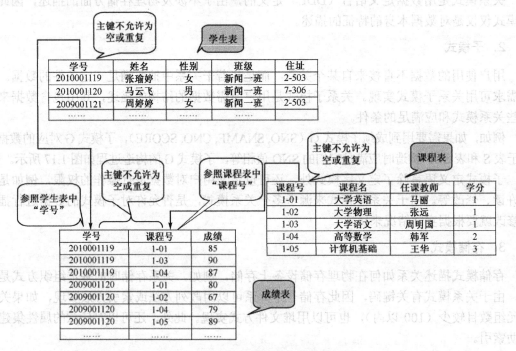

图 1.18 实体完整性和参照完整性

2. 参照完整性规则

参照完整性规则的形式定义为：如果属性集 K 是关系模式 R1 的主键，K 也是关系模式 R2 的外键，那么在 R2 的关系中，K 的取值只允许两种可能，为空值或者等于 R1 关系中某个主键值。这条规则的实质是"不允许引用不存在的实体"。

对于参照完整性规则，有三点需要注意：

① 外键和相应的主键可以不同名，但要定义在相同值域上。

② 当 R1 和 R2 是同一个关系模式时，表示同一个关系中不同元组之间的联系。例如表示课程之间先修联系的模式 R（CNO，CNAME，PCNO），其属性表示课程号、课程名、先修课程的课程号，R 的主键是 CNO，而 PCNO 就是一个外键，表示 PCNO 值一定要在关系中存在（某个 CNO 值）。

③ 外键值是否允许空，应视具体问题而定。若外键是模式主键中的成分时，则外键值不允许空，否则允许空。

在上述形式定义中，关系模式 R1 的关系称为"参照关系"、"主表"或者"父表"；关系模式 R2 的关系称为"依赖关系"、"副表"或者"子表"。

例如，图 1.18 中学生表和课程表为主表，成绩表为副表，学号是学生表的主键、成绩表的外键，课程号是课程表的主键、成绩表的外键。成绩表中的学号必须是学生表中学号的有效值，成绩表与学生表之间的联系是通过学号实现。同样，成绩表中的课程号必须是课程表中课程号的有效值，成绩表与课程表之间的联系是通过课程号实现。

实体完整性规则和参照完整性规则是关系模型必须满足的规则，由系统自动支持。

3. 用户定义的完整性规则

用户定义完整性规则是针对某一具体数据的约束条件，由应用环境决定。它反映某一具体应用所涉及的数据必须满足的语义要求。系统应提供定义和检验这类完整性的机制，以便用统一的系统方法处理它们。例如学生成绩应该大于或等于零，职工的工龄应小于年龄，人的身高不能超过 2.8 米等。

1.4.4 关系的运算

关系代数是施加于关系上的一组集合代数运算，每个运算都以一个或多个关系作为运算对象，并生成另外一个关系作为运算的结果。关系代数包含两类运算：传统的集合运算和专门的关系运算。其中传统的集合运算将关系看成元组的集合，其运算是从关系的"水平"方向即行的角度来进行。而专门的关系运算不仅涉及行而且涉及列。比较运算符和逻辑运算符是用来辅助专门的关系运算符进行操作的。

1. 传统的集合运算

传统的集合运算有并、差、交、笛卡儿积和除运算。

（1）并

设关系 R 和 S 具有相同的关系模式，R 和 S 的并是由属于 R 或属于 S 的元组构成的集合，记为 $R \cup S$。形式定义如下：

$$R \cup S = \{t \mid t \in R \vee t \in S\}$$，t 是元组变量，R 和 S 的元数相同。

（2）差

设关系 R 和 S 具有相同的关系模式，R 和 S 的差是由属于 R 但不属于 S 的元组构成的集合，记为 $R-S$。形式定义如下：

$$R-S = \{t \mid t \in R \land t \notin S\}，t 是元组变量，R 和 S 的元数相同。$$

（3）交

关系 R 和 S 的交是由属于 R 又属于 S 的元组构成的集合，记为 $R \cap S$，这里要求 R 和 S 定义在相同的关系模式上，记为 $R \cap S$。形式定义如下：

$$R \cap S = \{t \mid t \in R \land t \in S\}，t 是元组变量，R 和 S 的元数相同。$$

交操作不是一个独立的操作。

（4）笛卡儿积

设关系 R 和关系 S 的元数分别为 r 和 s。R 和 S 的笛卡儿积 $R \times S$ 是一个 $(r+s)$ 元的元组集合，每个元组的前 r 个分量（属性值）来自 R 的一个元组，后 s 个分量是 S 的一个元组，记为 $R \times S$。形式定义如下：

$$R \times S = \{t \mid t = <t_r, t_s> \land t_r \in R \land t_s \in S\}$$

其中，r 和 s 分别表示有 r 个分量和 s 个分量，若 R 有 n 个元组，S 有 m 个元组，则 $R \times S$ 有 $n \times m$ 个元组。

（5）除

设关系 R 和 S 的元数分别为 r 和 s（设 $r>s>0$），那么 $R \div S$ 是一个 $(r-s)$ 元的元组的集合。$(R \div S)$ 是满足下列条件的最大关系：其中每个元组 t 与 S 中每个元组 u 组成的新元组 $<t, u>$ 必在关系 R 中。形式定义如下：

$$R \div S = \Pi_{1,2,\cdots,r-s}(R) - \Pi_{1,2,\cdots,r-s}((\Pi_{1,2,\cdots,r-s}(R) \times S) - R)$$

例如，有 5 个关系 R、S、T、U 和 V，如图 1.19 所示。它们的并、差、笛卡儿积和除的运算结果如图 1.20 所示。

R		S		T		U				V	
A	B	A	B	C	D	A	B	C	D	C	D
a	d	d	a	b	b	a	b	c	d	c	d
b	a	b	a	c	d	a	b	e	f	e	f
c	c	d	c	c	a	c	a	c	d		

图 1.19 基本关系

R∪S		R-S		R×T				U÷V	
A	B	A	B	A	B	C	D	A	B
a	d	a	d	a	d	b	b	a	b
b	a	c	c	a	d	c	d		
c	c			a	d	c	a		
d	a			b	a	b	b		
dc				b	a	c	d		
				b	a	c	a		
				c	c	b	b		
				c	c	c	d		
				c	c	c	a		

图 1.20 运算结果

2．专门的关系运算

专门的关系运算有选择、投影和连接运算。

（1）选择

从关系中找出满足给定条件的所有元组称为选择。其中的条件是以逻辑表达式给出，逻辑表达式值为真的元组被选取。这是从行的角度进行运算，即水平方向抽取元组。经过选择运算得到的结果可以形成新的关系，其关系模式不变，但其中元组的数目小于或等于原来的关系中元组的个数，它是原关系的一个子集。

关系 R 关于公式 F 的选择操作用 $\sigma_F(R)$ 表示，形式定义如下：

$$\sigma_F(R) = \{t \mid t \in R \wedge F(t) = \text{true}\}$$

σ 为选择运算符，$\sigma_F(R)$ 表示从 R 中挑选满足公式 F 的所有元组所构成的关系。

例如，$\sigma_{2>'3'}(R)$ 表示从 R 中挑选第 2 个分量值大于 3 的元组所构成的关系。书写时，为了与属性序号区别起见，常量用引号括起来，而属性序号或属性名直接书写。

（2）投影

从关系中挑选若干属性组成新的关系称为投影。这是从列的角度进行运算，相当于对关系进行垂直分解。经过投影运算可以得到一个新关系，新关系的属性排列顺序可以不同，所包含的属性个数往往比原关系少（如果新关系中包含重复元组，则要删除重复元组）。

设关系 R 是 k 元关系，R 在其分量 $A_{i_1}, \cdots, A_{i_m}$（$m \leq k$，$i_1, \cdots, i_m$ 为 1 到 k 间的整数）上的投影用 $\Pi_{i_1,\cdots,i_m}(R)$ 表示，它是一个 m 元元组集合，形式定义如下：

$$\Pi_{i_1,\cdots,i_m}(R) = \{t \mid t = \langle t_{i_1}, \cdots, t_{i_m} \rangle \wedge \langle t_1, \cdots, t_k \rangle \in R\}$$

例如，$\Pi_{3,1}(R)$ 表示关系 R 中取第 1、3 列组成新的关系，新关系中第 1 列为 R 的第 3 列，新关系的第 2 列为 R 的第 1 列。如果 R 的每列标上属性名，那么操作符 Π 的下标处也可以用属性名表示。例如，关系 $R(A, B, C)$，那么 $\Pi_{C,A}(R)$ 与 $\Pi_{3,1}(R)$ 是等价的。

图 1.21 表示了关系 R、S 的选择和投影运算。

R			S			$\Pi_{C,A}(R)$		$\sigma_{B='b'}(S)$		
A	B	C	A	B	C	C	A	A	B	C
a	b	c	a	c	b	c	a	a	b	k
d	a	f	a	b	k	f	d	x	b	y
a	m	n	x	b	y	n	a	a	b	n
			a	b	n			b	b	c
			b	b	c					

图 1.21 选择和投影运算

（3）连接

连接也称为 θ 连接。它是从两个关系的笛卡儿积中选取属性间满足一定条件的元组。形式定义如下：

$$R \underset{A\theta B}{\bowtie} S = \{t_r t_s \mid t_r \in R \wedge t_s \in S \wedge t_r[A] \theta t_s[B]\}$$

其中 A 和 B 分别为 R 和 S 上度数相等且可比的属性组。θ 是比较运算符。连接运算从 R 和 S 的笛卡儿积 $R \times S$ 中选取（R 关系）在 A 属性组上的值与（S 关系）在 B 属性组上值满足比较关系 θ 的元组。

连接运算中有两种最为重要也最为常用的连接，一种是等值连接，另一种是自然连接。θ

为"="的连接运算称为等值连接。它是从关系 R 与 S 的广义笛卡儿积中选取 A，B 属性值相等的那些元组。

例如，图 1.22 表示了关系 R、S 的等值连接运算结果。

R			S			$R \underset{[2]=[1]}{\bowtie} S$					
A	B	C	A	B	C	$R.A$	$R.B$	$R.C$	$S.A$	$S.B$	$S.C$
a	b	c	b	c	b	a	b	c	b	c	b
d	c	f	a	a	k	a	b	c	b	a	y
a	b	n	b	a	y	a	b	c	b	b	c
			a	b	n	a	b	n	b	c	b
			b	b	c	a	b	n	b	a	y
						a	b	n	b	b	c

图 1.22　等值连接运算

自然连接是除去重复属性的等值连接，它是连接运算的一个特例，是最常用的连接运算。两个关系 R 和 S 的自然连接的形式定义如下：

$$R \bowtie S = \Pi_{i_1,\cdots,i_m}(\sigma_{R.A_1=S.A_1 \wedge R.A_K=S.A_K}(R \times S))$$

其中 $i_1,\cdots,i_m$ 为 R 和 S 的全部属性，但公共属性只出现一次。

关系 R 和 S 的自然连接操作具体计算过程如下：

① 计算 $R \times S$；
② 设 R 和 S 的公共属性是 $A_1,\cdots,A_K$，挑选 $R \times S$ 中满足 $R.A_1 = S.A_1,\cdots,R.A_K = S.A_K$ 的那些元组；
③ 去掉重复列。

例如，图 1.23 表示了关系 R、S 的自然连接运算结果。

R			S			$R \bowtie S$			
A	M	B	A	M	C	A	M	B	C
a	b	c	a	b	a	a	b	c	a
d	a	f	a	a	k	a	b	n	a
a	b	n	b	a	y				
			a	b	n				
			b	b	c				

图 1.23　自然连接运算

3. 应用举例

关系代数运算的 9 种运算中，并、差、笛卡儿积、投影和选择 5 种运算为基本的运算。交、等值连接、自然连接、除法均可以用这 5 种基本运算经过有限次复合来表达。

【例 1.1】 关系 R、S 如图 1.24 所示，计算 $R \div (\Pi_{A_1,A_2}(\sigma_{1<3}(S)))$。

R			S		
A_1	A_2	A_3	A_1	A_2	A_3
a	b	c	a	z	c
a	b	d	a	a	h
c	b	d			
d	f	g	d	s	c

图 1.24　关系 R 和 S

分析：逐步分析求解过程如下：

① $\sigma_{1<3}(S)$ 就是从关系 S 中选择第 1 列小于第 3 列的元组，到关系 S1，其运算如图 1.25 所示。

② $\Pi_{A_1,A_2}(S1)$ 的意思就是对表 S1 进行投影，对 A_1 和 A_2 列投影出来得到关系 S2，其运算如图 1.26 所示。

③ 接下来计算 R÷S2，首先，在 R 中找到 A_1 与 A_2 列和关系 S2 完全一致的元组，其运算如图 1.27 所示。

若存在，说明 R 关系内存在 A_1、A_2 列元组与关系 S2 的所有元组相同，此时关键是看 R 关系中其他列在这两行元组的值是否相同。只有相同时，除法的结果就为这个值，不相同，则除法的结果为空。

所以：R÷S2 = {d}

关系 S1			关系 S2		关系 R		
A_1	A_2	A_3	A_1	A_2	A_1	A_2	A_3
b	a	h	b	a	a	b	c
c	d	d	c	d	b	a	d
					c	d	d
					d	f	g

图 1.25　$\sigma_{1<3}(S)$ 的运算结果　　图 1.26　$\Pi_{A_1,A_2}(S1)$ 的运算结果　　图 1.27　查找元组

【例 1.2】 学生管理数据库中有 3 个关系：学生关系 S(SNO,SNAME,AGE,SEX)、学习关系 SC(SNO,CNO,GRADE) 和课程关系 C(CNO,CNAME,TEACHER)，使用关系代数表达式完成以下 4 种相关查询。

（1）检索学习课程号为 C2 的学生学号与姓名。

分析：由于这个查询涉及两个关系 S 和 SC，因此先对这两个关系进行自然连接，然后再执行选择投影操作。

所以关系代数表达式如下：

$$\Pi_{SNO,SNAME}(\sigma_{CNO='C2'}(S \bowtie SC))$$

此查询也可等价地写成：

$$\Pi_{SNO,SNAME}(S) \bowtie (\Pi_{SNO}(\sigma_{CNO='C2'}(SC)))$$

这个表达式中自然连接的右分量为"学了 C2 课的学生学号的集合"，这个表达式比前一个表达式优化，执行起来要省时间，省空间。

（2）检索不学 C2 课的学生姓名与年龄。

分析：要完成功能就要使用差运算，差运算的左分量为"全体学生的姓名和年龄"，右分量为"学了 C2 课的学生姓名与年龄"。

所以关系代数表达式如下：

$$\Pi_{SNAME,AGE}(S) - \Pi_{SNAME,AGE}(\sigma_{CNO='C2'}(S \bowtie SC))$$

（3）检索所学课程包含 S3 所学课程的学生学号。

分析：学生 S3 可能学多门课程，所以要用到除法操作来表达此查询语句。学生选课情

况可用操作 $\Pi_{SNO,CNO}(SC)$ 表示；所学课程包含学生 S3 所学课程的学生学号，可以用除法操作求得。

所以关系代数表达式如下：

$$\Pi_{SNO,CNO}(SC) \div \Pi_{CNO}(\sigma_{SNO='S3'}(SC))$$

（4）检索学习全部课程的学生姓名。

分析：完成该功能的过程比较复杂，可以分步完成，编写这个查询语句的关系代数过程如下：

① 学生选课情况可用 $\Pi_{SNO,CNO}(SC)$ 表示；

② 全部课程可用 $\Pi_{CNO}(SC)$ 表示；

③ 学了全部课程的学生学号可用除法操作表示。

操作结果为学号 SNO 的集合，该集合中每个学生的 SNO 与 C 中任一门课程号 CNO 配在一起都在 $\Pi_{SNO,CNO}(SC)$ 中出现，所以结果中每个学生都学了全部的课程。

所以关系代数表达式如下：

$$\Pi_{SNO,CNO}(SC) \div \Pi_{CNO}(C)$$

④ 根据 SNO 求学生姓名 SNAME，可以用自然连结和投影操作组合而成。

所以关系代数表达式如下：

$$\Pi_{SNAME}(S \bowtie (\Pi_{SNO,CNO}(SC) \div \Pi_{CNO}(C)))$$

这就是最终要求的关系代数表达式。

习 题 1

一、填空题

1. 数据库管理技术的发展经过人工管理阶段，文件系统阶段和_____。
2. 在数据库系统中管理数据的软件称为_____。
3. 现实世界中事物的每一个特性，在信息世界中称_____，在机器世界中称为_____。
4. 数据库系统的体系结构分为三级：内部级、概念级和_____级。
5. "模式/内模式"映射为数据库提供了_____独立性，"外模式/模式"映象为数据库提供了_____独立性。
6. 构成数据模型的三大要素分别是数据结构、数据操作和_____。
7. 数据库系统中常用的三种数据模型是层次模型、网状模型和_____。
8. 概念模型最常用的表示方法是 E-R 图，描述实体的特性称为_____。
9. 关系模式的三类完整性约束条件分别是_____、参照完整性约束和_____。
10. 若实体 A 和 B 是多对多的联系，实体 B 和 C 是 1 对 1 的联系，则实体 A 和 C 是_____的联系。
11. 在关系模型中，把数据看成是二维表，每一个二维表称为一个_____，每一行称为一个_____，每一列称为一个_____。
12. 设有学生表 S（学号、姓名、班级）和学生选课表 SC（学号、课程号、成绩），为维护数据一致性，表 S 与 SC 之间应满足_____完整性约束。

13. 有一个学生选课的关系，其中学生的关系模式为：学生（学号，姓名，班级，年龄），课程的关系模式为：课程（课号，课程名，学时），两个关系模式的键分别是学号和课号，则关系模式选课可定义为：选课（学号，_____，成绩）。

14. 在数据库中，实体集之间的联系可以是一对一或一对多或多对多的，那么"学生"和"可选课程"的联系为_____。

15. 人员基本信息一般包括：身份证号、姓名、性别、年龄等，其中可以作为主关键字的是_____。

16. _____是施加于关系上的一组集合代数运算，每个运算都以一个或多个关系作为运算对象，并生成另外一个关系作为运算的结果。

二、选择题

1. 数据库管理系统是（　　）。
   A．操作系统的一部分　　　　　　　　B．在操作系统支撑下的系统软件
   C．一种编译系统　　　　　　　　　　D．一种操作系统

2. 在下面给出的内容中，不属于 DBA 职责的是（　　）。
   A．定义概念模式　　　　　　　　　　B．修改模式结构
   C．编写应用程序　　　　　　　　　　D．编写完整性规则

3. 下列叙述中错误的是（　　）。
   A．在数据库系统中，数据的物理结构必须与逻辑结构一致
   B．数据库技术的根本目标是要解决数据的共享问题
   C．数据库库中数据没有冗余
   D．数据库系统需要操作系统的支持

4. 在学生管理数据库中，存取一个学生信息的数据单位是（　　）。
   A．文件　　　　　B．数据库　　　　　C．字段　　　　　D．记录

5. E-R 模型属于（　　）。
   A．概念模型　　　B．层次模型　　　　C．网状模型　　　D．关系模型

6. 在数据库系统中，用户所见的数据模式为（　　）。
   A．概念模式　　　B．外模式　　　　　C．内模式　　　　D．存储模式

7. 数据库系统依靠（　　）支持了数据独立性。
   A．封装机制　　　　　　　　　　　　B．模式分级、级间映像机制
   C．定义完整性约束条件　　　　　　　D．ddl 语言和 dml 语言互相独立

8. 不允许在关系中出现重复记录的约束是通过（　　）。
   A．外键实现　　　B．索引实现　　　　C．主键实现　　　D．唯一索引实现

9. 下列关于数据库系统特点的叙述中，正确的是（　　）。
   A．各类用户程序均可随意地使用数据库中的各种数据
   B．数据库系统中概念模式改变，则需修改有关的子模式，否则用户程序需改写
   C．数据库系统的存储模式如有改变，概念模式无须改动
   D．数据一致性是指数据库中数据类型的一致

10. 关系数据库管理系统应能实现的专门关系运算包括（　　）。
    A．排序、索引和统计　　　　　　　　B．选择、投影和连接
    C．关联、更新和排序　　　　　　　　D．选择、投影和更新

11. 如果要改变一个关系中属性的排列顺序，应使用的关系运算是（　）。
    A. 重建　　　　　　　B. 选取　　　　　　　C. 投影　　　　　　　D. 连接
12. 关系R和S进行自然连接时，要求R和S含有一个或多个公共（　）。
    A. 元组　　　　　　　B. 行　　　　　　　　C. 记录　　　　　　　D. 属性
13. 关系R和S，R∩S的运算等价于（　）。
    A. S−(R−S)　　　　　B. R−(R−S)　　　　　C. (R−S)∪S　　　　　D. R∪(R−S)
14. 下列选项中，不正确的是（　）。
    A. R=(R−S)∪(R∩S)　　　　　　　　　　　B. R−S=R−(R∩S)
    C. R∩S=S−(R−S)　　　　　　　　　　　　D. R∩S=S−(S−R)
15. 设关系R和S的属性个数分别为r和s，则(R×S)操作结果的属性个数为（　）。
    A. r+s　　　　　　　B. r−s　　　　　　　C. r×s　　　　　　　D. max(r,s)
16. 关系R(A,B)、S(B,C)中分别有10个和15个元组，则R⋈S中元组个数的范围是（　）。
    A. (10,25)　　　　　B. (15,25)　　　　　C. (10,50)　　　　　D. (0,150)
17. 有三个关系R,S和T如图1.28所示，其中关系T由关系R和S通过某种操作得到，该操作为（　）。

R				S				T		
A	B	C		A	B	C		A	B	C
a	1	2		d	3	2		a	1	2
b	2	1						b	2	1
c	3	1						c	3	1
								d	3	2

图1.28　关系R、S、T

    A. 选择　　　　　　　B. 投影　　　　　　　C. 交　　　　　　　　D. 并

18. 有三个关系R、S和T如图1.29所示，则由关系R和S得到关系T的操作是（　）。

R				S			T			
A	B	C		A	D		A	B	C	D
a	1	2		c	4		c	3	1	4
b	2	1								
c	3	1								

图1.29　关系R、S、T

    A. 自然连接　　　　　B. 交　　　　　　　　C. 投影　　　　　　　D. 并

19. 有两个关系R和T如图1.30所示，则由关系R得到关系T的操作是（　）。

R				T		
A	B	C		A	B	C
a	1	2		c	3	2
b	2	2		d	3	2
c	3	2				
d	3	2				

图1.30　关系R、T

    A. 选择　　　　　　　B. 投影　　　　　　　C. 交　　　　　　　　D. 并

20. 在下列关系运算中，不改变关系表中的属性个数但能减少元组个数的是（　）。
    A. 并　　　　　　　　B. 交　　　　　　　　C. 投影　　　　　　　D. 笛卡儿乘积

三、简答题

1. 什么是数据库？数据库具有哪些特点？
2. 简述 DBMS 的功能。
3. 简述数据库系统的组成。
4. 数据管理中数据库系统阶段具有哪些特点？
5. 简述从现实世界到数据世界的抽象过程。
6. 什么是数据模型？数据模型的构成要素有哪些？
7. DBMS 支持的基本数据模型有哪些？它们各有哪些特点？
8. 简单说明数据库系统的三级模式及其二级映射。
9. 关系 R 和 S 如图 1.31 所示，试计算 $\Pi_{C,D}(R \bowtie S)$ 的结果。

	R			S	
A	B	C	B	D	E
a	5	c	4	a	c
e	8	f	4	e	g
h	4	g	8	b	a

图 1.31　关系 R 和关系 S

10. 关系 R 和 S 如图 1.32 所示，试计算 $R \div S$。

	R				S
A	B	C	D	C	D
a	b	c	d	c	d
a	b	e	f	e	f
a	b	h	k		
b	d	e	f		
b	d	d	l		
c	k	c	d		
c	k	e	f		

图 1.32　关系 R 和关系 S

11．设有职工关系 EMPLOYEE（职工号，姓名，性别，技能），有关系代数运算表达式：$\Pi_{1,2,4}(\text{EMPLOYEE}) \div \Pi_4(\sigma_{2=\text{'CHEN'}}(\text{EMPLOYEE}))$，请用文字描述该表达式所表示的查询。

第 2 章　数据库设计

数据库设计是数据库应用的基础，其核心任务是针对特定的应用环境，在给定硬件环境、操作系统和数据库管理系统的基础上，创建一个性能良好的数据库模式并建立数据库及应用系统，使之能够有效、合理地采集、存储、操作和管理数据，满足企业或组织中各类用户的应用需求。

2.1　工程化设计

2.1.1　工程化设计的基本思想

1. 软件危机

计算机系统包括硬件系统和软件系统，硬件系统就像人的躯体，软件系统就像人的灵魂。为了能让计算机解决更多的问题，不仅需要配备所需的硬件设备，还要为其设计出能够解决问题的软件（简单地说，就是计算机程序）。软件不仅要能够在计算机上正确运行，同时，要便于阅读和被理解，便于调试和维护。

计算机软件与硬件相互依存，但软件在开发、生产、维护和使用方面与计算机硬件相比存在明显的差异。随着计算机技术的发展，计算机软件在开发和维护过程中所遇到的一系列严重问题，导致了软件开发和维护日益复杂，这种现象称为软件危机。

2. 软件工程

软件工程是一门研究软件开发与维护的普遍原理和技术的工程学科，通过采用工程的概念、原理、技术和方法来开发与维护软件，把经过时间检验而证明正确的管理技术和当前能够得到的最好的技术方法结合起来。其核心思想是把软件看作一个工程产品来处理，把可行性研究、需求分析、工程审核、质量监督等工程化概念引入软件生产中。

软件工程包括 3 个要素：方法、工具和过程。方法是完成软件工程项目的技术手段；工具支持软件的开发、管理，文档的生成；过程支持软件开发各个环节的控制和管理。

通过三要素来达到工程项目的三个基本目标：进度、经费和质量。质量是软件需求方最关心的问题，进度和经费是软件供应方最关心的问题。质量与进度之间有着内在的联系，提高进度必须以质量合格为前提；好的软件工程方法可以同时提高质量与进度，并能节约经费。

3. 软件生命周期

同任何其他事物一样，一个软件产品或软件系统也要经历孕育、产生、成长、成熟、衰亡等阶段，一般称为软件生存周期（软件生命周期），即从软件的产生直到软件消亡的周期。可以把整个软件生存周期划分为若干阶段，通常，软件生存周期包括可行性分析、需求分析、系统设计（概要设计和详细设计）、编码、测试、运行和维护等阶段，如图 2.1 所示。

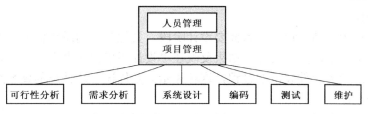

图 2.1　软件生存周期的主要环节

2.1.2　工程化设计的基本过程

1．可行性分析

可行性分析决定"做还是不做",是整个项目的第一步,其最根本的任务是对以后的行动方针提出建议。一般,可行性分析主要考虑四个要素:经济、技术、社会环境和人。

经过可行性分析,如果问题没有可行的解决方案,分析员应该建议停止开发,以避免时间、资源、人力和财力的浪费;如果问题值得解决,分析员应该推荐一个较好的解决方案,并且为工程制订一个初步的计划。

2．需求分析

需求分析处于软件开发过程的初期,它对于整个软件开发过程及软件产品质量至关重要。在该阶段,开发人员要准确理解用户的要求,进行细致地调查分析,将用户非形式的需求陈述转化为完整的需求定义,再由需求定义转化到相应的形式功能规约(需求规格说明)。随着软件系统复杂性的提高及规模的扩大,需求分析在软件开发中的地位愈加突出。

需求分析在系统开发过程中的作用如图 2.2 所示。

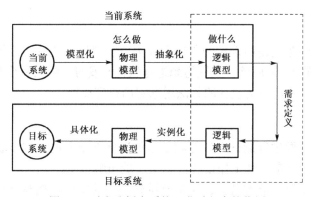

图 2.2　需求分析在系统开发过程中的作用

可以看出,需求分析的核心就是借助当前系统的逻辑模型导出目标系统的逻辑模型,解决目标系统"做什么"的问题。

3．系统设计

在软件需求分析阶段,已经搞清楚了软件"做什么"的问题,并把这些需求通过规格说明书进行详细描述,这也是目标系统的逻辑模型。系统分析员审查软件计划、软件需求分析提供的文档,提出最佳推荐方案供专家审定,审定后进行系统设计,系统设计又可分为概要设计和详细设计。

(1) 概要设计

概要设计也称为总体设计。进入概要设计阶段，要把软件的逻辑模型变换为物理模型，即着手实现软件的需求，并将设计的结果反映在"设计规格说明书"中。所以，概要设计是一个把软件需求转换为软件表示的过程，这种表示只是描述了软件总的体系结构，所以概要设计也称为结构设计。

概要设计阶段要完成的任务主要包括：设计软件系统结构、数据结构及数据库设计、编写概要设计文档。

设计完成后，还需要经过评审来判断设计部分是否完整地实现了需求规格说明书中规定的功能、性能等要求，以及设计方案的可行性，关键的处理及内外部接口定义的正确性、有效性，各部分之间的一致性等。

(2) 详细设计

详细设计也叫过程设计，该阶段不进行程序编码，是编码的先导。在这一阶段，主要设计模块的内部实现细节，对用到的算法进行精确的表达，主要完成以下6项任务。

① 为每个模块进行详细的算法设计。
② 为模块内的数据结构进行设计。
③ 对数据结构进行物理设计。
④ 其他设计。根据软件系统的类型，还可能要进行以下设计。

代码设计：为了提高数据的输入、分类、存储、检索等操作的效率，节约内存空间，对数据库中的某些数据项的值要进行代码设计；输入/输出格式设计；人机对话设计：对于一个实时系统，用户与计算机频繁对话，因此要进行对话方式、内容、格式的具体设计。

⑤ 编写详细设计说明书。
⑥ 评审。

4．编码

编码阶段的主要任务是使用选定的程序设计语言，把模块的过程性描述翻译为用该语言书写的源程序（源代码）。采用软件工程思想进行软件开发时，编写程序是相对简单的工作，其主要工作是将详细设计阶段所设计的算法用选定的语言实现。

5．测试

程序编写完成后需要进行测试，软件测试是保证软件质量的关键步骤，是对软件规格说明、设计和编码的最后复审，其工作量约占总工作量40%以上。

软件测试的目的是尽可能发现并改正被测试软件中的错误，提高软件的可靠性。因此，测试阶段的基本任务是：根据软件开发各阶段的文档资料和程序的内部结构，精心设计一组"高效"的测试用例，利用这些测试用例找出软件中潜在的错误和缺陷，并验证其是否达到需求分析说明书中规定的功能、性能要求，软件测试的基本流程如图2.3所示。

6．运行与维护

系统切换后可开始投入运行，系统运行包括系统的日常操作、维护等。任何一个系统都不能一次开发就可满足用户所有需求，总要经过多次的开发、运行、再开发、再运行的循环上升。软件维护是在软件已交付使用后，为了改正错误或满足用户新需求而修改软件的过程。归结起来有三种类型：纠错性维护、适应性维护和完善性维护。

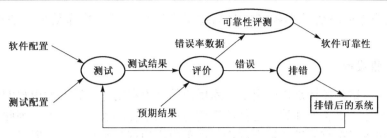

图 2.3 软件测试的基本流程

（1）纠错性维护

软件交付使用后，由于前期的测试不可能发现软件系统所有潜在的错误，必然会有一部分隐藏的错误被带到运行阶段来。这些隐藏下来的错误在某些特定使用环境下就会暴露出来。为了识别和纠正软件错误、改正软件性能上的缺陷、排除实施中的误使用，进行的诊断和改正错误的过程，就称为纠错性维护。

（2）适应性维护

随着计算机技术的飞速发展，外部环境（新的硬、软件配置）或数据环境（数据库、数据格式、数据输入/输出方式、数据存储介质）可能发生变化，操作系统和编译系统也不断升级，为了使软件能适应新的环境而进行的程序修改和扩充活动称为适应性维护。

（3）完善性维护

在软件的使用过程中，用户往往会对软件提出新的功能与性能要求。为了满足这些要求，需要修改或再开发软件，以扩充软件功能、增强软件性能。这种情况下进行的维护活动称为完善性维护。

实践经验表明，在这几类维护活动中，各类维护活动所占比例的大致情况为：纠错性维护占 20%左右，完善性维护占 50%左右，适应性维护占 25%左右，其他维护活动占 5%左右。可以看出，软件维护不仅是改错，大部分维护工作是围绕完善性维护展开的。

2.2 数据库设计

2.2.1 数据库设计的基本内容

数据库设计以具体的 DBMS 为基础，实现数据库的结构特性设计和行为特性设计。其中数据库的结构特性设计起着关键作用，数据库设计的基本内容如图 2.4 所示。

1. 结构特性设计

数据库的结构特性是静态的，一般情况下不会轻易变动。因此，数据库的结构特性设计又称为静态结构设计。

其设计过程是：先将现实世界中的事物、事物之间的联系用 E-R 图表示，再将各个 E-R 图

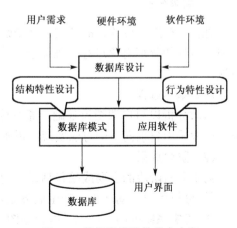

图 2.4 数据库设计的基本内容

汇总，得出数据库的概念数据模型，最后将概念结构模型转换为数据库的逻辑数据模型表示。

2．行为特性设计

数据库的行为结构设计是指确定数据库用户的行为和动作。数据库用户的行为和动作包括数据查询和统计、报表处理等，这些都需要通过应用程序表达和执行。因此，设计数据库的行为特征要与应用系统的设计结合进行。由于用户的行为是动态的，所以，数据库的行为特性设计也称为数据库的动态设计。

行为结构设计的过程是：首先将现实世界中的数据及应用情况用数据流图和数据字典表示，并详细描述其中的数据操作要求，进而得出系统的功能结构和数据库的子模式。

2.2.2 数据库设计的基本过程

同软件一样，数据库也存在生存期，其生存周期如图2.5所示。

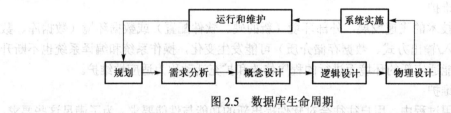

图 2.5 数据库生命周期

根据生命周期思想数据库设计过程可分为以规划、需求分析、概念设计、逻辑设计、物理设计、系统实施、运行和维护7个阶段。

1．规划

系统规划的目的在于确定系统的名称、范围；确定系统的目标功能和性能；确定系统所需的资源；估算预期效益和开发成本；确定开发计划和开发进度。主要包括系统调查和可行性分析两个阶段。

通过对企业组织作全面的调查，画出组织层次图，以了解企业的组织结构。通过分析，最后决定是否进行系统开发。

2．需求分析

进行数据库应用软件的开发，首先必须准确了解与分析用户需求（包括数据处理）。通过对现实世界的处理对象进行详细调查，收集支持系统目标的数据，确定新系统的功能和处理方法。

（1）基本过程

需求分析以用户调查为基础，通过分析和综合，逐步明确用户对新系统的功能和性能要求，一般采用自顶向下的方法实现。需求分析的一般过程如图2.6所示。

（2）阶段成果

需求分析阶段的主要成果包括以下内容。

① 分析用户活动产生，产生业务流程图。
② 确定系统范围，产生系统范围图。
③ 分析用户活动涉及的数据，产生数据流图。

④ 分析系统数据,产生数据字典。

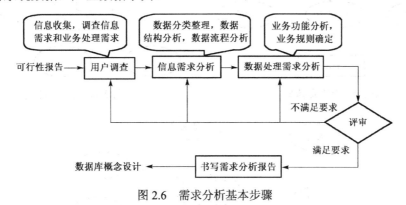

图 2.6 需求分析基本步骤

3. 概念设计

概念设计的主要任务是根据需求分析阶段产生的需求分析报告,产生能够反映信息需求的数据库概念模型。概念设计是整个数据库设计的关键,它通过对用户需求进行综合、归纳与抽象,形成一个独立于具体 DBMS 的概念模型,一般用 E-R 图表示。概念设计的主要任务如图 2.7 所示。

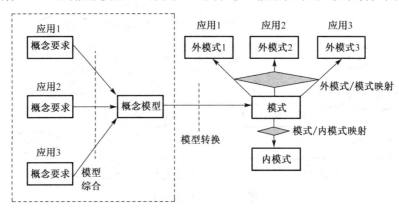

图 2.7 概念设计的主要任务

（1）E-R 图的绘制步骤

E-R 图可经由以下步骤获得。

① 首先确定实体型。

② 确定联系。

③ 把实体型和联系组合成 E-R 图。

④ 确定实体型和联系的属性。

⑤ 确定实体型的键,在 E-R 图中属于码的属性名下画一条横线。

例如,某商业集团中,商店、仓库、商品的实体型表示如图 2.8、图 2.9、图 2.10 所示。最后获得的实体联系图如图 2.11 所示。

（2）概念设计的主要步骤

① 进行数据抽象,设计局部 E-R 图,其基本过程如图 2.12 所示。

② 将局部 E-R 图综合成全局 E-R 图,其基本过程如图 2.13 所示。

③ 评审,若评审通过,进入下一个设计阶段。

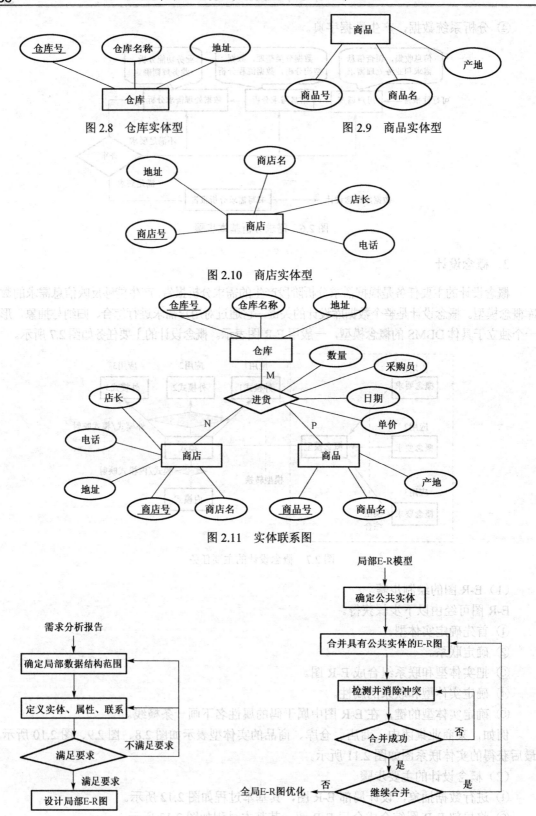

4. 逻辑设计

逻辑设计的主要任务是将现实世界的获取的概念数据模型转换成数据库的支持的某种逻辑数据模型。同时，还需为各种数据处理设计相应的子模式，并使其在功能、性能、完整性约束、一致性和可扩充性等方面均满足用户的需求。

逻辑设计的基本步骤如图 2.14 所示。

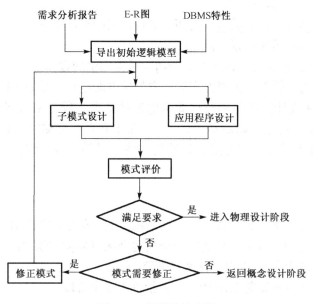

图 2.14　逻辑设计步骤

模型转换要完成 E-R 模型向关系模型的转换，也就是把 E-R 图转换成关系模式的集合。包括两部分的转换：实体型的转换和联系的转换。

（1）实体型的转换

将每个实体型转换成一个关系模式，实体型的属性即为关系模式的属性，实体型的标识符即为关系模式的键。

（2）联系的转换

联系的转换分三种情况：二元联系的转换、一元联系的转换、三元联系的转换。

二元联系类型的转换分三种情况：一对一联系的转换、一对多联系的转换、多对多联系的转换。

- 一对一联系的转换

若实体集间联系是 1:1，可以在由两个实体型转换的两个关系模式中任意一个关系模式的属性中加入另一个关系模式的键和联系的属性。

- 一对多联系的转换

若实体集间联系是 1:N，则在 N 端实体型转换成的关系模式中加入 1 端实体型的键和联系的属性。

- 多对多联系的转换

若实体集间联系是 M:N，则将联系转换成一个新的关系模式，其属性为两端实体型的键加上联系的属性，而键为两端实体型键的组合。

一元联系的转换与二元联系相同,对于三元联系而言,总是将三元联系转换成一个新的关系模式,其属性为三端实体型的键加上联系的属性,而键为三端实体型键的组合。

图 2.11 转换后得到的关系模式如下:

仓库(<u>仓库号</u>,仓库名,地址)

商店(<u>商店号</u>,商店名,店长,电话,地址)

商品(<u>商品号</u>,商品名,产地)

进货(<u>仓库号,商店号,商品号</u>,日期,数量,采购员,单价)

在逻辑模型设计时,需注意以下问题:

① **模式的规范化**:模式的规范化有助于消除数据库中的数据冗余。规范化有多种形式,但第三范式通常被认为在性能、扩展性和数据完整性方面达到了最好平衡。

② **考虑变化**:在设计数据库的时候要考虑哪些数据字段将来可能会发生变化。例如,姓氏(西方人的姓氏,女性结婚后从夫姓等),在建立系统存储客户信息时,可在单独的一个数据表里存储姓氏字段,同时附加起始日和终止日等字段,这样就可以跟踪这一数据条目的变化。

5. 物理设计

数据库的物理设计是根据特定数据库管理系统所提供的依赖于具体计算机物理特性的存储结构和存取方法,为逻辑数据模型选取一个最适合应用环境的物理结构(包括文件类型、索引结构和数据的存放次序)、存取方法和存取路径等。

数据库的物理设计步骤如图 2.15 所示,包括以下 5 个阶段。

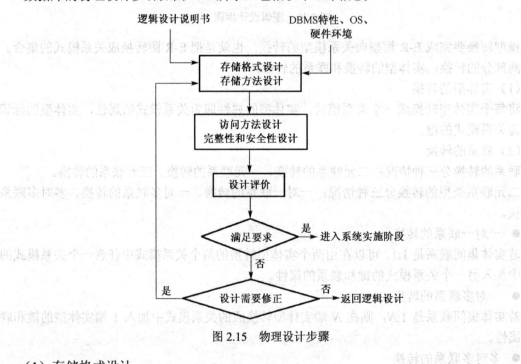

图 2.15 物理设计步骤

(1)存储格式设计

对所要存储的数据项进行类型特征分析,设计存储记录的格式,决定数据的压缩格式和代码格式。

(2) 存储方法设计

存储方法设计主要考虑存储记录在存储空间的物理安排,常见的存储方式有 4 种:顺序存放、杂凑存放、索引存放、聚簇存放。不同的存放方式,读写效率不同。

(3) 访问方法设计

访问方法设计为数据提供存储结构和查询路径。

(4) 完整性和安全性设计

根据数据库的完整性约束条件、系统所采用的 DBMS,OS 的特性及硬件环境,设计数据库所采用的完整性和安全性措施。

(5) 应用设计

应用设计解决应用系统的功能实现设计,主要包括应用系统的界面设计、代码设计、模块设计等。

6. 系统实施

数据库实施阶段的任务是根据逻辑设计和物理设计,在计算机上建立数据库,编写、调试应用程序,组织数据入库,并进行系统测试和试运行,实施步骤如图 2.16 所示。

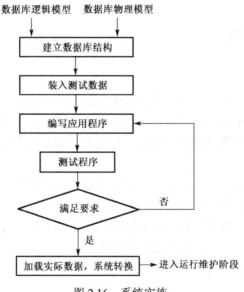

图 2.16 系统实施

数据库实施阶段的工作主要包括以下 3 方面。

(1) 用 DDL 定义数据库结构

根据具体 DBMS 提供的数据定义语言和数据库的逻辑数据模型创建数据库的库结构。

(2) 组织数据入库

对于创建好的数据库,需要录入数据,对数据量不大的小型系统,可采用人工方式实现数据入库。主要工作包括:筛选数据,转换数据格式,输入数据,校验数据。对大中型系统,则要通过相应的硬件或者软件自动输入。主要工作包括:筛选数据、输入数据、校验数据、转换数据、综合数据。

(3) 编写与测试应用程序

用户的复杂应用需求要通过相应的程序来实现,编写程序的目的在于根据选择的程序设计语言实现系统的处理功能。由于程序是一个复杂的逻辑实体,需要通过测试等手段尽可能地发现并改正隐藏的错误。

7. 运行和维护

数据库应用系统经过系统转换后,即可投入正式运行。在数据库系统运行过程中必须不断地对其进行评价、调整与修改。其主要工作包括:
① 数据库的转储和恢复;
② 数据库安全性、完整性控制;
③ 数据库性能的监督、分析和改进;
④ 数据库的重组织和重构造。

开发一个完善的数据库应用系统不可能一蹴而就,它往往是规划、需求分析、概念设计、逻辑设计、物理设计、系统实施、运行和维护这 7 个阶段的不断反复。而这 7 个阶段不仅包含了数据库的设计过程,而且包含了数据库应用系统的设计过程。在设计过程中,应该把数据库的结构特性设计和数据库的行为特性设计紧密结合起来,将这两个方面的需求分析、数据抽象、系统设计及实现等各个阶段同时进行,相互参照,相互补充,以完善整体设计。

2.2.3 关系模式的规范化

1. 规范化的基本概念

在关系数据库系统中,如何设计一个合适的关系数据库系统,关键是关系数据库模式的设计,一个好的关系数据库模式应该包括多少关系模式?每一个关系模式又应该包括哪些属性?如何将这些相互关联的关系模式组建成一个适合的关系模型?这些工作决定了整个系统运行的效率和成败。

关系数据库的规范化设计是指面对一个现实问题,如何选择一个比较好的关系模式集合。规范化设计理论对关系数据库结构的设计起着重要的作用,其主要包括三个方面的内容:函数依赖、范式和模式设计。函数依赖研究数据之间的联系,范式是关系模式的标准,模式设计是自动化设计的基础,其中函数依赖起着核心的作用。

例如,现有学生成绩表如表 2.1 所示。

表 2.1 学生成绩表

姓名	宿舍号	课程号	课程名	成绩
张玉寒	2-406	C1	大学语文	89
张玉寒	2-406	C2	普通物理	76
张玉寒	2-406	C3	高等数学	90
叶秋	3-201	C4	体育	85
叶秋	3-201	C5	大学英语	83
李梦	5-602	C6	计算机基础	90

对于该关系,存在着以下问题。
① 数据冗余
当一个学生选修了多门课程后,该学生的宿舍号就要多次重复存储。

② 操作异常

由于数据的冗余，在对数据操作时会引起一些异常，主要包括修改异常、插入异常和删除异常。

● 更新异常

例如，学生张玉寒选修了三门课程，在关系中就会有三个元组。如果他的宿舍号变了，这三个元组中的宿舍号都需要改变。若有一个元组未更改，就会造成这个学生的宿舍号不唯一，产生不一致现象。

● 插入异常

如果一个学生前来登记，但他尚未选择课程，那么将学生的姓名和宿舍号存储到关系中时，在课程号和课程名就没有值（空值）。在数据库技术中空值的语义是非常复杂的，对带空值元组的检索和操作也十分麻烦。

● 删除异常

如果要取消学生李梦的计算机基础成绩，就需要把对应的元组删去，同时也会把李梦的宿舍信息从表中删去了，这是一种不合适的现象。

由此可见，表2.1对应的关系模式学生成绩表（姓名，宿舍号，课程号，课程名，成绩）并不是一个好的关系模式，需要对其进行规范化，以解决数据冗余、修改异常、插入异常和删除异常等问题，得到一个良好的关系模式。

按照一定的规范设计关系模式，将结构复杂的关系分解成结构简单的关系，把不好的关系数据库模式转变成为好的关系数据库模式，这就是关系的规范化。经过规范化后，得到一个良好的关系模式，其应该具备四个条件：数据低冗余，没有插入异常，没有删除异常，没有更新异常。

2．函数依赖和键

在进行关系模式的规范化过程中，有两个重要的概念需要了解，那就是函数依赖和键。

（1）函数依赖

现实世界中，一个实体往往拥有多个属性，而这些属性之间相互制约、相互依赖，这种关系被称为数据依赖，数据依赖形式多样，而最为重要的数据依赖就是函数依赖。函数依赖可定义如下：

设有关系模式 $R(U)$，X 和 Y 是属性集 U 的子集，函数依赖（Functional Dependency，简记为 FD）是形为 $X \rightarrow Y$ 的一个命题，只要 r 是 R 的当前关系，对 r 中任意两个元组 t 和 s，若有 $t[X]=s[X]$，就必有 $t[Y]=s[Y]$（若它们在 X 上的值相等，则它们在 Y 上的属性值也一定相等），那么称"X 函数决定 Y"或"Y 函数依赖于 X"，记作 $X \rightarrow Y$，并称 X 为决定因素。

例如，有关系模式：学生（学号，姓名，性别，出生日期，入学日期，院系）。

在这个关系模式对应的关系中，所有元组的学号唯一，因此，只要学号确定，则该学生别的属性：姓名、性别、出生日期、入学日期、院系等属性也就唯一确定。就说姓名、性别、出生日期、入学日期、院系函数依赖于学号。也可以说学号函数决定姓名、性别、出生日期、入学日期、院系，其依赖关系可表示如图2.17。

再例如，有学生选课关系模式定义如下：

R（S#，SNAME，C#，GRADE，CNAME，TNAME，TAGE）。属性分别表示学生的学号、姓名、选修课程的课程号、成绩、课程名、任课教师姓名和年龄。

如果规定，每个学号只能有一个学生姓名，每个课程号只能决定一门课程，则有以下函数依赖关系：

S#→SNAME，C#→CNAME

每个学生每学一门课程，有一个成绩，那么可写出下列函数依赖：

(S#，C#)→GRADE

还可以写出其他一些函数依赖：

C#→(CNAME，TNAME，TAGE)，TNAME→TAGE

其依赖关系如图 2.18 所示。

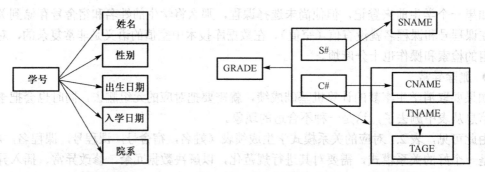

图 2.17　函数依赖关系　　　　图 2.18　学生选课表函数依赖关系

（2）键

所谓键，简单地说，就是在函数依赖中起决定作用的属性或属性集，也称为候选键。候选键定义如下：

设 U 是关系模式 R 的属性集，X 是 U 的一个子集。如果 $X→U$ 在 R 上成立，那么称 X 是 R 的一个超键。如果 $X→U$ 在 R 上成立，但对于 X 的任意一真子集 X_1，$X_1→U$ 都不成立，那么称 X 是 R 上的一个候选键。

例如，在学生选课关系模式 R（S#，SNAME，C#，GRADE，CNAME，TNAME，TAGE）中，如果规定：每个学生每学一门课只有一个成绩，每个学生只有一个学号，每个课程号只有一个课程名，每门课程只有一个任课教师。根据这些规则，可以知道（S#，C#）能函数决定 R 的全部属性，是一个候选键。虽然（S#，SNAME，C#，TNAME）也能函数决定 R 的全部属性，但相比之下，只能说是一个超键，而不能说是候选键，因为其中含有多余属性。

和候选键相对应的另外一个概念就是外键，外键的定义如下：有关系 R 和 S，在 R 中存在属性或属性组 X，X 不是 R 的主键，在 S 存在同样的属性或属性组 X，X 是 S 的主键，则称 X 是关系 R 的外键。

例如，有关系模式 S（学号，姓名，系名称，出生年月），SC（学号，课程号，成绩，教师编号）。在关系模式 SC（学号，课程号，成绩，教师编号）中，学号不是主键，但学号是关系模式 S（学号，姓名，系名称，出生年月）的主键，所以学号是关系模式 SC 的外键。主键与外键提供了一种表示关系间联系的手段。如关系模式 S 与 SC 的联系就是通过学号来实现的。

3. 关系模式的范式

关系模式的好与坏需要有一个衡量标准，这个标准就是模式的范式（Normal Forms，简记为 NF）。范式的种类与数据依赖有着直接的联系，基于函数依赖的范式有 1NF、2NF、3NF、

BCNF 等。一个低一级范式的关系模式可以分解转换为若干个高一级范式的关系模式的集合。在数据设计过程中，一般要求设计的关系模式必须达到第三范式要求。

（1）第一范式（1NF）

如果关系模式 R 的每个关系 r 的属性值都是不可分的原子值，那么称 R 是第一范式（简记为 1NF）的模式。

满足 1NF 的关系称为规范化的关系，否则称为非规范化的关系。关系数据库研究的关系都是规范化的关系。1NF 是关系模式应具备的最起码的条件。

满足第一范式的关系虽然是规范化的关系，但其存在数据冗余、插入异常、更新异常和修改异常等问题，需要将其转换为满足更高一级范式要求的关系模式。

（2）第二范式（2NF）

对于函数决定 $W \to A$，如果存在 $X \subset W$ 有 $X \to A$ 成立，那么称 $W \to A$ 是局部依赖（A 局部依赖于 W）；否则称 $W \to A$ 是完全依赖。完全依赖也称为"左部不可约依赖"。

如果 X 是关系模式 R 候选键中的属性，那么称 X 是 R 的主属性；否则称 X 是 R 的非主属性。如果关系模式 R 是 1NF，且每个非主属性完全函数依赖于候选键，那么称 R 是第二范式（2NF）的模式。如果数据库模式中每个关系模式都是 2NF，则称数据库模式为 2NF 的数据库模式。

1NF 分解成 2NF 模式集的方法如下：

设关系模式 R（U），主键是 W，R 上还存在函数依赖 $X \to Z$，Z 是非主属性且 $X \subset W$，那么 $W \to Z$ 就是一个局部依赖。此时应把 R 分解成两个模式：

R_1（XZ），主键是 X；

R_2（Y），其中 $Y = U - Z$，主键仍是 W，外键是 X。

利用外键和主键的连接可以从 R_1（XZ）和 R_2（Y）重新得到 R。

如果 R_1（XY）和 R_2（Y）还不是 2NF，则重复上述过程，直到数据库模式中每个关系模式都是 2NF 为止。

例如，有关系模式 R（S#，C#，GRADE，TNAME，TADDR）的属性分别表示学生学号、选修课程的编号、成绩、任课教师姓名和教师地址，（S#，C#）是 R 的候选键。

R 上有两个函数决定：（S#，C#）→（TNAME，TADDR）和 C# →（TNAME，TADDR），可以发现，前一个函数决定是局部依赖，所以，R 不是 2NF 模式。此时 R 的关系就会出现冗余和异常现象。譬如，某一门课程有 80 个学生选修，那么在关系中就会存在 80 个元组，因而教师的姓名和地址就会重复 80 次。

如果把 R 分解成 R_1（C#，TNAME，TADDR）和 R_2（S#，C#，GRADE）后，局部依赖（S#，C#）→（TNAME，TADDR）就消失了，则 R_1（XY）和 R_2（Y）都是 2NF 模式。

有些关系虽然满足 2NF，但仍可能存在操作异常问题。存在操作异常的主要原因在于这些关系虽然满足 2NF，但存在着传递依赖。

所谓传递依赖是指：若有 $X \to Y$，$Y \to Z$，且 Y 不函数决定 X，Z 不是 Y 的子集，则称 X 传递决定 Z，或者说 Z 传递依赖于 X。

（3）第三范式（3NF）

如果关系模式 R 是 2NF，且每个非主属性都不传递依赖于 R 的主属性，那么称 R 是第三范式（3NF）的模式。如果数据库模式中每个关系模式都是 3NF，则称其为 3NF 的数据库模式。

分解成 3NF 模式集的方法如下：

设关系模式 $R(U)$，主键是 W，R 上还存在函数依赖 $X \to Z$。并且 Z 是非主属性，$Z \subset X$ 不成立，X 不是候选键，这样 $W \to Z$ 就是一个传递依赖。此时应把 R 分解成两个模式：

$R_1(XZ)$，主键是 X；

$R_2(Y)$，其中 $Y=U-Z$，主键仍是 W，外键是 X。

利用外键和主键相匹配机制，$R_1(XY)$ 和 $R_2(Y)$ 通过连接可以重新得到 R。

如果 $R_1(XY)$ 和 $R_2(Y)$ 还不是 3NF，则重复上述过程，直到数据库模式中每个关系模式都是 3NF 为止。

例如，有关系模式 R_1(C#, TNAME, TADDR) 和 R_2(S#, C#, GRADE)，可以发现 R_2 是 2NF 模式，而且也是 3NF 模式。但 R_1(C#, TNAME, TADDR) 是 2NF 模式，却不一定是 3NF 模式。如果 R_1 中存在函数依赖 C#→TNAME 和 TNAME→TADDR，那么 C#→TADDR 就是一个传递依赖，即 R_1 不是 3NF 模式。此时 R_1 的关系中也会出现冗余和异常操作。譬如一个教师开设五门课程，那么关系中就会出现五个元组，教师的地址就会重复五次。

把 R_1 分解成 R_{11}(TNAME, TADDR) 和 R_{12}(C#, TNAME) 后，R_{11} 和 R_{12} 都是 3NF 模式。

4．模式分解

除了 1NF、2NF、3NF 还有更高级的范式。包括 BCNF、4NF、5NF 等。规范化的程度决定于实际需要。因为分离得越深，产生的关系就越多，关系过多，就需要通过频繁的连接操作来获取数据，这样会影响速度。在进行关系数据库设计时，应作权衡，尽可能使数据库模式保持最好的特性。

（1）模式分解的概念

设有关系模式 $R(U)$，属性集为 U，R_1、…、R_k 都是 U 的子集，并且有 $R_1 \cup R_2 \cup \cdots \cup R_k = U$。关系模式 R_1、…、R_k 的集合用 ρ 表示，$\rho=\{R_1, \cdots, R_k\}$。用 ρ 代替 R 的过程称为关系模式的分解。这里 ρ 称为 R 的一个分解。

设 R 是一个关系模式，F 是 R 上的一个 FD 集。R 分解成数据库模式 $\rho=\{R_1, \cdots, R_k\}$。如果对 R 中满足 F 的每一个关系 r，都有 $r = \Pi_{R_1}(r) \bowtie \Pi_{R_2}(r) \bowtie \cdots \bowtie \Pi_{R_k}(r)$，那么称分解 ρ 相对于 F 是"无损联接分解"，简称为"无损分解"，否则称为"损失分解"。

（2）分解中注意的问题

进行关系模式规范化的核心是分析函数依赖，在保证属性不可再分的基础上，将关系模式中存在的部分依赖和传递依赖分离，分别建立新的关系模式，这样就可以满足第三范式要求，规范化过程如图 2.19 所示。

关系模式的规范化过程实际上是一个"分解"过程，把逻辑上独立的信息放在独立的关系模式中。"关系模式有冗余问题就分解它"是规范化的基本原则。关系模式在分解时应保持"等价"性，等价分解包含数据等价和语义等价两个方面，分别用无损分解和保持函数依赖两个特征来衡量。前者能保持关系在投影连接以后仍能恢复回来，而后者能保证数据在投影或连接中语义不会发生变化，也就是不会违反函数依赖的语义。但无损分解与保持依赖两者之间没有必然的联系。

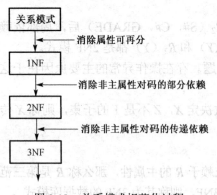

图 2.19 关系模式规范化过程

第 2 章 数据库设计

在分解过程中,分解成 BCNF 模式集可以保持无损分解,但不一定能保持函数依赖。而分解成 3NF 模式集既能保持无损分解,又能保持函数依赖。

(3) 模式规范化应用举例

数据存放在五个关系中,对应的关系模式为:

学生表(学号,姓名,性别,年龄,系名,系所在楼,父母)
课程表(课程号,课程名)
成绩表(学号,课程号,成绩)
系表(系名,办公楼,系主任)
备课表(课程名,教师,参考书)

对应的关系如表 2.2、表 2.3、表 2.4、表 2.5、表 2.6 所示。

表 2.2 学生表

学号	姓名	性别	年龄	系名	系所在楼	父母	
						父亲	母亲
2010118002	张强	男	18	计算机	3	张效民	马敏
2010118009	吴云轩	男	19	计算机	3	吴海	张小花
2010120002	周玉萍	女	18	新闻	5	周俊	王莉荔
2010120006	张志华	男	18	新闻	5	张裕	于小敏
2010119001	雷雨	女	19	英语	4	雷刚	丁菲菲

表 2.3 课程表

课程号	课程名
001	大学语文
002	英语(一)
003	普通物理
004	高等数学
005	计算机应用

表 2.4 成绩表

学号	课程号	成绩
2014118002	001	85
2014118002	005	90
2014118009	003	78
2014120002	003	82
2014119001	004	85

表 2.5 系表

系名	办公楼楼	系主任
计算机	3	马钢
新闻	5	蒋大强
化学	7	李牧
英语	4	吴敏
考古	1	韩长贵

表 2.6 备课表

课程名	教师	参考书
大学语文	方华	大学语文
普通物理	马湘云	物理概论
高等数学	李理	高等数学应用
计算机应用	周鹏	计算机导论
英语(一)	杨娟	大学英语

可以发现关系模式学生表(学号,姓名,性别,年龄,系所在楼,宿舍,父母)不满足第一范式,因为,父母属性可再分。可将父母属性分解,得到新的学生表关系模式:

学生表(学号,姓名,性别,年龄,系名,系所在楼,父亲,母亲)

对关系模式系表(系名,办公楼,系主任)而言,其函数依赖关系如图 2.20 所示。满足第三范式要求。

对于关系模式备课表(课程名,教师,参考书)而言,假如每位老师可以教多门课,每门课可以有多名老师教,一门课可以有多本参考书。则其函数依赖关系如图 2.21 所示。满足第三范式要求。

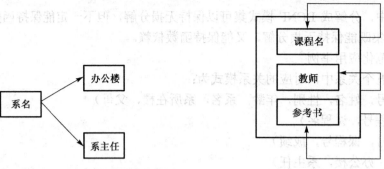

图 2.20　关系模式"系表"的函数依赖关系　　图 2.21　关系模式"备课表"的函数依赖关系

对关系模式课程表（课程号，课程名）而言，其函数依赖关系如图 2.22 所示。满足第三范式要求。

对关系模式成绩表（学号，课程号，成绩）而言，其函数依赖关系如图 2.23 所示。满足第三范式要求。

图 2.22　关系模式"课程表"的函数依赖关系　　图 2.23　关系模式"成绩表"的函数依赖关系

对关系模式学生表（学号，姓名，性别，年龄，系名，系所在楼，父亲，母亲）而言，其函数依赖关系如图 2.24 所示。

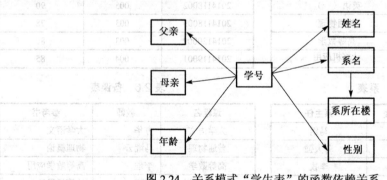

图 2.24　关系模式"学生表"的函数依赖关系

可以发现，关系模式学生表（学号，姓名，性别，年龄，系名，系所在楼，父亲，母亲）满足第二范式，但不满足第三范式。将其分解为两个新的关新模式：

学生表（学号，姓名，性别，年龄，系名，父亲，母亲）

系楼表（系名，系所在楼）

两个关系模式均满足第三范式要求，但关系模式系楼表（系名，系所在楼）包含在关系模式系表（系名，办公楼，系主任）中，所以可以删去。

最后得到的关系模型是：

学生表（<u>学号</u>，姓名，性别，年龄，系名，父亲，母亲）

系表（<u>系名</u>，办公楼，系主任）

成绩表（<u>学号</u>，课程号，成绩）
课程表（<u>课程号</u>，课程名）
备课表（<u>课程名</u>，教师，参考书）

习　题　2

一、填空题

1. 软件工程三要素包括方法、工具和过程，其中，_____支持软件开发的各个环节的控制和管理。
2. 一个数据库应用系统的开发过程大致相继经过_____、_____、_____、_____、_____、_____和_____等7个阶段。
3. 在数据库设计的需求分析阶段，数据流图表达了数据与_____的关系。
4. 数据库的逻辑模型设计阶段，任务是将总体 E-R 模型转换成_____。
5. 对于较复杂的系统，概念设计阶段的主要任务是：首先根据系统的各个局部应用画出各自对应的_____，然后再进行综合和整体设计，画出_____。
6. 数据库实施阶段包括两项重要的工作，一项是数据的_____，另一项是应用程序的编码和调试。
7. 对关系进行规范化，通常只要求规范化到_____范式。
8. 关系数据库中的每个关系必须最低达到_____范式，该范式中的每个属性都是_____的。

二、选择题

1. 软件生命周期是指（　　）。
   A．软件产品从提出、实现、使用维护到停止使用退役的过程
   B．软件从需求分析、设计、实现到测试完成的过程
   C．软件的开发过程
   D．软件的运行维护过程
2. 下列不属于需求分析阶段工作的是（　　）。
   A．分析用户活动　　　B．建立 E-R 图　　　C．建立数据字典　　　D．建立数据流图
3. 概念设计是整个数据库设计的关键，它通过用户需求进行综合、归纳与抽象，形成一个独立于具体 DBMS 的（　　）。
   A．物理模型　　　B．逻辑模型　　　C．概念模型　　　D．关系模型
4. （　　）不属于数据库逻辑结构设计的任务。
   A．规范化　　　B．模式分解　　　C．模式合并　　　D．创建视图
5. 数据库设计中，确定数据库存储结构，即确定关系、索引、聚簇、日志、备份等数据的存储安排和存储结构，这是数据库设计的（　　）。
   A．需求分析阶段　　　B．逻辑设计阶段　　　C．概念设计阶段　　　D．物理设计阶段
6. 在关系数据库设计中，对关系进行规范化处理，使关系达到一定的范式，例如达到3NF，这是（　　）的任务。
   A．需求分析阶段　　　B．概念设计阶段　　　C．物理设计阶段　　　D．逻辑设计阶段
7. 如果有 10 个不同的实体集，它们之间存在着 12 个不同的二元联系（二元联系是指两个实体集之间的联系），其中 3 个 1:1 联系，4 个 1:N 联系，5 个 M:N 联系，那么根据 E-R 模型转换成关系模型的规则，

这个 E-R 结构转换成的关系模式个数为（　　）。
  A. 14 个　 B. 15 个　 C. 19 个　 D. 22 个

8. 数据库物理设计完成后，进入数据库实施阶段，下列各项中不属于实施阶段的工作是（　　）。
  A. 建立数据库　 B. 扩充功能　 C. 加载数据　 D. 系统调试

9. 关系数据规范化是为解决关系数据中（　　）问题而引入的。
  A. 操作异常和数据冗余　 B. 提高查询速度
  C. 减少数据操作的复杂性　 D. 保证数据的安全性和完整性

三、简答题

1. 什么是软件工程？软件工程的基本目标是什么？
2. 什么是软件生命周期？软件生命周期一般可分为哪几个阶段？
3. 基于数据库系统生存期的数据库设计分为哪几个阶段？请简述之。
4. 数据库设计的需求分析阶段是如何实现的？目标是什么？
5. 概念设计的具体步骤是什么？
6. 试述逻辑设计阶段的主要内容。
7. 数据系统投入运行后，有哪些维护工作？
8. 什么是 1NF，2NF，3NF？它们之间有什么关系？

第3章 数据库安全

数据库作为企业资源发挥着越来越重要的作用，同时它也成为黑客攻击的主要目标。而如何保证数据库自身的安全，已成为现代数据库系统需要解决的主要问题之一。一个安全的系统需要数据库安全、操作系统安全、网络安全、应用系统自身安全共同完成。

3.1 数据库安全概述

如何有效地保证数据库系统安全，实现数据的保密性、完整性和有效性至关重要。主要原因在于：一方面，数据库系统承载关键业务数据，而这些数据牵涉企业各个方面的信息，具有重要的价值；另一方面，数据库系统通常比较复杂，其对连续性、稳定性有高标准的要求，安全管理人员在缺乏相关知识的情况下会使数据库安全管理工作滞后于业务需求。

3.1.1 数据库安全标准

1. 数据库安全问题的产生

数据库的安全性是指在不同层次保护数据库，防止未授权的数据访问，避免数据的泄露、不合法的修改或对数据的破坏。安全性问题不是数据库系统所独有的，它来自各个方面，其中既有数据库本身的安全机制，如用户认证、存取权限、视图隔离、跟踪与审查、数据加密、数据完整性控制、数据访问的并发控制、数据库的备份和恢复等方面，也涉及计算机硬件系统、计算机网络系统、操作系统、组件、Web 服务、客户端应用程序、网络浏览器等。只是由于在数据库系统中大量数据集中存放，而且为许多最终用户直接共享，从而使安全性问题更为突出，上述每一个方面产生的安全问题都可能导致数据库数据的泄露、意外修改、丢失等后果。

2. 常见的数据库的安全标准

目前，国内外均有数据库安全的等级标准。1991 年美国国家计算机安全中心（NCSC）颁布了《可信计算机系统评估标准关于可信数据库系统的解释》（Trusted Datebase Interpreation，TDI）。1996 年国际标准化组织 ISO 又颁布了《信息技术安全技术——信息技术安全性评估准则》（Information Technology Security Techniques——Evaluation Criteria For It Security）。我国政府于 1999 年颁布了《计算机信息系统评估准则》。

目前国际上广泛采用的是美国标准 TCSEC（TDI），在此标准中将数据库安全划分为 4 大类，由低到高依次为 D、C、B、A。其中 C 级由低到高分为 C1 和 C2，B 级由低到高分为 B1、B2 和 B3。每级都包括其下级的所有特性，各级指标如下：

（1）D 级：无安全保护的系统。

（2）C1 级：只提供非常初级的自主安全保护。能实现对用户和数据的分离，进行自主存取控制（DAC），保护或限制用户权限的传播。

（3）C2级：提供受控的存取保护，即将C1级的DAC进一步细化，以个人身份注册负责，并实施审计和资源隔离。很多商业产品为该级别。

（4）B1级：标记安全保护。对系统的数据加以标记，并对标记的主体和客体实施强制存取控制（MAC），以及审计等安全机制。一个数据库系统凡符合B1级标准者称之为安全数据库系统或可信数据库系统。

（5）B2级：结构化保护。建立形式化的安全策略模型并对系统内的所有主体和客体实施DAC和MAC。

（6）B3级：安全域。满足访问监控器的要求，审计跟踪能力更强，并提供系统恢复过程。

（7）A级：验证设计，即提供B3级保护的同时给出系统的形式化设计说明和验证，以确信各安全保护真正实现。

我国的国家标准的基本结构与TCSEC相似。我国标准分为5级，从第1级到第5级依次与TCSEC标准的C级（C1、C2）及B级（B1、B2、B3）一致。

3.1.2 数据库安全的特征

数据库安全包含两层含义：第一层是指系统运行安全，第二层是指系统信息安全。数据库系统的安全特性主要是针对数据而言的，包括数据独立性、数据安全性、数据完整性、并发控制、故障恢复等几个方面。

1．数据独立性

数据库系统的数据独立性要靠DBMS来实现。到目前为止，物理独立性已经能基本实现，而逻辑独立性实现起来比较困难，数据结构一旦发生变化，一般情况下相应的应用程序都要做一些修改。这也是数据库系统结构复杂的一个重要原因。

2．数据安全性

一个数据库能否防止无关人员越权访问，是数据库是否实用的一个重要指标。如果一个数据库对所有的人都公开，那么这个数据库就不是一个可靠的数据库。通常，比较完整的数据库会采取以下安全措施：

（1）将数据库中需要保护的部分与其他部分相隔；

（2）采用授权规则，如账户、口令和权限控制等访问控制方法；

（3）对数据进行加密后存储于数据库。

3．数据完整性

数据完整性包括数据的正确性、有效性和一致性。

（1）正确性：是指数据的输入值与数据表对应域的类型一样。

（2）有效性：是指数据库中的理论数值满足现实应用中对该数值段的约束。

（3）一致性：是指不同用户使用的同一数据应该是一样的。

保证数据的完整性，需要防止合法用户向数据库中加入不合语义的数据。

4．并发控制

如果数据库应用要实现多用户共享数据，就可能在同一时刻出现多个用户存取数据，这种事件称为并发事件。当一个用户取出数据进行修改，在修改存入数据库之前如有其他用户再读取此数据,那么读出的数据就是不正确的。这时就需要对这种并发操作施行控制,排除和避免这种错误的发生,保证数据的正确性。

5. 故障恢复

如果数据库系统运行时出现物理或逻辑上的错误,系统能尽快地恢复正常,这就是数据库系统的故障恢复功能。数据库管理系统应提供一套方法,及时发现故障和修复故障,从而防止数据被破坏。

3.1.3 数据库的安全层次

数据库系统的安全除了依赖自身的安全机制外,还与外部网络环境、应用环境、从业人员素质等因素息息相关,数据库的安全机制如图 3.1 所示。

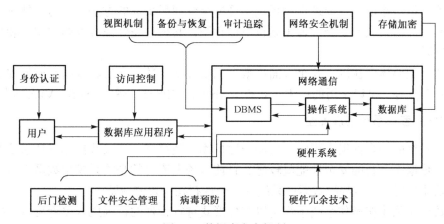

图 3.1 数据库安全机制

从广义上讲,数据库系统的安全框架可以划分为网络系统层、宿主操作系统层和数据库管理系统层三个层次。这三个层次构筑成数据库系统的安全体系,防范的重要性也逐层加强。为了实现三个层次的安全性,必须在物理层面实现:重要的计算机系统必须在物理上受到保护,以防止入侵者强行进入或暗中潜入。在人员层面实现:数据库系统的建立、应用和维护等工作,一定要由可信的合法用户来操作和管理。在操作系统层面实现:进入数据库系统,首先要经过操作系统,如果操作系统的安全性差,数据库将面临重大的威胁。在网络层面实现数据通信的网络安全,因为几乎所有网络上的数据库系统都允许通过终端或网络进行远程访问,所以网络的安全和操作系统的安全一样重要。在数据库系统层面应保证数据库系统有完善的访问控制机制,以防止非法用户操作。

1. 网络系统层次安全

从广义上讲,数据库的安全首先依赖于网络系统。随着 Internet 的发展和普及,越来越多的公司将其核心业务向互联网转移,各种基于网络的数据库应用系统面向网络用户提供各种信息服务。可以说网络系统是数据库应用的外部环境和基础,数据库系统要发挥其强大作用离不开网络系统的支持,网络系统的安全是数据库安全的第一道屏障,外部入侵首先就是从入侵网络系统开始的。

网络入侵试图破坏信息系统的完整性、机密性和可用性。这些安全威胁无处不在,因此必须采取有效的措施来保障系统的安全。从技术角度讲，网络系统层次的安全防范技术主要由加密技术、认证技术、数字签名技术、防火墙技术、入侵检测技术等。

2．操作系统层次安全

操作系统是大型数据库系统的运行平台，为数据库系统提供一定程度的安全保护。目前操作系统平台大多数集中在 Windows 和 UNIX，安全级别通常为 C2 级。一个安全的操作系统应该具有访问控制、内存管理、对象重用、审计、加密数据传送、加密文件系统、安全进程间通信机制等功能。主要安全技术有操作系统安全策略、安全管理策略、数据安全等方面。

操作系统安全策略用于配置本地计算机的安全设置，包括密码策略、账户锁定策略、审核策略、IP 安全策略、用户权利指派、加密数据的恢复及其他安全选项。具体可以体现在用户账户、口令、访问权限、审计等方面。

安全管理策略是指网络管理员对系统实施安全管理所采取的方法及策略。针对不同的操作系统和网络环境采取的安全管理策略也不尽相同，其核心是保证服务器的安全和分配好各类用户的权限。

数据安全主要体现在以下几个方面：数据加密技术、数据备份、数据存储的安全性、数据传输的安全性等。可以采用的技术主要有 Kerberos、IPSec、SSL、TLS、VPN 等技术。

3．数据库管理系统层次安全

数据库系统的安全性很大程度上依赖于数据库管理系统。如果数据库管理系统安全机制强大，那么数据库系统的安全性能就较好。目前市场上流行的是关系模型数据库管理系统，其安全性功能很弱，这就导致数据库系统的安全性存在一定的威胁。

由于数据库系统在操作系统下都是以文件形式进行管理的，因此入侵者可以直接利用操作系统的漏洞窃取数据库文件，或者直接利用操作系统工具来非法伪造、篡改数据库文件内容。数据库管理系统层次安全技术主要是用来解决这一问题，保证在网络安全层次和操作系统安全层次被突破的情况下，仍能保障数据库数据的安全。其采用的主要技术就是通过数据库管理系统对数据库文件进行加密处理，保证即使数据不幸泄露或者丢失，也难以被破译和阅读。

3.2 数据库安全技术

3.2.1 容易忽略的简单漏洞

在所发现的漏洞中，有将近一半的漏洞或直接或间接地与数据库环境内不适当的补丁修复管理有关。在前三个月补丁修复周期内，只有 40%左右的管理员修复数据库，并且只有三分之一的管理员花费一年或者更长时间进行修复。下面是几种常见的简单漏洞。

1．默认、空白和强度弱的用户名或者密码

跟踪数百或者甚至数千个数据库是很艰巨的任务，但是删除默认、空白及强度弱的登录凭证将是完善数据库安全非常重要的第一个步骤。攻击者们总是将注意力放在这些默认账户上。

2．SQL 注入攻击

SQL 注入攻击是黑客攻击数据库的常用手段之一。随着 B/S 模式应用开发的发展，使用这种模式编写应用程序的程序员也越来越多,但是由于程序员的水平及经验参差不齐,相当大一部分程序员在编写代码的时候,没有对用户输入数据的合法性进行判断,使应用程序存在安全隐患。用户可以提交一段数据库查询代码,根据程序返回的结果,获得某些他想得知的数据,这就是所谓的 SQL 注入。

如果数据库平台无法对输入内容进行审查,攻击者将能够执行 SQL 注入攻击,就像在 Web 攻击中所做的那样,SQL 注入攻击最终将允许攻击者提升权限,并且获取对更广泛功能的访问权限。

3. 广泛的用户和组特权

必须确保没有将特权分配给那些不必要的用户。只有将用户设置为组或者角色的一部分,然后通过这些角色来管理权限,这样将比向用户分配直接权利要更加易于管理。

4. 启用不必要的数据库功能

每个数据库安装都会附带很多辅助功能,并且大部分都不会被使用。数据库安全意味着减少攻击面,所以需要审查这些数据库功能,找出不必要或者不使用的功能,然后禁用或者卸载。这不仅能够降低通过这些载体发动的零日攻击的风险,而且能够简化补丁修复管理。

5. 配置管理不完善

数据库有很多不同的配置可供选择,正确合适地配置将能够帮助数据库管理员提高数据库性能和加强数据库功能。而不完善的配置则会带来不安全,需要找出不安全的配置(默认情况下为启用状态或者为了方便数据库管理员或者应用程序开发人员而开启的),然后重新进行配置。

6. 特权升级

数据库常常出现这样的漏洞,允许攻击者对鲜为人知或者低权限账号进行权限升级,然后获取管理员权限。

7. 拒绝服务攻击

拒绝服务攻击即攻击者想办法让目标机器停止提供服务,是黑客常用的攻击手段之。其实,对网络带宽进行的消耗性攻击只是拒绝服务攻击的一小部分,只要能够对目标造成麻烦,使某些服务被暂停甚至主机死机,都属于拒绝服务攻击。拒绝服务攻击问题一直得不到合理的解决,是因为这是由于网络协议本身的安全缺陷造成的,因此拒绝服务攻击也成为攻击者的终极手法。攻击者进行拒绝服务攻击,实际上让服务器实现两种效果:一是迫使服务器的缓冲区满,不接收新的请求;二是使用 IP 欺骗,迫使服务器把合法用户的连接复位,影响合法用户的连接。

3.2.2 数据库加密技术

对数据库安全性的威胁有时候是来自于网络内部,一些内部用户可能非法获取用户名和密码,或利用其他方法越权使用数据库,甚至可以直接打开数据库文件来窃取或篡改信息。因此,有必要对数据库中存储的重要数据进行加密处理,以实现数据存储的安全保护。数据库加密系统能够有效地保证数据安全,即使黑客窃取了关键数据,仍然难以得到所需的信息。

另外，数据库加密以后，不需要了解数据内容的系统管理员不能见到明文，大大提高了关键数据的安全性。

各用户（或用户组）的数据由用户用自己的密钥加密，数据库管理员无法进行正常解密，从而保证了用户信息的安全。另外，通过加密，数据库的备份内容成为密文，从而能减少因备份介质失窃或丢失而造成的损失。数据库加密对数据库系统效率的影响很小，如果数据加/解密运算在数据库客户端进行，对数据库服务器的负载及系统运行几乎没有影响。

1. 加密的基本要求

一个良好的数据库加密系统应该满足以下基本要求。

（1）合适的加密粒度

不同的加密粒度，其作用和效果不同，常见的加密粒度有以下几种。

① 基于文件的数据库加密技术

把数据库文件作为整体，对整个数据库文件加密，形成密文来保证数据的真实性和完整性。利用这种方法，数据的共享是通过用户用解密密钥对整个数据库文件进行解密来实现的，但多方面的缺点限制了这一方法的实际应用。首先，数据修改的工作将变得十分困难，需要进行解密、修改、复制和加密四个操作步骤，极大地增加了系统的时空开销；其次，即使用户只是查看某一条记录，也必须将整个数据库文件解密，这样无法实现对文件中不需要让用户知道的信息的控制。

② 基于记录的数据库加密技术

一般而言，数据库系统中每条记录独立完整地存储了一个实体的数据，因此，基于记录的数据库加密技术是最常用的加密手段。这种方法的基本思路是：在不同密钥的作用下，将数据库的每一个记录加密成密文并存放于数据库文件中；记录的查找是通过将需要查找的值加密成密码文后进行的。然而基于记录的数据库保护有一个缺点，就是在解密一个记录的数据时，无法实现对这个记录中不需要的字段不解密，在选择某个字段的某些记录时，如果不对含有这个字段的所有记录解密就无法进行选择。

③ 基于字段的数据库加密技术

在目前条件下，最好的加密/解密粒度是字段数据。如果以文件或列为单位进行加密，必然会造成密钥的反复使用，从而降低加密系统的可靠性和可用性。只有以记录的字段数据为单位进行加解密，才能适应数据库操作，同时进行有效的密钥管理并完成"一次一密"的密码操作。

（2）密钥动态管理

数据库客体之间隐含着复杂的逻辑关系，一个逻辑结构可能对应着多个数据库物理客体，所以数据库加密不仅密钥量大，而且组织和存储工作比较复杂，需要对密钥实现动态管理。

（3）合理处理数据

合理处理数据包括几方面的内容，首先要恰当地处理数据类型，否则 DBMS 将会因加密后的数据不符合定义的数据类型而拒绝加载；其次，需要处理数据的存储问题，实现数据库加密后，基本上不增加空间开销。在目前条件下，数据库关系运算中的匹配字段，如表间连接码、索引字段等数据不宜加密。

（4）不影响合法用户的操作

加密系统影响数据操作响应时间应尽量短，现阶段平均延迟时间不应超过 0.1 秒。此外，对数据库的合法用户来说，数据的录入、修改和检索操作应该是透明的，不需要考虑数据的加密/解密问题。

2. 数据库加密层次

数据库数据的加密可在三个不同层次实现，这三个层次分别是OS、DBMS内核层和DBMS外层。在OS层，由于无法辨认数据库文件中的数据关系，从而无法产生合理的密钥，也无法进行合理的密钥管理和使用。所以，在OS层对数据库文件进行加密，对于大型数据库来说，目前还难以实现。在DBMS内核层实现加密是指数据在物理存取之前完成加密/解密工作，这种方式要求DBMS和加密器（硬件或软件）之间的接口需要DBMS开发商的支持。这种加密方式的优点是加密功能强，并且加密功能几乎不会影响DBMS的功能。其缺点是加密/解密运算在服务器端进行，会加重数据库服务器的负载。

比较实际的做法是在DBMS外核层加密，DBMS外核层加密是将数据库加密系统做成DBMS的一个工具。采用这种加密方式时，加密/解密运算可以放在客户端进行，其优点是不会加重数据库服务器的负载并可实现网上传输加密，缺点是加密功能会受一些限制。

3.2.3 存取管理技术

存取管理技术主要包括用户认证技术和访问控制技术两方面。用户认证技术包括用户身份验证和用户身份识别技术。访问控制包括数据的浏览控制和修改控制。浏览控制是为了保护数据的保密性，而修改控制是为了保护数据的正确性和提高数据的可信性。在一个数据资源共享的环境中，访问控制非常重要。

1. 用户认证技术

用户认证技术是系统提供的最外层安全保护措施。通过用户身份验证，可以阻止未授权用户的访问，而通过用户身份识别，可以防止用户的越权访问。

2. 访问控制技术

访问控制技术是通过某种途径允许或限制用户访问能力及范围的一种方法。访问控制的目的是使用户只能对经过授权的相关数据库进行操作。访问控制从计算机系统的处理功能方面对数据提供保护，是数据库系统内部对已经进入系统的用户的访问控制，它是数据库安全系统中的核心技术，也是最有效的安全手段，限制访问者和执行程序可以进行的操作，以达到防止安全漏洞隐患的目的。DBMS中对数据库的访问控制是建立在操作系统和网络的安全机制基础之上的。只有被授权的用户才有对数据库中的数据进行输入、删除、修改和查询等权限，通常有以下两种基本的访问控制方法。

（1）按功能模块对用户授权

每个功能模块对不同用户设置不同权限，如可设置为无权进入本模块、仅可查询、可更新可查询、全部功能可使用等，而且功能模块名、用户名与权限编码可保存在同一数据库。

（2）基于角色的访问控制

通常为了提高数据库的信息安全访问，用户在进行正常的访问前服务器往往都需要认证用户的身份、确认用户是否被授权。为了加强身份认证和访问控制，适应对大规模用户和海量数据资源的管理，通常DBMS主要使用的是基于角色的访问控制RBAC（Role Based Access Control）。所谓"角色"就是一个或一群用户在组织内可执行操作的集合。角色可以根据组织中不同的工作创建，然后根据用户的职责分配，用户可以轻松地进行角色转换。基于角色的访问控制技术根据用户在组织内所处的角色进行访问授权与控制，只有系统管理员有权定义和分配角色。用户与客体无直接联系，只有通过角色才享有该角色所对应的权限，从而访问相应的客体。

3.2.4 安全审计技术

企业内部人员的违规行为与传统的攻击行为不同，对内部的违规行为无法利用攻击机理和漏洞机理进行分析。因此，要防止内部的违规行为，就需要在内部建设审计系统，通过对操作行为的分析，实现对违规行为的及时响应和追溯。

1. 安全审计的概念

数据库安全审计系统主要用于监视并记录对数据库服务器的各类操作行为，通过对网络数据的分析，实时、智能地解析对数据库服务器的各种操作，并记入审计数据库中以便日后进行查询、分析、过滤，实现对用户操作的监控和审计。它可以监控和审计用户对数据库中的数据库表、视图、序列、包、存储过程、函数、库、索引、同义词、快照、触发器等的创建、修改和删除等，分析的内容可以精确到 SQL 操作语句一级。它还可以根据设置的规则，智能地判断出违规操作数据库的行为，并对违规行为进行记录、报警。

一个性能良好的审计系统必须具有以下基本特征：
- 能够制定确保系统安全审计策略正确实施的规章制度及措施；
- 能够对重要服务器的访问行为进行审计；
- 能够包括事件的日期、时间、类型、主体标识、客体标识和结果等；
- 能够定期对审计记录进行审查分析，对可疑行为及违规操作采取相应的措施，并及时报告。

2. 常见的安全审计技术

常见的安全审计技术主要有四类，分别是基于日志的审计技术、基于代理的审计技术、基于网络监听的审计技术、基于网关的审计技术。

（1）基于日志的审计技术

基于日志的审计技术通常是通过数据库自身功能实现，Oracle、DB2 等主流数据库均具备自身审计功能。通过配置数据库的自审计功能，即可实现对数据库的审计，其典型部署如图 3.2 所示。

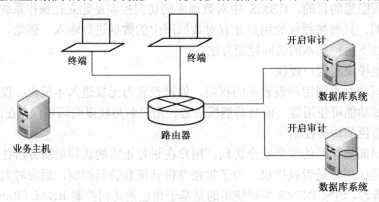

图 3.2　日志审计技术部署

该技术依托于现有数据库管理系统对网络操作及本地操作数据库的行为进行审计,具有很好的兼容性。但这种审计技术的缺点也比较明显,首先,开启自身日志审计对数据库系统的性能有影响,特别是在大流量情况下影响较大;其次,日志审计记录的细粒度差,缺少源 IP、SQL 语句等关键信息,审计溯源效果不好;最后就是日志审计需要到每一台被审计主机上进行配置和查看,较难进行统一的审计策略配置和日志分析。

(2) 基于代理的审计技术

基于代理的审计技术是通过在数据库系统上安装相应的审计代理(Agent),在代理上实现审计策略的配置和日志的采集,常见的产品如 Oracle 公司的 Oracle Audit Vault、IBM 公司的 DB2 Audit Management Expert Tool,以及第三方安全公司提供的产品,其典型部署如图 3.3 所示。

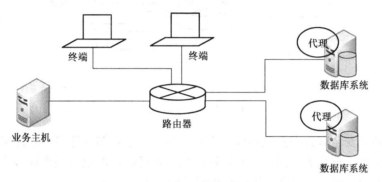

图 3.3 代理审计技术部署

代理审计技术与日志审计技术最大的不同是需要在被审计主机上安装代理程序,其在审计粒度上优于日志审计技术,但在性能上的损耗大于日志审计技术。由数据库厂商提供的代理审计类产品对自有数据库系统具有良好的兼容性,但是在跨数据库系统的支持上,存在一定的兼容风险。同时在引入代理审计后,原数据库系统的稳定性、可靠性等方面会有一些影响。

(3) 基于网络监听的审计技术

基于网络监听的审计技术把对数据库系统的访问流镜像到交换机某一个端口,然后由专用硬件设备对该端口流量进行分析和还原,从而实现对数据库访问的审计,其典型部署如图 3.4 所示。

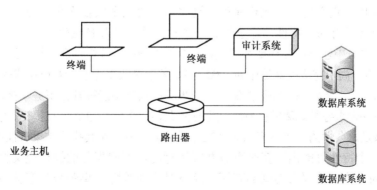

图 3.4 网络监听审计技术部署

虽然在针对加密协议时只能实现到会话级别审计(即可以审计到时间、源 IP、源端口、目的 IP、目的端口等信息），而无法对内容进行审计。但该技术最大的优点就是与现有数据库系统无关，易部署、无风险，部署过程不会给数据库系统带来性能上的负担，故网络监听审计技术在实际的数据库审计项目中应用非常广泛。

（4）基于网关的审计技术

基于网关的审计技术是通过在数据库系统前部署网关设备，通过在线截获并转发到数据库的流量而实现审计，其典型部署如图 3.5 所示。

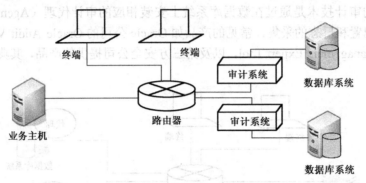

图 3.5　网关审计技术部署

该技术起源于安全审计在互联网审计中的应用，由于数据库环境存在流量大、业务连续性要求高、可靠性要求高的特点，与互联网环境大相径庭，所以网关审计技术主要应用于对数据库运维的审计，而不是所有针对数据库访问行为的审计。

3.2.5　备份与恢复

计算机在运行过程中会出现多种异常现象，诸如磁盘故障、电源故障、软件故障、灾害故障及人为破坏等。一旦发生这些故障，就有可能造成数据的丢失。而数据库管理系统的备份和恢复机制能保证数据库系统出现故障时，能够将数据库系统还原到正确状态。

1. 故障的种类

数据库系统中发生的故障大致可以归结为以下几类。

（1）事务故障

所谓事务是用户定义的一个操作序列，这些操作要么全做要么全不做，是一个不可分割的工作单位。事务具有四个特性：原子性、一致性、隔离性和持续性。

原子性是指事务中包括的操作要么都做，要么都不做；一致性保证如果数据库系统在运行中发生故障，有些事务尚未完成就被迫中断，系统将事务中对数据库的所有已完成的操作全部撤销，回滚到事务开始时的一致状态；隔离性保证一个事务的执行不能被其他事务干扰，即一个事务内部的操作对其他并发事务是隔离的；持续性也称永久性，指一个事务一旦提交，它对数据库中数据的改变就应该是永久性的，接下来的其他操作或故障不应该对其执行结果有任何影响。

但事务的四个特性可能由于多个事务并行运行时，不同事务的操作交叉执行或者事务在运行过程中被强行停止等因素而受到破坏，这就是事务故障。事务故障意味着事务没有达到预期的终点，因此数据库可能处于不正确状态。

（2）系统故障

系统故障是指造成系统停止运转，必须重新启动系统的事件。例如，特定类型的硬件故障、操作系统故障、DBMS 代码错误、数据库服务器出错及其他自然原因等。发生系统故障时，一些尚未完成的事务的结果可能已送入物理数据库，有些已完成的事务可能有一部分甚至全部留在缓冲区，尚未写回到磁盘上的物理数据库中，从而造成数据库可能处于不正确的状态。

（3）介质故障

系统故障常称为软故障，介质故障称为硬故障。硬故障指外存故障，如磁盘损坏、磁头碰撞，瞬时强磁场干扰等。这类故障将破坏数据库全部或部分内容，并影响正在存取这部分数据的所有事务。这类故障比前两类故障发生的可能性小得多，但破坏性最大，有时会造成数据的无法恢复。

（4）计算机病毒

计算机病毒是由一些人恶意的编制的计算机程序。这种程序与其他程序不同，它可以像病毒一样进行繁殖和传播，并造成对计算机系统包括数据库系统的破坏。

（5）用户操作错误

在某些情况下，由于用户有意或无意的操作也可能删除数据库中的有用数据或加入错误数据，这同样会造成一些潜在的故障。

2. 数据恢复的基本原理

数据备份与恢复是实现数据库系统安全运行的重要技术。数据库系统总免不了发生故障，一旦系统发生故障，重要数据就可能遭到损坏。为防止重要数据的丢失或损坏，数据库管理员应及时做好数据库备份，这样当系统发生故障时，管理员就能利用已有的数据备份，把数据库恢复到原来的状态，以便保持数据的完整性和一致性。

数据库恢复则可以通过数据库备份文件、磁盘镜像和数据库在线日志三种方式来完成。

3. 数据备份

数据备份就是数据库管理员（DBA）定期地将整个数据库复制到其他存储介质（如磁带或另外磁盘）上形成备用文件的过程。这些备用的数据文件称为后备副本或后援副本。当数据库遭到破坏后可以将后备副本重新装入，但重装后备副本只能将数据库恢复到转储时的状态，要想恢复到故障发生时的状态，必须重新运行自转储以后的所有更新事务。

例如，在图 3.6 中，系统在 Ta 时刻停止运行事务进行数据库转储，在 Tb 时刻转储完毕，得到 Tb 时刻的数据库一致性副本。系统运行到 Tc 时刻发生故障。为恢复数据库，首先由 DBA 重装数据库后备副本，将数据库恢复至 Tb 时刻的状态，然后重新运行自 Tb 时刻至 Tc 时刻的所有更新事务，这样就把数据库恢复到故障发生前的一致状态。

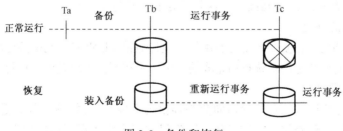

图 3.6 备份和恢复

数据备份十分耗费时间和资源，不能频繁进行。数据库管理员（DBA）应该根据数据库使用情况确定一个适当的转储周期和转储策略。

根据备份过程数据库是否关闭，备份可分为静态备份和动态备份。静态备份是指在备份过程中，系统不运行其他事务，专门进行数据转储工作。而动态备份是指在备份过程中，允许其他事务对数据库进行存取或修改的转储方式。由于动态备份可以动态地进行，这样后备副本中存储的就可能是过时的数据。因此，有必要把转储期间各事务对数据库的修改活动登记下来，建立日志文件（Log File），使得后援副本加上日志文件能够把数据库恢复到某一时刻的正确状态。

根据备份过的数据量的多少，备份又可分海量备份和增量备份。海量备份每次备份全部数据，海量备份能够得到后备副本，利用后备副本能够比较方便地进行数据恢复工作。但对于数据量大和更新频率高的数据库，不适合频繁地进行海量转储。而增量备份每次只备份上一次转储后更新过的数据，增量备份适用于数据库较大、但是事务处理又十分频繁的数据库系统。

由于数据备份可在动态和静态，海量和增量下进行，因此数据备份方法可以分为 4 类：动态海量备份、动态增量备份、静态海量备份和静态增量备份。

4．日志文件

日志文件是用来记录对数据库所进行的所有更新操作的文件。不同的数据库系统采用的日志文件格式基本相同。日志文件能够用来进行事务故障恢复、系统故障恢复，并能够协助后备副本进行介质故障恢复。当数据库文件毁坏后，可重新装入后援副本把数据库恢复到转储结束时刻的正确状态，再利用日志文件，可以把已完成的事务进行重做处理，而对于故障发生时尚未完成的事务则进行撤销处理，这样就可把数据库恢复到故障前某一时刻的正确状态。

日志文件主要有以记录为单位的日志文件和以数据块为单位的日志文件。

以记录为单位的日志文件需要登记的内容包括：每个事务的开始标记、结束标记和所有更新操作，这些内容均作为日志文件中的一个日志记录。对于更新操作的日志记录，其内容主要包括：事务标识、操作的类型、操作对象、更新前数据的旧值及更新后数据的新值。

以数据块为单位的日志文件包括事务标识和更新的数据块。由于更新前后的各数据块都放入了日志文件，所以操作的类型和操作对象等信息就不放入日志记录。

为保证数据库的可恢复性，登记日志文件时必须遵循两条原则：一是登记的次序严格按事务执行的时间次序；二是必须先写日志文件，后写数据库。

5．数据库恢复策略

当系统运行过程中发生故障时，利用数据库后备副本和日志文件就可以将数据库恢复到故障前的某个一致性状态。不同故障其恢复策略和方法也不一样。

（1）事务故障的恢复

当发生事务故障时，恢复子系统应利用日志文件撤销（UNDO）此事务已对数据库进行的修改。事务故障的恢复通常是由系统自动完成的，用户感知不到系统是如何进行事务恢复的。

系统的恢复步骤是：

① 反向扫描文件日志（即从最后向前扫描日志文件），查找该事务的更新操作。

② 对该事务的更新操作执行逆操作。即将日志记录中"更新前的值"写入数据库。若记录中是插入操作，则相当于做删除操作；若记录中是删除操作，则做插入操作；若是修改操作，则相当于用修改前的值代替修改后的值。

③ 重复执行①和②，恢复该事务的其他更新操作，直至读到该事务的开始标记，事务故障恢复就完成了。

(2) 系统故障的恢复

系统故障恢复操作要撤销故障发生时未完成的事务，重做已完成的事务。系统故障的恢复是由系统在重新启动时自动完成的，不需要用户干预。

系统的恢复步骤是：

① 正向扫描日志文件（即从头扫描日志文件），找出在故障发生前已经提交的事务（这些事务既有 BEGIN 或 TRANSACTION 记录，也有 COMMIT 或 ROLLBACK 记录），将其事务标记记入重做（REDO）队列。同时找出故障发生时尚未完成的事务（这些事务只有 BEGIN 或 TRANSACTION 记录，无相应的 COMMIT 或 ROLLBACK 记录），将其事务标记记入撤销（UNDO）队列。

② 对撤销队列中的各个事务进行撤销（UNDO）处理。

进行撤销处理的方法是：反向扫描日志文件，对每个事务的更新操作执行逆操作，即将日志记录中"更新前的值"写入数据库。

③ 对重做队列中的各个事务进行重做（REDO）处理。

进行重做处理的方法是：正向扫描日志文件，对每个重做事务重新执行日志文件登记的操作。即将日志记录中"更新后的值"写入数据库。

(3) 介质故障的恢复

介质故障会破坏磁盘上的物理数据库和日志文件，这是最严重的一种故障。恢复方法是重装数据库后备副本，然后重做已完成的事务。

具体恢复步骤是：

① 装入最新的数据库后备副本，使数据库恢复到最近一次转储时的一致性状态。对于动态转储的数据库副本，还需要同时装入转储开始时刻的日志文件副本。利用恢复系统故障的方法（即重做+撤销的方法）将数据库恢复到一致性状态。

② 装入相应的日志文件副本（转储结束时刻的日志文件副本），重做已完成的事务。

利用日志技术进行数据库恢复时，恢复子系统必须搜索所有的日志，确定哪些事务需要重做。

6. 数据库镜像技术

随着磁盘容量越来越大，价格越来越便宜，为避免磁盘介质出现故障影响数据库的可用性，许多数据库管理系统提供了数据库镜像功能用于数据库恢复。数据库镜像技术是用来提高数据库可用性的主要软件解决方案。镜像基于每个数据库实现，并且只适用于使用完整恢复模式的数据库。简单恢复模式和大容量日志恢复模式不支持数据库镜像。

数据库镜像需要两个数据库，一个是主体数据库，另一个是镜像数据库，两个数据库驻留在不同的服务器上。在任何应用时间，客户端只能使用一个数据库，此数据库称为"主体数据库"。客户端对主体数据库进行的更新被同步到"镜像数据库"。

一旦出现介质故障，可由镜像磁盘继续提供服务，同时 DBMS 自动利用镜像磁盘数据进行数据库的恢复，不需要关闭系统和重装数据库副本。在没有出现故障时，数据库镜像还可以用于并发操作，即当一个用户对数据加排他锁修改数据时，其他用户也可以读镜像数据库上的数据，而不必等待该用户释放锁。

由于数据库镜像是通过复制数据实现的,频繁地复制数据自然会降低系统运行效率,因此在实际应用中用户往往只选择对关键数据和日志文件镜像,而不是对整个数据库进行镜像。

3.3 云数据及其安全

3.3.1 云数据库概述

1. 云数据库

云数据库是在软件即服务(Software-as-a-Service,SaaS)成为应用趋势的大背景下发展起来的云计算技术,它极大地增强了数据库的存储能力,消除了人员、硬件、软件的重复配置,让软、硬件升级变得更加容易,同时也虚拟化了许多后端功能。云数据库具有高可扩展性、高可用性、采用多租形式和支持资源有效分发等特点。

云数据库简称为"云库",是部署和虚拟化在云计算环境中的数据库,它把各种关系型数据库看成一系列简单的二维表,并基于简化版本的 SQL 或访问对象进行操作。云数据库解决了数据集中与共享的问题,剩下的是前端设计、应用逻辑和各种应用层开发资源的问题。

使用云数据库的用户不能控制运行原始数据库的机器,也不必了解它身在何处,如图 3.7 所示。客户端不需要了解云数据库的底层细节,所有的底层硬件都已经被虚拟化,对客户端而言是透明的。它就像在使用一个运行在单一服务器上的数据库一样,方便、容易,同时又可以获得理论上近乎无限的存储和处理能力。

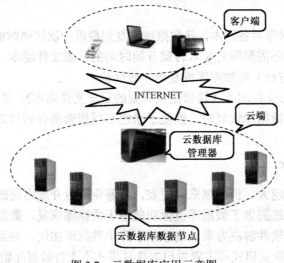

图 3.7 云数据库应用示意图

2. 云数据库的特性

云数据库具有以下特性:

(1)动态可扩展

理论上,云数据库具有无限可扩展性,可以满足不断增加的数据存储需求。在面对不断变化的条件时,云数据库表现出很好的弹性,可以动态地调整资源以适应需求的变换。

(2）高可用性

在云数据库中，数据通常是复制的，在地理上也是分布的，所以不存在单点失效问题。如果一个节点失效了，剩余的节点就会接管未完成的事务。如 Google，Amazon 和 IBM 等大型云计算供应商都具有分布在世界范围内的数据中心，通过在不同地理区间内进行数据复制，提供高水平的容错能力。Amazon SimpleDB 会在不同的区间内进行数据复制，因此，即使整个区域内的云设施发生失效，也能保证数据继续可用。

（3）低代价

用户使用云数据库时，通常采用多租户（Multi-Tenancy）的形式，这种共享资源的形式可以节省开销。而且用户采用按需付费的方式使用云计算环境中的各种软、硬件资源，不会产生不必要的资源浪费。另外，云数据库底层存储通常采用大量廉价的商业服务器，这也大幅度降低了用户开销。

（4）易用性

使用云数据库的用户不必控制运行原始数据库的机器，也不必了解它身在何处。用户只需要一个有效的链接字符串就可以开始使用云数据库。

（5）大规模并行处理

支持几乎实时的面向用户的应用、科学应用和新类型的商务解决方案。

3．云数据库与传统的分布式数据库的区别

分布式数据库是计算机网络环境中各场地或节点上的数据库的逻辑集合。逻辑上它们属于同一系统，而物理上它们分散在用计算机网络连接的多个节点，并统一由一个分布式数据库管理系统管理。

云数据库和传统的分布式数据库具有相似之处，比如，都把数据存放到不同的节点上。但是，分布式数据库在可扩展性方面是无法与云数据库相比的。由于需要考虑数据同步和分区失败等开销，后者随着节点的增加会导致性能快速下降。而前者则具有很好的可扩展性，因为前者在设计时就已经避免了许多会影响到可扩展性的因素。另外，在使用方式上，云数据库也不同于传统的分布式数据库。云数据库通常采用多租户模式，即多个租户共用一个实例，租户的数据既有隔离又有共享，解决了数据存储问题，也降低了用户使用数据库的成本。

4．云数据库的影响

（1）数据存储的变革

云数据库把以往数据库中的逻辑设计简化为基于一个地址的简单访问模型。但为了满足足够的带宽和数据容量，物理设计就显得更为重要。从应用成本和容错的角度分析，Google 和 Amazon 采用分散文件集群。分散文件既可能是运行在某个有完善管理数据中心的 SAN 集群，也可能是运行在某些老旧服务器上的磁盘塔。尽管存储效率不同，但对于云数据库而言，保存在它们之上的数据只要可以按照客户的要求保质保量交付就可以。

（2）极大地改变企业管理数据的方式

对于中小企业而言，云数据库可以允许他们在 Web 上快速搭建各类数据库应用，越来越多的本地数据和服务将逐渐被转移到云中。企业用户在任意地点通过简单的终端设备，就可以对企业数据进行全面的管理。此外，云数据库可以很好地支持企业开展一些短期项目，降低开销，而不需要企业为某个项目单独建立昂贵的数据中心。但是对于大企业而言，云数据库并非首选，因为大企业通常会自己建造数据中心。

（3）催生新一代的数据库技术

云模型提供了海量处理能力及大量的 RAM，因此，云模型将会极大地改变数据库的设计方式，将会出现第三代数据库技术。第一代是 20 世纪 70 年代的早期关系数据库，第二代是 20 世纪 80 年代至 90 年代的更加先进的关系模型。第三代的数据库技术，要求数据库能够灵活处理各种类型的数据，而不是强制让数据去适应预先定制的数据结构。事实上，从目前云数据库产品中的数据模型设计方式来看，已经有些产品（比如 SimpleDB，Hbase，Dynamo，BigTable）放弃传统的行存储方式，而采用键/值存储，从而可以在分布式的云环境中获得更好的性能。

3.3.2 现有的云数据库产品

就目前而言，虽然一些云数据库产品，如 Google BigTable，SimpleDB 和 HBase，在一定程度上实现了对海量数据的管理，但是这些系统暂时还不完善，只是云数据库的雏形。

1．Amazon 的云数据库产品

（1）Dynamo

Dynamo 采用"键/值"存储非结构化数据，需要用户自己完成对值的解析。Dynamo 系统中的键（key）不以字符串的方式进行存储，而是采用 md5_key（通过 md5 算法转换后得到）的方式存储，因此，它只能根据 key 去访问，不支持查询。

（2）SimpleDB

SimpleDB 是 Amazon 公司开发的一个可供查询的分布数据存储系统，它是 Dynamo "键/值"存储的补充和丰富，主要是服务于那些不需要关系数据库的 Web 开发者。顾名思义，SimpleDB 的目的是作为一个简单的数据库来使用，它的存储元素是由一个 id 字段来确定行的位置。这种结构可以满足用户基本的读、写和查询要求。SimpleDB 提供易用的 API 来快速地存储和访问数据。

（3）Amazon RDS

Amazon RDS（Amazon Relational Database Service）是 Amazon 开发的一种 Web 服务，它可以让用户在云环境中建立、操作关系型数据库（目前支持 MySQL 和 Oracle 数据库）。用户只需要关注应用和业务层面的内容，而不需要在烦琐的数据库管理工作上耗费过多的时间。

2．Google 的云数据库产品

（1）Google BigTable

Google BigTable 是 Google 为了处理内部大量的格式化及半格式化数据而建立的一种满足弱一致性要求的大规模数据库系统。BigTable 构建在其他几个 Google 基础设施之上：首先，BigTable 使用了分布式 Google 文件系统 GFS（Google File System）来存储日志和数据文件；其次，BigTable 依赖一个高可用的、持久性的分布式锁服务 Chubby；再次，BigTable 依赖一个簇管理系统来调度作业、在共享机器上调度资源、处理机器失败和监督机器状态。

目前，许多 Google 应用都是建立在 BigTable 上，比如 Web 索引、Google Earth、Google Finance、Google Maps 和 Search History。BigTable 提供的简单数据模型，它允许客户端对数据部署和格式进行动态控制，并且描述了 BigTable 的设计和实现方法。

但是，与 Amazon SimpleDB 类似，BigTable 实际上还不是真正的 DBMS，它无法提供事务一致性、数据一致性。这些产品基本上可以被看成是云环境中的表单。

（2）Fusion Tables

Google 开发的另一款云计算数据库产品是 Fusion Tables。它采用了基于数据空间的技术。Fusion Tables 是一个与传统数据库完全不同的数据库，可以弥补传统数据库的很多缺陷。比如通过采用数据空间技术，它能够简单地解决 RDBMS 中管理不同类型数据的麻烦，以及排序整合等常见操作的性能问题。Fusion Tables 可以上传 100 MB 的表格文件，同时支持 CSV 和 XLS 格式，并且具有处理大规模数据的能力。

3．Microsoft 的云数据库产品

2008 年，微软通过 SQL Data Service（SDS）提供 SQL Server 的 RDBMS 功能，这使得微软成为云数据库市场上的第一个大型数据库厂商。此后，微软对 SDS 功能进行了扩充，并且重新命名为 SQL Azure。微软的 Azure 平台提供了一个 Web 服务集合，可以允许用户通过网络在云中创建、查询和使用 SQL Server 数据库，云中的 SQL Server 服务器的位置对于用户而言是透明的。

SQL Azure 具有以下特性：

① 属于关系型数据库。支持使用 TSQL（Transact Structured Query Language）来管理、创建和操作云数据库。

② 支持存储过程。它的数据类型、存储过程和传统的 SQL Server 具有很大的相似性，因此，应用可以在本地进行开发，然后部署到云平台上。

③ 支持大量数据类型。包含了几乎所有典型的 SQL Server 2008 的数据类型。

④ 支持云中的事务。支持局部事务，但是不支持分布式事务。

4．其他云数据库产品

（1）HBase 和 Hypertable

HBase 和 Hypertable 利用开源 MapReduce 平台 Hadoop，提供了类似于 BigTable 的可伸缩数据库实现。MapReduce 是 Google 开发的、用来运行大规模并行计算的框架。采用 MapReduce 的应用更像一个人提交的批处理作业，但是这个批处理作业不是在单个服务器上运行，应用和数据都是分布在多个服务器上。Hadoop 是由 Yahoo 资助的一个开源项目，是 MapReduce 的开源实现，从本质上来说，它提供了一个使用大量节点来处理大规模数据集的方式。

HBase 已成为 Apache Hadoop 项目的重要组成部分，并且已经在生产系统中得到应用。Hypertable 与 HBase 类似，不过，HBase 的开发语言是 Java，而 Hypertable 则采用 C/C++开发。相比与 HBase，Hypertable 具有更高的性能。

（2）Yahoo! PNUTS

Yahoo! PNUTS 是一个为网页应用开发的、大规模并行的、地理分布的数据库系统，它是 Yahoo!云计算平台重要的一部分。

（3）Relational Cloud

麻省理工学院研制的 Relational Cloud 可以自动区分负载的类型，并把类型近似的负载分配到同一个数据节点上，而且采用了基于图的数据分区策略，对于复杂的事务型负载也具有很好的可扩展性。此外，它还支持在加密的数据上运行 SQL 查询。

3.3.3 云数据库安全策略

1. 云数据库的缺陷和风险

（1）数据的传输问题

虽然在概念上云数据库与传统数据库的应用流程差别不大，但基于互联网的云数据库已远超出了用户的控制范围，因此在实际执行效率、服务响应质量方面增加了很多不确定因素。

（2）数据安全问题

用户对于云数据库安全最关心的是怎么相信云数据库提供商，以及云数据库提供商的内部工作人员不会利用数据去干非法行为。比如我们的个人隐私被泄露、或者网上购物的购买行为被记录等，对于用户来讲，这都侵犯了用户的隐私。对于企业的核心数据来说，就绝对没那么简单。目前比较成熟的云服务商业模式大多数还是云服务提供商本身是内容提供商，企业能够把核心业务直接迁移至公共云端，成功的案例有限。这会成为制约未来云计算发展的一个重要障碍。

（3）云数据库安全问题

云计算的应用实践较短，技术上还不成熟，导致云环境数据库存在安全方面的缺陷。其安全问题主要分为数据访问控制与遵守规章制度两个基本类别。

2. 基本安全策略

（1）数据库审计

审计数据库产生的审计跟踪，可以指定哪些对象被访问或改变，他们是如何改变，以及何时何人是否授权访问的时候，审计特别重要，这有助于符合法规和企业管治政策。当然，数据库审计的弱点在于它跟踪所有已经发生的行为。理想的情况下，基于云的数据库安全解决方案应具有入侵检测等功能。在出现数据丢失或者数据被盗前，对可疑的活动进行识别。围绕数据库审计的另一个值得关注的是性能下降。因为审计需要将有用的细节都以日志的形式记录下来并存储，会降低云数据库的性能。

除了用软件审计数据库外，还可以通过可信的第三方进行审核，发现数据库和环境的脆弱性，包括云环境。第三方审计人员可以用一些专门的工具，如 AppDetectivePro 来识别和处理一些常见的安全问题：数据库软件是否已经打补丁，是否配置在最安全的方式；默认密码是否已经被修改；访问数据的用户是否是根据企业的安全策略进行访问；在同一个环境（开发、QA 和生产）下的所有机器都有相同的配置，是否有同级别的保护。

（2）访问控制

访问控制模型有 3 个类别：强制访问控制（Mandatory Access Control，MAC），基于格的访问控制（Lattice-Based Accesa Control，LBAC），基于角色的访问控制（Role-Based Access Contro，RBAC）。

① 强制访问控制又系统的访问策略决定，不由雇主决定。MAC 在多层次的系统中用来处理敏感数据，如政府机密和军事情报。一个多层次的系统是单一的计算机系统，管理主体和客体之间的多个分类级别。

② 基于格的访问控制作为基于标签的访问控制限制能够应用复杂的访问控制决策，涉及较多的对象与科目。格模型是一个偏序集，描述了最大的上限下限，并至少是一对元素，如

主题和对象。格是用来描述一个对象的安全水平，可能有一个主题。若主体的安全级别大于或者等于对象的主题时，一个主题只能允许有一个访问对象。

③ 基于角色的访问控制是限制系统访问授权用户。RBAC 的核心概念是权限和角色相关联，用户被分配到合适的角色。在一个组织中不同的工作是由不同的角色来完成的，以用户职责为基础分配用户角色。用户能够实现从一个角色转换到另一个角色。角色可以授予新的权限被纳入新的应用程序和系统，根据需要权限也可以从角色中撤销。

（3）隔离敏感数据库

有效的云数据库首要应隔离所有包含敏感数据的数据库。如 DBProtect 的数据库发现功能，生成部署云范围内的所有数据库的完整清单。它确定了所有的生产、测试和临时数据库。DBProtect 帮助组织和云供应商确保敏感数据位于授权与安全的数据库。

（4）数字水印技术

传统的密码技术由于对数据加密实施了置乱处理，因而容易引起攻击者的攻击，同时解密后无法提供有效方式保证数据不被非法复制、再次传播及恶意篡改。所以在云计算的条件下是不能采用传统安全方法的。数字水印技术是近年来发展的信息安全技术，其通过在数字载体中植入可感知或者不可感知的信息来确定数字产品的所有权或检验数字内容所具有的原始性。因而在云端的数据库安全中应用数字水印技术能够较好地解决云数据库中版权、泄密及可逆水印等问题。能够给予数据拥有者可靠的、鲁棒的云数据库安全解决方案。

（5）安全认证

双重安全机制包括对访问者进行身份验证，以及访问控制列表两项内容。身份验证通常包括密码认证、证物认证及生物认证 3 类，其中最常见的应用方式为密码认证，密码认证与后两者认证方式相比来说，其安全性较差，在破解后就失去了保护屏障。

生物认证在 3 类认证中成本最高，正因为如此，证物认证的使用率呈增加的趋势，具有代表性的例子就是 IC 卡与银行使用的 USB Key。除此以外，控制列表是确保网络资源不被非法用户访问的主要策略，其主要方式包括入网访问控制、网络权限控制与属性控制等诸多的方式，通过控制列表的应用实现对数据源地址、目的地址及端口号等特定指示条件拒绝非法数据，用户在对云环境数据库的资源实现访问前，都应通过登录认证的方式确保其具有的合法性。

习 题 3

一、填空题

1. 数据库系统的安全特性主要是针对数据而言的，包括_____、数据安全性、数据完整性、并发控制、_____等几方面。

2. 存取管理技术主要包括_____和访问控制技术两方面。

3. 常见的安全审计技术主要有 4 类，分别是：_____、基于代理的审计技术、基于网络监听的审计技术、_____。

4. 事务具有 4 个特性：_____、_____、隔离性和_____。

5. _____就是数据库管理员（DBA）定期地将整个数据库复制到其他存储介质（如磁带或非数据库所在的另外磁盘）上保存形成备用文件的过程。

6. _____ 能够用来进行事务故障恢复、系统故障恢复，并能够协助后备副本进行介质故障恢复。
7. 数据库镜像需要两个数据库，一个是_____，另一个是镜像数据库。
8. _____ 具有高可扩展性、高可用性、采用多租形式和支持资源有效分发等特点。

二、选择题

1. 数据的完整性是指（   ）。
   A. 数据的存储与使用数据的程序无关   B. 防止数据被非法使用
   C. 数据的正确性、一致性   D. 减少重复数据

2. 数据库系统运行过程中，由于应用程序错误所产生的故障通常称为（   ）。
   A. 设备故障   B. 事务故障
   C. 系统故障   D. 介质故障

3. 一个事务的执行，要么全部完成，要么全部不做，一个事务中对数据库的所有操作都是一个不可分割的操作序列的属性是（   ）。
   A. 原子性   B. 一致性
   C. 独立性   D. 持续性

4. 表示两个或多个事务可以同时运行而不互相影响的是（   ）。
   A. 原子性   B. 一致性
   C. 独立性   D. 持续性

5. 事务的持续性是指（   ）。
   A. 事务中包括的所有操作要么都做，要么都不做
   B. 事务一旦提交，对数据库的改变是永久的
   C. 一个事务内部的操作对并发的其他事务是隔离的
   D. 事务必须是使数据库从一个一致性状态变到另一个一致性状态

6. 日志文件是数据库系统出现故障以后，保证数据正确、一致的重要机制之一。下列关于日志文件的说法错误的是（   ）。
   A. 日志的登记顺序必须严格按照事务执行的时间次序进行
   B. 为了保证发生故障时能正确地恢复数据，必须保证先写数据库后写日志
   C. 检查点记录是日志文件的一种记录，用于改善恢复效率
   D. 事务故障恢复和系统故障恢复都必须使用日志文件

7. 对数据库中的数据进行及时转储是保证数据安全可靠的重要手段。下列关于静态转储和动态转储的说法正确的是（   ）。
   A. 静态转储过程中数据库系统不能运行其他事务，不允许在转储期间执行数据插入、修改和删除操作
   B. 静态转储必须依赖数据库日志才能保证数据的一致性和有效性
   C. 动态转储需要等待正在运行的事务结束后才能开始
   D. 对一个 24 小时都有业务发生的业务系统来说，比较适合采用静态转储技术

三、简答题

1. 什么是数据库的安全性？什么是数据库的完整性？两者之间的联系与区别是什么？
2. 数据库安全性保护通常采用什么方法？

3. 试述事务的概念及事务的 4 个特性。
4. 数据库运行中可能产生的故障有哪几类？哪些故障影响事务的正常执行？哪些故障破坏数据库数据？
5. 数据库恢复的基本技术有哪些？
6. 数据库备份的意义是什么？试比较常见数据备份方法。
7. 什么是日志文件？为什么要设立日志文件？
8. 针对不同的故障，试给出恢复的策略和方法。
9. 什么是数据库镜像？它有什么用途？
10. 云数据库具有哪些特点？
11. 为了保证云数据库的安全，可采取哪些基本的安全策略？

Access 应用实践篇

第 4 章 Access 简介

Access 是一个多功能的数据库管理系统,通过 Access 可以将所要管理的信息以数据库形式存储,并能对其进行有效的管理。Access 使用方便、功能强大,在实际中有着广泛的应用,不管是处理公司的客户订单数据,管理自己的个人通讯录,还是大量科研数据的记录和处理,人们都可以利用它来完成。

4.1 Access 概述

Access 是微软公司推出的基于 Windows 的桌面关系数据库管理系统(Relational Database Management System,RDBMS),是 Office 组件之一。它提供了表、查询、窗体、报表、宏、模块等 6 种数据库对象,同时通过向导、生成器、模板实现数据存储、数据查询、界面设计、报表生成的规范化操作,为建立功能完善的数据库管理系统提供了方便,使得普通用户不必编写代码,就可以完成大部分的数据管理任务。

4.1.1 Access 的优缺点

2012 年 12 月,最新的微软 Office Access 2013 在微软 Office 2013 里发布,对于一直用 Access 来管理数据的用户来说,这是一次值得尝试的升级。

Microsoft Access 在很多地方得到广泛使用,例如小型企业,大公司的部门和喜爱编程的开发人员专门利用它来制作处理数据的桌面系统。与其他数据库开发系统比较,Access 用户不用编写一行代码,就可以在很短的时间里开发出一个功能强大且相当专业的数据库应用程序,并且这一过程是完全可视的,如果再给它加上一些必要的 VBA 代码,那么就可以开发出更加专业的数据库应用系统。

1. Access 的优点

(1)存储方式单一

Access 管理的对象有表、查询、窗体、报表、宏和模块,以上对象都存放在后缀为 .accdb 的数据库文件中,便于用户的操作和管理。

(2)面向对象

Access 利用面向对象的方式将数据库系统中的各种功能对象化,将数据库管理的各种功能封装在对象中。它将一个应用系统当作是由一系列对象组成,每个对象都拥有一组方法和属性,以定义该对象的行为和外观,用户还可以按需要扩展对象的方法和属性。通过对象的方法、属性完成数据库的操作和管理,可以极大简化用户的开发工作。

(3) 界面友好的集成环境

Access 具有和 Windows 完全一样的风格,用户想要生成对象并应用,只要使用鼠标进行拖放即可,直观方便。系统还提供表生成器、查询生成器、宏生成器、报表设计器等可视化操作工具,以及数据库向导、表向导、查询向导、窗体向导、报表向导等多种向导,用户能够很方便地使用这些工具构建一个功能完善的数据库系统。

(4) VBA 编程

Access 还为开发者提供了 VBA (Visual Basic for Application) 编程功能,通过 VBA,高级用户可以开发功能更加完善的数据库系统。此外,Access 2013 还提供了丰富的内置函数,以帮助数据库开发人员开发出功能更加完善、操作更加简便的数据库系统。

(5) 支持 ODBC

Access 通过 ODBC 与 Oracle、Sybase、FoxPro 等其他数据库相连,实现数据的交换和共享,Access 还可以与 Word、Outlook、Excel 等其他软件交互和共享数据。利用 Access 强大的 DDE(动态数据交换)和 OLE(对象的连接和嵌入)特性,可以在一个数据表中嵌入位图、声音、Excel 表格、Word 文档,还可以建立动态的数据库报表和窗体等。Access 还可以将程序应用于网络,并与网络上的动态数据相连接。

2. Access 的缺点

Access 是小型数据库,就有其根本的局限性,以下几种情况下 Access 数据库性能会急剧下降:

(1) 数据库过大

一般 Access 数据库达到 50MB 左右的时候性能会急剧下降。

(2) 网站访问频繁

经常有 100 人左右的在线时,性能就会急剧下降。

(3) 记录数过多

一般记录数达到 10 万条左右的时候,性能就会急剧下降。

4.1.2 Access 的基本概念

对于数据库来说,最重要的功能就是存取数据库中的数据,所以数据在数据库各个对象间的流动就成为我们最关心的事情。为了以后建立数据库时能清楚地安排各种结构,应该先了解一下 Access 数据库中对象的作用和联系。

Access 数据库是一个默认扩展名为.accdb 的文件,该文件由若干个对象构成,包括用来存储数据的"表",用于查找数据的"查询",提供友好用户界面的"窗体"、"报表",以及用于开发系统的"宏"、"模块"等。Access 数据库对象窗口如图 4.1 所示。

一个 Access 数据库包含多个对象(可以是表、窗体、报表、查询等的组合),并且只要有充足的资源可用,可以同时打开多个表。可以从其他数据库(如 FoxPro)、客户/服务器数据库(如 Microsoft SQL Server)及电子数据表应用(如 Microsoft Excel 和

图 4.1 数据库对象窗口

Lotus 1-2-3）中导入数据。也可以将其他类型的数据库表、格式化文件（Excel 工作表和 ASCII 文本）以及其他 Access 数据库链接到 Access 数据库。

（1）表

表是关于特定数据的集合，是数据库的核心。

数据库中的全部信息都放在一个或多个表中。表是由行和列组成的二维表格，表中的每一行称为一条记录，反映了某一事物的全部信息；每一列称为一个字段，反映了某一事物的某种属性。能够唯一标识各个记录的字段或字段集称为主关键字。

表对象有两种视图方式：表视图和表设计视图，表视图如图 4.2 所示，设计视图如图 4.3 所示。两种视图方式可以通过 Access 状态栏的视图切换按钮切换。

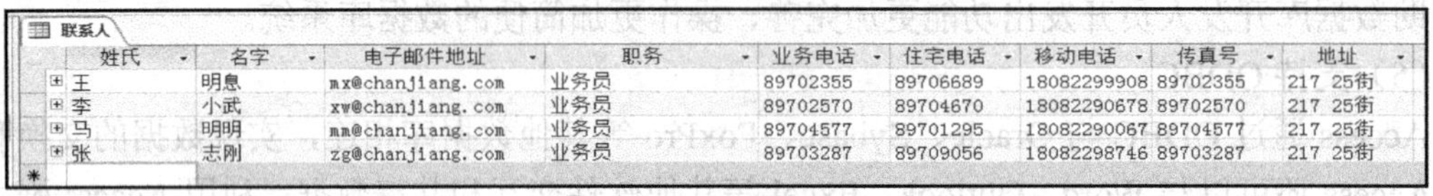

图 4.2 表对象的表视图

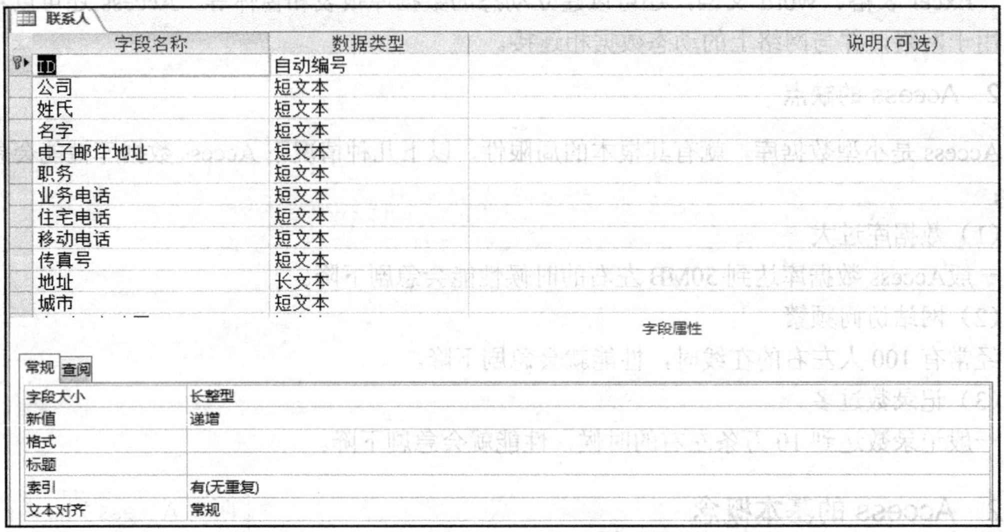

图 4.3 表对象的设计视图

当信息存储到表中以后，就可以将它们显示在界面更加美观的窗体上。这个过程就是将表中的数据和窗体上的控件建立连接，在 Access 中把这个过程称为绑定。绑定之后就可以通过屏幕上各种各样的窗体界面来获得存储在表中的数据。

（2）查询

在数据库的实际应用中，并不是简单地使用单个表中的数据，而是常常将有关系的多个表中的数据调出使用，有时还要对这些数据进行一定的计算以后才使用，对此问题最好的解决办法是使用查询。

查询并不存储任何的数据，查询的数据可以来自很多相互之间有关系的表，这些字段组合成一个新的数据表视图。当"表"中数据改变时，"查询"中的数据也会随之改变，而且也可以通过查询完成复杂的计算工作。如果将查询保存为一个数据库对象后，就可以在任何时候运行查询进行数据库的操作。

查询有三种基本视图方式：数据表视图，SQL 试图和设计视图。数据表视图是将查询结果以表的形式显示出来，SQL 视图是查询的 SQL 语句表示。查询的数据表视图、SQL 视图和设计视图分表如图 4.4、图 4.5、图 4.6 所示。

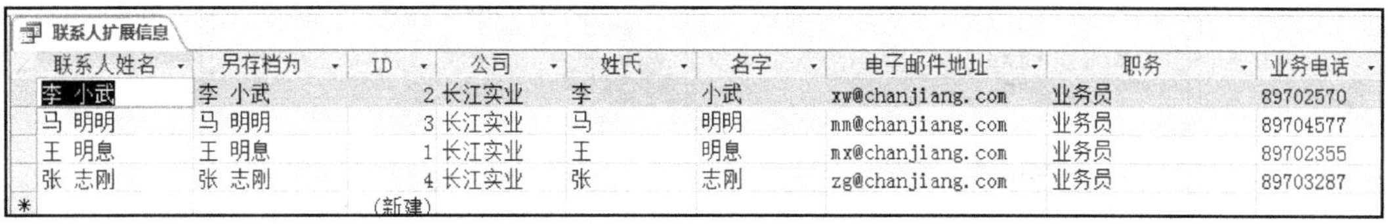

图 4.4　查询对象的数据表视图

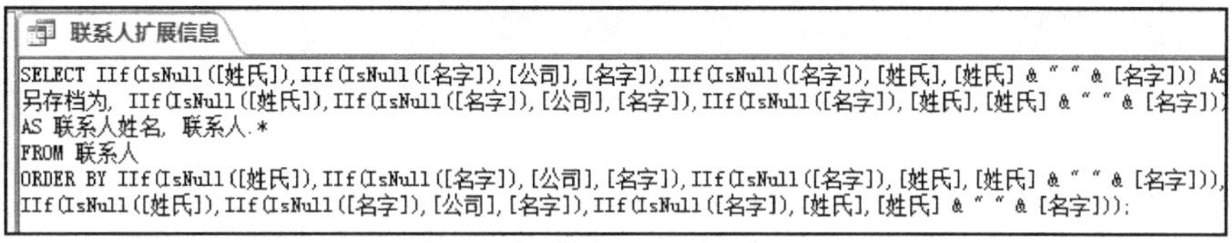

图 4.5　查询对象的 SQL 视图

图 4.6　查询对象的设计视图

（3）窗体

窗体是数据库和用户联系的界面，用于显示包含在表中或者查询中的数据。它通过计算机屏幕将表或查询中的数据告诉操作者，建立一个友好的使用界面会给操作带来很大的便利，这是建立窗体的基本目标。一个好的窗体非常有用，不管数据库中表或查询设计得有多好，如果窗体设计得十分杂乱，而且没有任何提示，操作将变得很不方便。

通过窗体不仅可以显示包含在表或者查询中的数据，还可以向表中添加新的数据，更新或者删除现有的数据，可以在窗体中加入图像和图形，可以在窗体中包含音乐和活动视频，也可以包含子窗体（子窗体是包含在主窗体中的窗体）。Access 窗体还可以在类模块中包含 VBA 代码，为窗体和窗体上的控件提供事件处理子过程。

窗体有三种基本视图：窗体视图、布局试图、设计视图，分别如图 4.7、图 4.8 和图 4.9 所示。

图 4.7 窗体对象的窗体视图

图 4.8 窗体对象的布局视图

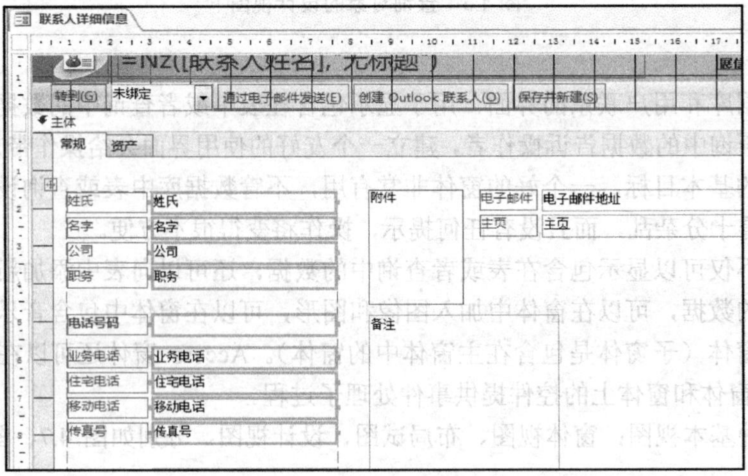

图 4.9 窗体对象的设计视图

使用窗体还可以控制其他用户与数据库之间的交互方式。例如，创建一个只显示特定字段，且只允许查询却不能编辑数据的窗体，有助于保护数据并确保输入数据的正确性，如图 4.10 所示。用户还可以创建各种透视窗体。例如，可以创建一个数据透视图窗体，用图形的方式来显示数据的统计结果。

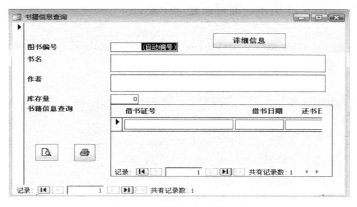

图 4.10　书籍信息查询窗体

利用窗体，还可以创建用于程序导航的"主切换面板"。该面板中有各种不同的功能模块，单击某一按钮，即可启动相应的功能模块，如图 4.11 所示。

（4）报表

用窗体显示数据虽然很好，但却无法满足打印要求。Access 中的"报表"对象可以很好地解决这个问题，该对象的作用就是实现数据的打印。

报表为查看和打印概括性的信息提供了最灵活的方法，可以在报表中控制每个对象的大小和显示方式，并可以按照所需的方式来显示相应的内容，还可以在报表中添加多级汇总、统计比较，甚至加上图像和图表，如图 4.12 所示。所以，在 Access 中报表是打印格式数据的有效方法。

图 4.11　系统启动界面

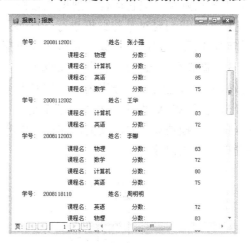

图 4.12　分组报表

运用报表，还可以创建标签。将标签报表打印出来以后，就可以将报表裁剪成一个个小的标签，贴在货物或者物品上，用于对该物品进行标识。报表的创建方法和窗体类似。

（5）宏

宏是一种操作命令，它和菜单操作命令是一样的，只是它们对数据库施加作用的时间有所不同，作用时的条件有所不同。菜单命令一般用在数据库的设计过程中，而宏命令则用在数据库的执行过程中。菜单命令必须由使用者来施加这个操作，而宏命令则可以在数据库中自动执行。

宏的设计一般都是在"宏生成器"中完成的。单击"创建"选项卡下的"宏"按钮，并进入"宏生成器"，如图 4.13 所示，即可新建一个宏。

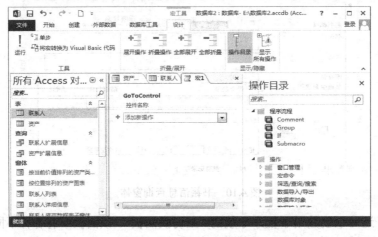

图 4.13　宏设计器窗口

Access 一共有几十种基本宏操作。在使用中，很少单独使用这个或那个基本宏命令，常常是将这些命令排成一组，形成很多"宏组"操作，按顺序执行"宏组"中的宏，从而完成特定任务。这些命令既可以通过窗体中控件的某个事件操作来实现，也可以在数据库的运行过程中自动实现。

（6）模块

虽然宏很好用，但它运行的速度比较慢，不能直接运行 Windows 程序，也不能自定义函数。这样，当我们要对某些数据进行一些特殊分析时，它就无能为力了。所以在设计一些特殊功能时，需要用到模块对象，而这些模块都是由 VBA 来实现的。

VB 是微软公司推出的可视化 Basic 语言，用它来编程非常简单。因为简单且功能强大，所以微软公司将它的一部分代码结合到 Office 中，形成今天所说的 VBA。可以像编写 VB 程序那样来编写 VBA 程序，来实现某个功能。当这段程序编译通过以后，将这段程序保存在 Access 的一个模块里，并通过类似在窗体中激发宏的方法来启动模块，从而实现相应的功能。模块窗口如图 4.14 所示。

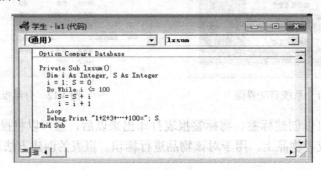

图 4.14　模块窗口

4.2 Access 的启动和退出

4.2.1 启动 Access

1．基本启动方法

启动 Access 有多种方法：在桌面上双击快捷图标，通过系统菜单选择运行等。通过系统菜单选择运的步骤如下：

① 在 Windows 桌面上单击"开始"按钮，出现"开始"菜单。
② 单击"程序"，出现"程序"菜单。
③ 单击"Microsoft Access"菜单项即可。

2．界面简介

启动 Access 后，系统弹出"选择模板"窗口，图 4.15 所示。

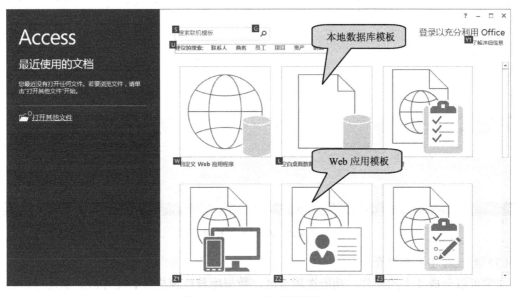

图 4.15　Access 选择模板窗口

Access 2013 提供两种基本模板：Web 应用程序模板和本地数据库模板。

Access 2013 提供的每个模板都是一个完整的应用程序，具有预先建立好的表、窗体、报表、查询、宏和表关系等。如果模板设计满足需要，则通过模板建立数据库以后，便可以立即利用数据库开始工作；否则，可以使用模板作为基础，对所建立的数据库进行修改，创建符合特定需求的数据库。用户也可以通过主界面上的"空数据库"选项组，创建一个空数据库。

（1）Web 应用程序模板

使用应用程序模板是创建 Web 应用程序最简单的方法，Access 应用程序类似 Web 数据库，可以用来查看和共享云中数据，通过使用 Access 应用程序，可以实现安全、集中的数据存储和管理。

在 Access 2013 中，可以方便地创建和修改某个应用程序设计，当启动 Access 2013 创建

Web 应用程序时，需要选择应用程序的 Web 位置。即需要先有可以承载应用程序的 SharePoint 网站（通过 Office 365 订阅或内部 SharePoint 2013 部署实现均可）。否则，在创建时会出现错误提示。

（2）创建本地数据库模板

如果只希望创建 Access 数据库，就需要选择桌面数据库模板，而不是 Access 应用程序模板。桌面数据库模板不包含地球图标，如"空桌面数据库"、"联系人"等。要查看更多模板，可使用"开始"屏幕上模板上方的搜索框。

选择"联系人"数据库模板，系统弹出"联系人对话框"，选择文件存储位置，输入文件名后，单击"创建"按钮。系统根据模板创建数据库，启动 Access，主界面如图 4.16 所示。

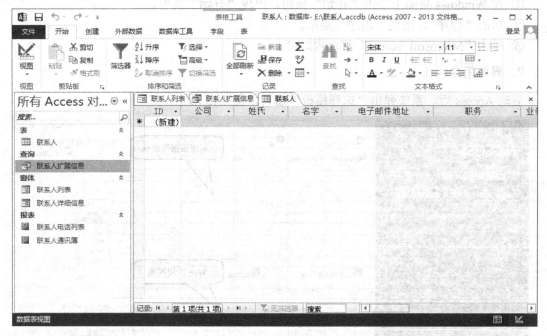

图 4.16 Access 主界面

（3）Access 主界面简介

通常可以分成 4 大的部分：功能选项卡区、数据库导航窗格区、工作区、状态区。

① 功能选项卡区

新界面使用称为"功能区"的标准区域来替代 Access 早期版本中的多层菜单和工具栏，"功能区"以选项卡的形式，将各种相关的功能组合在一起。使用 Access 2013 的"功能区"，可以更快地查找相关命令组。例如，如果要创建一个新的窗体，可以在"创建"选项卡下找到创建窗体的各种方式。

同时，使用选项卡式的"功能区"，各种功能按钮不再深深嵌入菜单中，可以使各种命令的位置与用户界面更为接近，从而方便用户的使用。功能选项卡区及其功能说明如图 4.17 所示。

② 数据库导航窗格区

数据库导航窗格区域位于窗口左侧，如图 4.18 所示，用以显示当前数据库中的各种数据库对象。单击导航窗格右上方的小箭头，即可弹出"浏览类别"菜单，可以在该菜单中选择查看对象的方式。

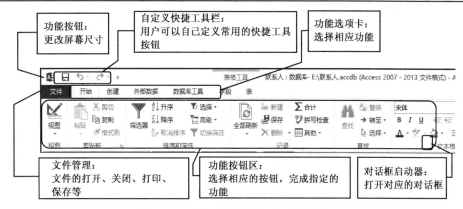

图 4.17 功能选项卡区及其功能说明

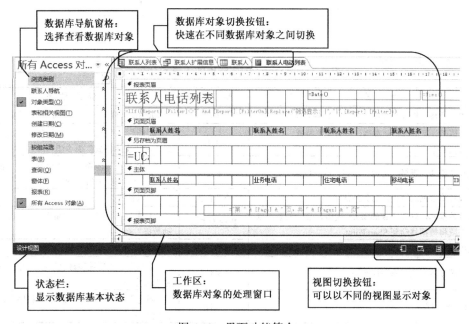

图 4.18 界面功能简介

③ 工作区

在 Access 2013 工作区中,默认将表、查询、窗体、报表和宏等对象都显示为选项卡式文档,其显示效果如图 4.18 所示。当然,也可以更改这种设置,将各种数据库对象显示为"重叠式窗口",可通过如下方法实现:

菜单中选择"文件"→"选项",在 Access 选项对话框中,在左侧导航栏中选择"当前数据库"选项,在右边的"应用程序选项"区域的"文档窗口选项"中选择显示方式,再单击"确定"按钮便可,如图 4.19 所示。

④ 状态栏

如图 4.18 所示,"状态栏"位于窗口底部,用于显示状态信息,状态栏中还包含用于切换视图的按钮。

(4) 常用工具和命令

表 4.1 描述了 Access 2013 中一些常用的工具和命令。

图 4.19 设置对象显示模式

表 4.1 Access 2013 常用的工具和命令

功　　能	菜　　单	查　找　位　置
打开、关闭、创建、保存、打印、发布或管理数据库	文件	Backstage 视图（单击左窗格中的链接）
查看对象，剪切、复制或粘贴数据，设置文本格式，添加汇总行，或查找数据	开始	"视图"、"剪贴板"、"排序和筛选"、"记录"和"文本格式"命令组
添加应用程序部件、表格、查询、窗体、报表或宏	创建	"模板"、"表格"、"查询"、"窗体"、"报表"和"宏与代码"命令组
导入文件或者将数据或链接发送到外部源	外部数据	"导入并链接"和"导出"命令组
压缩和修复数据库，处理 VisualBasic 代码、宏、关系，以及分析数据或将数据移动到 SharePoint	数据库工具	"工具"、"宏"、"关系"、"分析"和"移动数据"命令组
查看和使用数据库中的对象	导航窗格	"所有 Access 对象"组
更正文件问题或者向数据库添加密码	文件	"信息"、"压缩和修复"和"用密码进行加密"命令组
创建 Access 应用程序	文件	"新建"、"自定义 Web 应用程序"或"Web 模板"选项

4.2.2　退出 Access

退出 Access 的方法如下。

① 在 Microsoft Access 的应用文件窗口的菜单栏中单击"文件"菜单。
② 选择"退出"命令。

如果已经改变了数据库的内容而没有保存过，Access 将询问是否保存文件，可以根据需要进行选择。

习　题　4

一、填空题

1. Access 数据库是一个默认扩展名为_____的文件，该文件由若干个对象构成。
2. 表中的每一列称为一个_____，反映了某一事物的某种属性。

3. _____的字段可以来自很多相互之间有"关系"的表，这些字段组合成一个新的数据表视图，但它并不存储任何的数据。

4. _____是数据库和用户联系的界面，用于显示包含在表中或者查询中的数据。

5. Access 一共有几十种基本宏操作，这些基本操作还可以组合成很多_____操作。

6. 有多个操作构成的宏，执行时是按_____执行的。

7. 由于宏的局限性，所以在设计一些特殊功能时，需要用到"模块"对象，而这些"模块"都是由_____来实现的。

二、选择题

1. Access 中表和数据库的关系是（　　）。
   A．一个数据库可以包含多个表　　B．一个表只能包含两个数据库
   C．一个表可以包含多个数据库　　D．一个数据库只能包含一个表

2. 以下关于报表的叙述正确的是（　　）。
   A．报表只能输入数据　　B．报表只能输出数据
   C．报表可以输入和输出数据　　D．报表不能输入和输出数据

3. Access 数据库属于（　　）数据库。
   A．层次模型　　B．网状模型　　C．关系模型　　D．面向对象模型

4. 打开 Access 数据库时，应打开扩展名为（　　）的文件。
   A．mda　　B．accdb　　C．mde　　D．DBF

5. 下列（　　）不是 Access 数据库的对象类型。
   A．表　　B．向导　　C．窗体　　D．报表

6. 在 Access 中，可用于设计输入界面的对象是（　　）。
   A．窗体　　B．报表　　C．查询　　D．表

三、简答题

1. Access 具有哪些能基本优点？
2. Access 数据库对象之间有何关系？
3. 启动 Access 有哪些基本方法？
4. 简单说明 Access 的界面组成。

第 5 章 数据库和表的创建

在 Access 数据库管理系统中，数据库用于存储数据库应用系统的其他对象，也就是说，数据库应用系统的信息对象都集中存储在数据库中。本章介绍 Access 数据库及其表的创建方法。

5.1 创建和管理数据库

Access 数据库是表、查询、窗体、报表、宏、模块等对象的集合，每个对象都是数据库的一个组成部分，而表是数据库的核心，它记录全部数据内容。因此，设计一个数据库的关键，首先就是建立表。Access 是一种关系数据库，关系数据库由一系列表组成，表与表有一定的关系。每个表又由一系列行和列组成，每一行是一条记录，每一列是一个字段，每个字段有一个字段名，字段名在一个表中不能重复。

5.1.1 数据库设计的基本步骤

数据库设计一般要经过：确定创建数据库的目的、确定数据库中需要的表、确定表中需要的字段、确定主关键字和确定表之间的关系、优化设计、输入数据并创建其他数据对象等步骤。

1. 确定创建数据库的目的

设计数据库的第一个步骤是确定数据库的目的。包括用户需要通过数据库得到哪些信息，达到什么样的管理目的等。

设计人员要充分和用户进行交流，集体讨论确定数据库需要解决哪些问题，并描述需要数据库生成的报表；同时收集当前用于记录数据的表格，可以参考解决同类问题已经设计好的数据库。

2. 确定数据库中需要的表

设计表是数据库设计过程中最主要的步骤。在设计表时，应该按以下设计原则对信息进行分类。

（1）表不应包含备份信息，表间不应有不必要的重复信息。由此，关系数据库中的表与常规文件应用程序中的表（例如电子表格）有所不同。

（2）如果每条信息只保存在一个表中，只需在一处进行更新，这样效率更高，同时也消除了包含不同信息的重复项的可能性。例如，要在一个表中每一个客户的地址和电话号码只保存一次。

（3）每个表应该只包含某个主题的信息。如果每个表只包含某个主题的信息，则可以独立于其他主题维护。每个主题的信息。例如，将客户的地址与客户订单存在不同表中，这样就可以删除某个订单但仍然保留客户的信息。

3. 确定表中需要的字段

每个表中都包含关于同一主题的信息，并且表中的字段能够充分描述该主题。例如，客户表可以包含公司的名称、地址、城市、省和电话号码的字段。确定字段时尽可能选择相对稳定的字段，例如，年龄和出生日期两者本质一样，但应选择稳定性好的出生日期。

4. 确定主关键字和确定表之间的关系

在关系数据库中，一张表内数据之间通过主键进行区分，也就是说，一张表中绝不能出现主键相同的两条记录。多张表之间通过外键发生联系，即可以通过类似自然连接的运算将多张表中的数据合成到一起。

5. 优化设计

在设计完需要的表、字段和关系后，就应该检查该设计并找出任何可能存在的不足。因为在此阶段改变数据库的设计要比更改已经填满数据的表容易得多。

6. 输入数据并创建其他数据对象

如果认为表的结构已达到了设计要求，就该在表中添加所有已有的数据，然后就可以创建所需的查询、窗体、报表、宏和模块。

5.1.2 创建数据库

Access 有两种创建新数据库的基本方法：一种是通过模块建立数据库，即使用数据库向导来完成创建任务，用户只要做一些简单的选择操作，就可以建立相应的表、窗体、查询、报表等对象，从而建立一个完整的数据库；另一种是先创建一个空数据库，然后再添加表、查询、报表、窗体及其他对象。无论哪一种方法，在数据库创建之后，都可以在任何时候修改或扩展数据库。

1. 创建一个空数据库

先建立一个空数据库，然后根据需要向空数据库中添加表、查询、窗体、宏等对象，这样能够灵活地创建更加符合实际需要的数据库系统。

在 Access 中，新建一个空数据库的具体步骤如下：

① 启动 Access 2013，进入 Access 启动界面，如图 5.1 所示，然后在右边窗格中单击"空白桌面数据库"选项。

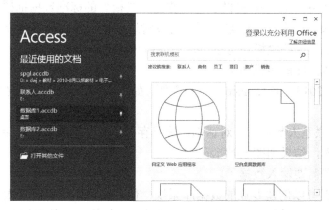

图 5.1 Access 启动界面

② 系统弹出"空白桌面数据库"对话框，如图 5.2 所示。

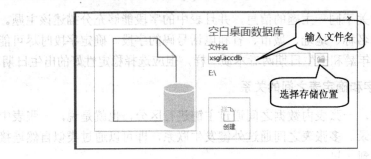

图 5.2 空白桌面数据库对话框

在对话框中，选择保存位置，指定数据库文件名，单击"创建"按钮。例中给数据库取名为"xsgl.accdb"。

一个创建好的空数据库如图 5.3 所示，这时系统会自动创建一个名为"表 1"的表。对于该数据库，可以根据需时添加"表"、"查询"、"窗体"、"报表"、"宏"、"模块"等对象。

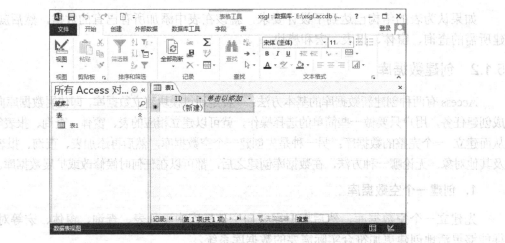

图 5.3 空白数据库

2. 通过模板建立数据库

为了方便用户使用，Access 提供了一些称为"模板"的标准数据框架，这些模板不一定符合用户的实际要求，但在向导的帮助下，可以对这些模板稍加修改建立一个符合用户要求的数据库。另外，通过这些模板还可以学习如何组织构造一个数据库。

通过模板建立数据库的步骤如下。

① 启动 Access 2013，进入 Access 启动界面，如图 5.1 所示，然后在右边窗格中单击"联系人"模板。

② 系统弹出"联系人数据库"对话框，选择存储位置并输入文件名后，单击"创建"按钮。系统创建数据库，结果如图 5.4 所示。

现在就可以根据需要输入数据了。

通过数据库模板可以创建专业的数据库系统，但是这些系统有时不太符合要求，因此最简便的方法就是先利用模板生成一个数据库，然后再进行修改，使其符合要求。

第 5 章 数据库和表的创建

图 5.4 联系人数据库

5.1.3 数据库的打开保存与关闭

1．打开数据库

对于已经创建的数据库，在使用时就需要先打开，再使用。所以打开数据库是数据库操作中最基本、最简单的操作。具体步骤如下：

启动 Access，如图 5.1 所示，单击屏幕左下角的"打开其他文件"按钮，系统弹出"打开文件对话框"，选择需要打开的数据库文件便可。

2．保存数据库

对于数据库进行的任何有效操作都需要保存，以免出现错误导致大量数据丢失。保存数据库的具体步骤如下。

① 单击屏幕左上角的"文件"标签，打开 Backstage 视图，如图 5.5 所示。Backstage 视图包含应用于整个数据库的命令，如压缩和修复或打开新数据库。命令排列在屏幕的左侧，并且每个命令都包含一组相关命令。Backstage 视图还包含许多其他命令，可以使用这些命令来调整、维护或共享数据库。Backstage 视图中的命令通常适用于整个数据库，而不是数据库中的对象。

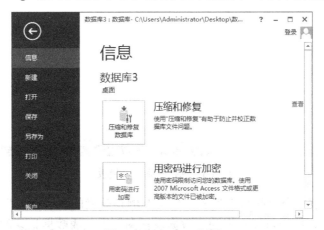

图 5.5 Backstage 视图

② 选择"保存"命令，保存数据库。如果是首次保存，则需要选择保存位置并输入文件名，否则，系统将按原有位置和文件名存储。

③ 若选择"数据库另存为"命令，可更改数据库的保存位置和文件名。

3．关闭数据库

在保存数据库后，当不再需要使用数据库时，就可以关闭数据库。具体方法如下：

单击屏幕右上角的"关闭"按钮，即可关闭数据库。或者单击左上角的"文件"标签，在打开的 Backstage 视图中选择"关闭"命令，也可关闭数据库。

5.2 创建和操作表

表是数据库中存储数据的主要对象，由行和列组成。在创建了数据库后，就可以创建表。创建表分为创建表结构和输入数据两步。创建表结构主要工作是定义表中各字段的名字、数据类型以及特性。当表结构创建好了就可以输入内容。

创建表的方法常见的有三种：使用表模板创建表、通过字段模板创建表、通过设计视图创建表。

5.2.1 创建表

1．用表模板建立表

对于一些常用的应用，如联系人、资产等信息，运用表模板会比手动方式更加方便和快捷。下面以运用表模板创建一个"联系人"表为例，来说明其具体操作。

① 启动 Access 2013，新建一个空数据库，命名为"spgl"。

② 切换到"创建"选项卡，单击"表模板"按钮，然后在弹出的列表中选择"联系人"选项，如图 5.6 所示。

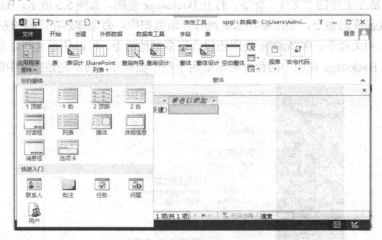

图 5.6 选择联系人表模板

③ 这样就创建了一个"联系人"表。单击左侧导航栏的"联系人"表，即建立一个数据表，如图 5.7 所示，接着可以在表的"数据表视图"中完成数据记录的输入、修改、删除等操作。

第 5 章　数据库和表的创建

图 5.7　联系人表数据透视表

④ 单击状态栏上的视图切换按钮，可以切换到设计视图，如图 5.8 所示，在该视图下可以修改联系人表的表结构。

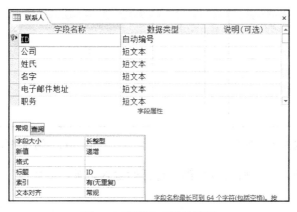

图 5.8　联系人表设计视图

2．通过字段模板创建表

Access 2013 提供了一种新的创建数据表的方法，即通过 Access 自带的字段模板创建数据表。模板中已经设计好各种字段属性，可以直接使用该字段模板中的字段。下面以在新建的空数据库中运用字段模板建立一个"商品信息表"为例进行介绍。

① 启动 Access 2013，打开新建的"spgl"数据库。

② 切换到"创建"选项卡，单击"表"功能组中的"表"选项，新建一个空白表，并切换到该表的"数据表视图"，如图 5.9 所示。

可以看到两行内容，第一行为表结构，从第二行开始为表为内容。

先要定义表结构，然后就可以输入表内容。定义表结构通过定义所有字段来实现，每个字段在定义时需要完成两项工作：选择类型，输入字段名。

首先单击"单击以添加"下拉表，选择字段类型，如图 5.10 所示。然后输入字段名，如图 5.11 所示。其他字段以此类推。

图 5.9 通过字段模板创建表

图 5.10 选择字段类型　　　　　　图 5.11 输入字段

创建完成后保存表，然后就可以从第二行开始输入记录，如图 5.12 所示。

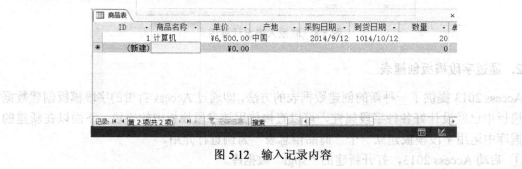

图 5.12 输入记录内容

单击状态栏上的"设计视图"按钮切换到设计视图，如图 5.13 所示，可以查看修改商品表的表结构。

3. 通过设计器创建表

在表模板中提供的模板类型是非常有限的，而且运用模板创建的数据表也不一定完全符合要求，必须进行适当的修改。因此，大多数用户都通过表设计器设计表。

要通过表设计器创建表首先必须了解表结构。

图 5.13 查看表结构

（1）表结构

用表模板建立表时，系统会自动定义各种字段数据的属性。而通过表设计器设计表时，则要对表中的每一字段数据的属性进行设置，比如将表中的某个字段定义为数字类型，那么这个字段就只能输入数字。在表设计器中可以方便而直观地进行表结构的设计，在使用表设计器之前，需要先了解与表结构关系密切的几个基本概念：字段名、数据类型和字段属性。

① 字段名

字段名是表中某一列的名称，用来标识字段，由英文、中文、数字构成。命名规则如下：

- 字段名长度 1~64 个字符。
- 不能以空格开头。
- 字段名不能含有"."、"!"、"["、"]"等字符。

② 数据类型

字段取值的类型称为数据类型。Access 中基本数据类型有：短文本、长文本、数字、日期/时间、货币、自动编号、是/否、OLE 对象、超级链接、计算字段、附件、查询向导等。

- 短文本：用于文字或文字和数字的组合，如住址；或不需要计算的数字，如电话号码。最大允许 255 个字符或数字，默认大小是 50 个字符，系统只保存输入到字段中的字符，而不保存文本字段中未用位置上的空字符。设置"字段大小"属性可以控制输入的最大字符长度。
- 长文本：保存长度较长的文本及数字，允许字段能够存储长达 65535 个字符的内容。Access 能在长文本字段中搜索文本，但不能对长文本字段进行排序或索引。
- 数字：用来存储进行数值计算的数据，设置"字段大小"属性可以定义一个特定的数字类型（"整数"、"长整数"、"单精度数"、"双精度数"、"小数"五种类型），在 Access 中通常默认为"双精度数"。
- 日期/时间：用来存储日期、时间或日期时间，可以存放从 100 到 9999 年的日期与时间值。每个日期/时间字段需要 8 字节的存储空间。
- 货币：一种等价于双精度数的特殊数字类型，占 8 字节。向货币字段输入数据时，不必输入人民币符号和千位处的逗号，Access 会自动显示人民币符号和逗号，并添加两位小数到货币字段。当小数部分多于两位时，Access 会对数据进行四舍五入，精确度为小数点左方 15 位数和右方 4 位数。

- 自动编号：定义表结构时，如果没有设置主键，系统会自动添加一个类型为自动编号的字段，并将该字段作为表的主键。每次向表中添加新记录时，Access 会自动插入唯一顺序或者随机编号。自动编号一旦被指定，就会永久地与记录连接，如果删除了表格中含有自动编号字段的一个记录后，Access 并不会为表格自动编号字段重新编号。当添加某一记录时，Access 不再使用已被删除的自动编号字段的数值，而是重新按递增的规律重新赋值。
- 是/否：是针对于某一字段中只包含两个不同的可选值而设立的字段，通过"是/否"数据类型的格式特性，用户可以对"是/否"字段进行选择。
- OLE 对象：允许单独链接或嵌入 OLE 对象。添加数据到 OLE 对象字段时，可以链接或嵌入 Word 文档、Excel 电子表格、图像、声音或其他二进制数据，存储空间最大为 1GB。
- 计算字段：计算的结果。计算字段能够显示根据同一表中的其他数据计算而来的值。可以使用表达式生成器来创建计算，其他表中的数据不能用作计算数据的源，计算字段不支持某些表达式。
- 超级链接：主要是用来保存超级链接地址。当单击一个超级链接时，Web 浏览器将根据超级链接地址打开网页，在这个字段中插入超级链接地址最简单的方法就是在"插入"菜单中单击"超级链接"命令。
- 附件：任何受支持的文件类型，Access 2013 创建的 accdb 格式文件是一种新的类型，它可以将图像、电子表格文件、文档、图表等各种文件附加到数据库记录中。
- 查询向导：为用户提供了一个字段允许取值的列表，在输入字段时，可以直接从这个列表中选择字段值。

对于某一具体数据而言，可以使用的数据类型可能有多种，例如，电话号码可以使用数字型，也可使用文本型，但只有一种是最合适的。在选择数据类型时，主要考虑以下几个方面的因素：

- 字段中可以使用什么类型的值。
- 需要用多少存储空间来保存字段的值。
- 是否需要对数据进行计算（主要区分是否用数字、文本、长文本等）。
- 是否需要建立排序或索引（长文本、超链接及 OLE 对象型字段不能排序和索引）。
- 是否需要在查询或报表中对记录进行分组（长文本、超链接及 OLE 对象型字段不能用于分组记录）。

③ 字段属性

字段有两类属性：常规属性和查询属性。不同的字段，拥有的属性会有所不同。在表设计视图下，单击某字段，系统会弹出该字段的属性对话框，如图 5.14 所示。

常见的常规属性含义如下：

- 字段大小：短文本型默认值为 50 字节，不超过 255 字节。不同种类的数字型所占存储空间不一样。
- 格式：利用格式属性可在不改变数据存储情况的条件下，改变数据显示与打印的格式。短文本和长文本型数据的格式最多可由三个区段组成，每个区段包含字段内不同数据格式的规格。第一区段描述短文本字段的格式，第二区段描述零长度字符串的格式，第三区段描述 Null 值字段的格式。可以用 4 种格式符号来控制输入数据的格式："@"

符号表示输入字符为文本或空格；"&"符号表示不需要使用文本字符；"<"符号表示输入的所有字母全部小写（放在格式开始）；">"符号表示输入的所有字母全部大写（放在格式开始）。

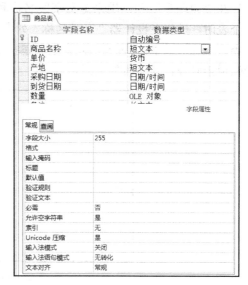

图 5.14　字段属性对话框

- 小数位数：小数位数只有数字和货币型数据可以使用。小数位数为 0~15 位，由数字或货币型数据的字段大小而定。
- 标题：在报表和窗体中替代字段名称。要求简短、明确，便于管理和使用。
- 默认值：新记录在数据表中自动显示的值。默认值只是初始值，可在输入时改变，其作用是为了减少输入时的重复操作。
- 验证规则：检查字段中的值是否有效。在字段的"有效性规则"框中输入一个表达式，每次输入时，Access 会判断输入的值是否满足这个表达式，如果满足才能输入。也可以单击这个属性输入文本框右面的"生成"按钮激活"表达式生成器"来生成这些表达式。
- 输入掩码：用于控制输入的格式。设置字段的输入掩码，只要单击"输入掩码"文本框右面的"生成"按钮，就会出现"输入掩码向导"对话框，在对话框上的列表框选择相应选项即可。比如要让这个文本字段的输入值以密码的方式输入，则单击列表框中的"密码"选项，然后单击"完成"按钮。
- 输入法模式：为选择性属性，共有三个选项，分别是"随意"、"输入法开启"、"输入法关闭"。选中"输入法开启"，当光标移动到这个字段内的时候，屏幕上就会自动弹出首选的中文输入法；选择"输入法关闭"时，只能在这个字段内输入英文和数字；选择"随意"就可以启动和关闭中文输入法。
- 必须：在填写一个表的时候，常常会遇到一些必须填写的重要字段，如"姓名"之类的字段就必须填写，所以将这些字段的"必须"属性设为"是"。而对于那些要求得不那么严格的数据就可以设定对应字段的属性设置为"否"。
- 允许空字符串：是否让这个字段里存在"零长度字符串"。通常将它设置为"否"。
- 索引：是否将这个字段定义为表中的索引字段。"无"表示不把这个字段作为索引；"有（有重复）"表示建立索引并允许在表的这个字段中存在同样的值；"有（无重复）"表示建立索引而且在该字段中绝对禁止相同的值。
- Unicode 压缩：微软公司为了使一个产品在不同的国家各种语言情况下都能正常运行而编写的一种文字代码。对字段的这个属性一般都选择"有"。

（2）创建表

通过设计视图创建新表的步骤如下。

① 打开"学生管理"数据库，单击"新建"选项卡，在"表格"功能区选择"表设计"，进入"表设计视图"，如图 5.15 所示。

"表设计视图"分为上、下两个部分。上半部分是表设计器，包含"字段名称"、"数据类型"和"说明"三列,用来定义字段名称和类型。下半部分用来定义表中字段的属性。建立一个表时,只要在设计器"字段名称"列中输入字段名称,在"数据类型"列选择字段的"数据类型"就可以了。"说明"列中主要包括字段的说明信息,主要目的在于以后修改表结构时能知道当时设计该字段的原因。

图 5.15 表设计视图

② 定义字段名和类型。

假定学生表的表结构如下:学号(类型:短文本)、姓名(类型:短文本)、出生年月(类型:日期/时间)、性别(类型:短文本)、院系(类型:短文本)、简历(类型:长文本)、照片(类型:OLE 对象)、个人主页(超连接),学号做主键。

在表设计器的"字段名称"列中按顺序输入这些字段的名称,在"数据类型"列选择相应的类型。表就初步建好了,结果如图 5.16 所示。

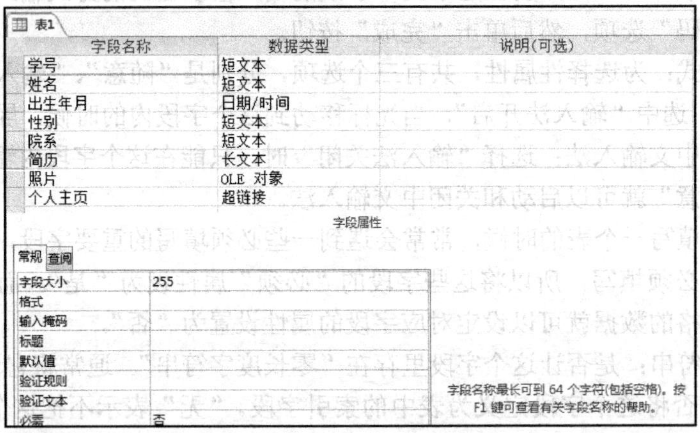

图 5.16 学生表的表结构

③ 设置主键。主键唯一标识表中每条记录。主键不允许为 Null,并且必须始终具有唯一索引。在表中设置主键的过程非常简单。比如要将"学号"字段作为表的"主键",只要单击"学号"这一行中的任何位置,将该行设置为当前行,然后单击鼠标右键,在弹出的快捷菜单中选择"主键",这时,会在"学号"一行最左面的方格中出现"钥匙"符号,主键设置完成。

如果想取消主键,先选中字段,然后单击鼠标右键,在弹出的快捷菜单中再次选择"主键"即可。

④ 设置字段属性。表设计器的下半部分是用来设置表中字段的"字段属性"。字段属性

一般包括"字段大小"、"格式"、"输入法模式"等，对它们进行的设置不同，会对表中的数值产生不同的影响。

设置"学号"的"字段大小"属性为 10，"姓名"的"字段大小"属性为 4，"性别"的"字段大小"属性为 1，"院系"的"字段大小"属性为 15。

⑤ 保存表。在文件菜单中选择"保存"，保存新建的表，表名为"学生表"。

为了完整地进行学生管理，现在建立"成绩"表和"课程"表。

其中"成绩"表的结构为：学号（短文本，字段大小为 10）、课程代码（短文本，字段大小为 4）、分数（数字，字段大小为字节），学号和课程代码做主键。

"课程"表的结构为：课程代码（短文本，字段大小为 4）、课程名（短文本，字段大小为 15）、学分（数字，字段大小为字节）、任课教师（短文本，字段大小为 4）、开课时间（日期/时间型），课程代码做主键。设置结果如图 5.17 和图 5.18 所示。

图 5.17　成绩表的表结构　　　　　图 5.18　课程表的表结构

"学生"表、"成绩"表、"课程"表建立后，"xsgl"数据库窗口如图 5.19 所示。

图 5.19　xsgl 数据库包含的 3 张表

4．常见字段属性的设置

（1）输入掩码

使用输入掩码能以特定的方式向数据库中输入记录。可以要求用户输入遵循特定国家/地区惯例的日期，例如："YYYY/MM/DD" 格式。

当在含有输入掩码的字段中输入数据时，就会发现可以用输入的值替换占位符，但无法更改或删除输入掩码中的分隔符。即可以填写日期，修改"YYYY"、"MM"和"DD"，但无法更改分隔日期各部分的连字符。

下面以对"学生表"中的"出生年月"字段添加输入掩码为例，介绍如何设置"输入掩码"属性。具体步骤如下：

① 打开"学生"表，单击"设计视图"按钮，进入设计视图模式。

② 单击"出生年月"字段。在属性窗口中，单击"输入掩码"行右方的省略号按钮，弹出"输入掩码向导"对话框，如图 5.20 所示。

③ 选择"短日期"选项，单击"下一步"按钮，弹出如图 5.21 所示的对话框，可以指定输入掩码占位符，指定占位符为"*"。

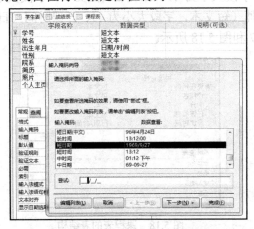

图 5.20　输入掩码向导对话框

图 5.21　指定输入掩码占位符

④ 单击"下一步"按钮，即可完成输入掩码的创建，切换到"数据表视图"，当输入数据时，数据输入格式如图 5.22 所示。

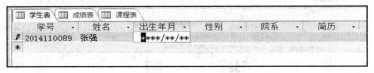

图 5.22　输入掩码指定的数据输入格式

（2）设置数据的有效性规则

利用 Access 提供的有效性验证保证输入的数据类型符合要求。

图 5.23　设置出生年月的有效性规则

系统数据的有效性规则对输入的数据进行检查，如果输入的数据无效，系统立即给予提示，提醒用户更正。例如，在"有效性规则"属性中输入">=0 And <=100"会强制用户输入 0～100 之间的值。"有效性规则"往往与"有效性文本"配合使用，当输入数据违反"有效性规则"时，系统则显示"有效性文本"指定的提示文字。

打开学生表，切换到设计视图，鼠标单击"出生年月"字段，在属性窗口设置有效性规则和验证文本，如图 5.23 所示。然后切换到数据表视图，输入出生年月时，只能输入 1999 年之前的日期，否则会有出错提示。

有效性规则是保证数据合法性的有效手段之一。设置有效性规则简单，关键是要熟悉规则的各种表达式，常见的规则表达式如表 5.1 所示。

表 5.1 常见规则表达式其含义

规则表达式	含 义
<>0	输入非零值
>=0	输入值不得小于零
"男" or "女"	输入男或者女
Between 50 And 100>50 And <100	输入值必须介于 50～100 之间
<#2014/01/01#	输入 2014 年之前的日期
Like "[A-Z]*@[A-Z].com" Or "[A-Z]*@[A-Z].net" Or "[A-Z]*@[A-Z].edu.cn"	输入的电子邮箱必须为有效的.com、.net 或.edu.cn 地址。

有效性规则中的表达式不使用任何特殊语法，但是在创建表达式时，有几点需要注意：
- 表的字段名要用方括号括起来。如：[到货日期]<=[订购日期]+30。
- 日期要用"#"号括起来。如：<#01/01/2010#。
- 字符串值要用双引号括起来。如"男"或"李江"。
- 用逗号分隔项目，并将列表放在圆括号内。如：IN("西安"、"南京"、"北京")。

5.2.2 表间关系的创建

数据库设计的目标之一就是消除数据冗余和操作异常，在 Access 等关系型数据库中主要通过模式分解来实现该目标。也就是说，一个关系数据库往往包含多张表，每个表内记录之间通过主键予以区分，表间通过外键发生联系。

1. 索引的使用

在数据库中，为了提高搜索数据的速度和效率，可以根据一个字段或多个字段来创建索引。应考虑为以下字段创建索引：经常搜索的字段、进行排序的字段及在查询中连接到其他表中的字段。

（1）索引的概念

索引的概念涉及记录的物理顺序与逻辑顺序。文件中的记录一般按其磁盘存储顺序输出，这种顺序称为物理顺序。索引不改变文件中记录的物理顺序，而是按某个索引关键字（或表达式）来建立记录的逻辑顺序。在索引文件中，所有关键字值按升序或降序排列，每个值对应原文件中相应记录的记录号，这样便确定了记录的逻辑顺序。对文件记录的操作可以依据这个索引建立的逻辑顺序来进行。

索引可帮助加快搜索和选择查询的速度，但在添加或更新数据时，索引会降低性能。如果在包含一个或多个索引字段的表中输入数据，每次添加或更改记录时，Access 都必须更新索引。如果目标表包含索引，则通过使用追加查询或通过追加导入的记录来添加记录也可能会比平时慢。因此，一般只对需要频繁查询或排序的字段创建索引。而且，如果字段中许多值是相同的，索引不会显著提高查询效率。

在 Access 中，表的主键将自动被设置为索引，而长文本、超链接及 OLE 对象等类型的字段则不能设置索引。Access 为每个字段提供了三个索引选项："无"、"有（有重复）"、"有（无重复）"。

(2) 单字段索引的创建

索引可分为单一字段索引和多字段索引两种。一般情况下，表中的索引为单一字段索引。建立单一字段索引的方法如下：

① 将学生表切换到设计视图，单击要创建索引的字段（例中，选择"姓名"字段），该字段属性将出现在"字段属性"区域中。

② 打开"常规"选项卡的"索引"下拉列表，在其中选择"有（有重复）"选项或"有（无重复）"选项即可，如图 5.24 所示，例中为姓名字段建立"有（有重复）"索引。

③ 保存修改。

(3) 组合字段索引的创建

如果经常需要同时搜索或排序更多的字段，那么就需要为组合字段设置索引。建立多字段索引的操作步骤如下：

① 在表的设计视图中单击工具栏中的"索引"按钮，弹出"索引"对话框，如图 5.25 所示。

② 在"索引名称"列的第一个空行内输入索引名称，索引名称一般与索引字段名相同，在第二列选择索引字段。在第三列设置排序次序。

③ 保存修改。

这样就完成了索引的创建。还可以设置更多的"索引属性"，例如，图 5.25 中的"主索引"、"唯一索引"、"忽略空值"等。

图 5.24　为"姓名"字段建立索引　　　　图 5.25　建立多字段索引

主索引：选择"是"，则该字段将被设置为主键。

唯一索引：选择"是"，则该字段中的值是唯一的。

忽略空值：选择"是"，则该索引将排除值为空的记录。

2. 创建表间关系

一个数据库中可能有很多表，而且一般情况下这些表之间都有联系。表和表之间的关系由相关字段来实现，字段分别在两个表中，它们的类型和宽度大小必须相同，字段名可以相同，也可以不同。通过建立表间关系可以将不同表的有关记录相互联系起来，使得对一个表中数据的操作有可能影响其他表的数据。

创建表间关系的过程如下：

(1) 打开"xsgl"数据库，单击"数据库工具"选项卡下的"关系"按钮。

(2) 系统弹出"显示表"对话框，如图 5.26 所示，选择需要建立关系的表，单击"添加"，将其加入到"关系"窗口，直至将相关的表均加入到"关系"窗口中。关闭"显示表"对话框，结果如图 5.27 所示。

(3) 在"关系"窗口中，从一个表中将要建立关系的字段拖曳到其他表的相关字段上。操作过程中需要注意以下几方面。

① Access 需要两个具有完全相同数据类型的字段来参与关系。在字段数据类型为"数字"的情况下，两个字段的"字段大小"属性必须相同。例如，不能在自动编号类型的字段（使用长整数数据类型）和包含字节、整型、单精度型、双精度型或者货币型数据的字段之间创建关系。

② Access 允许通过具有不同长度的文本字段将两个表联系起来，原则上，文本字段之间建立关系时应该使用相同长度的字段。

图 5.26 "显示"表对话框

图 5.27 关系窗口

③ 创建一个新关系时，拖放顺序相当重要。必须从一对多关系中的一方（主表）将字段拖到多方（副表）。这个次序可以保证作为关系中一方的主表出现在"表/查询"列表中，而多方出现在"相关表/查询"列表中。本例中，从学生表的"学号"拖动到成绩表的"学号"，松开左键，系统弹出"编辑关系"对话框，如图 5.28 所示。

④ 实施参照完整性。

参照完整性保证在相关表中记录间的关系是有效关系，并保证用户不会意外地删除或更改相关的数据。选中该复选框可以为关系实施参照完整性，但前提是应用以下条件：主表的匹配字段必须为主键或具有唯一索引，而且匹配字段要具有相同的数据类型，同时两个表都必须保存在同一个 Access 数据库中。如果清除该复选框，则允许更改可能会破坏参照完整性规则的相关表。

图 5.28 "编辑关系"对话框

⑤ 级联更新相关字段。选择"实施参照完整性"，然后选中"级联更新相关字段"，可以在主表的主键值更改时，自动更新相关表中的对应数值。选择"实施参照完整性"，然后清除"级联更新相关字段"，则只要相关表中有相关记录，主表中的主键值就都不能更改。

⑥ 级联删除相关字段。选择"实施参照完整性",然后选中"级联删除相关记录",即可在删除主表中的记录时,自动地删除相关表中的有关记录。选中"实施参照完整性",然后清除"级联删除相关记录",则只要相关表中有相关记录,就不能删除主表中的记录。

建立课程代码之间的联系,并选择"实施参照完整性"、"级联更新相关字段","级联删除相关字段",结果如图 5.29 所示。

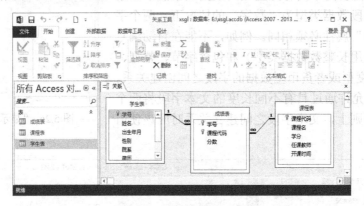

图 5.29　创建表间关系

(4) 单击"关系"功能组中的"关闭"按钮,并保存关系。

打开学生表,如图 5.30 所示,可以发现,学生表和成绩表之间的联系已经建立。

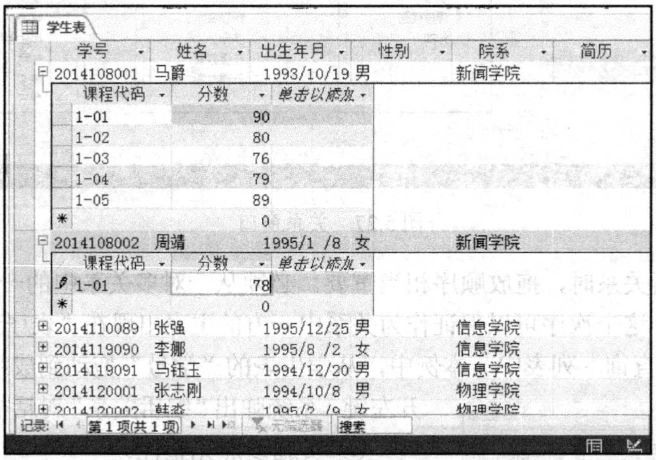

图 5.30　表间关系

5.2.3　操作表

在创建数据库及表,设定表的主键、表的索引、表间关系之后,随着用户对数据库应用的深入,有时候会发现,当初所建表有很多地方需要改动,这就涉及修改表的操作。下面介绍常用的几种表操作。

1. 管理表

在使用中,用户可能会需要对已有的表进行修改,在修改之前,用户应该考虑全面。因为表是数据库的核心,它的修改将会影响到整个数据库。不能修改已打开或正在使用的表,如果需对其进行操作,必须先将其关闭。如果在网络环境下使用,必须保证所有用户均已退出使用。关系表中的关联字段也是无法直接修改,如果确实要修改,必须先将关联去掉。

(1) 删除表

如果数据库中含有用户不再需要的表,可以将其删除,删除数据库表须慎重考虑。操作方法为:鼠标右键单击所要删除的表,在弹出的快捷菜单中选择"删除"便可。

(2) 更改表名

有时需要将表名更改,使其具有新的意义,以方便数据库的管理。操作方法为:鼠标右键单击所要更名的表,在弹出的快捷菜单中选择"重命名"便可。

2. 修改表结构

当用户对字段名称进行修改时,可能影响到字段中存放的一些相关数据。如果查询、报表、窗体等对象使用了这个更名的字段,那么这些对象中也要相应地更改字段名的引用。更名的方法有两种,一是设计视图,二是数据表视图。

打开"xsgl"数据库,单击"表"选项,单击需要修改结构的表,切换到设计视图,图 5.31 所示为学生表的设计视图。在该视图下不仅能调整字段位置,修改字段属性,还能添加字段,删除字段。

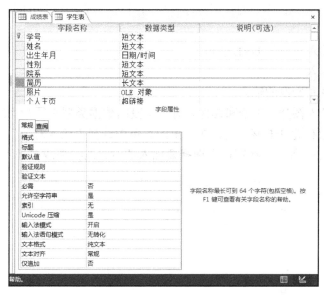

图 5.31 学生表设计视图

(1) 调整字段位置

将鼠标移动到字段的选择区(字段名称前面),单击鼠标左键,选中该字段,然后按住鼠标左键拖动该字段到指定位置便可。

(2) 修改字段属性

用户可以在设计表结构之后,重新更改字段的属性。其中最主要的是更改字段的数据类型和字段长度。鼠标左键单击需修改属性的字段的数据类型,然后在属性区修改便可。

(3) 加入新字段

要在哪个字段前插入新字段,只需将鼠标移动到该字段的标题上,单击鼠标右键,在快捷菜单中单击"插入行",系统会自动在该字段的上面添加一空白行,然后在空白行定义新字段便可。

(4) 删除字段

将鼠标移动到需要删除字段的标题处,单击鼠标右键,在快捷菜单中选择"删除行",在弹出的"删除确认"在对话框中单击"是"按钮,则可将该字段删掉。

在删除字段时要注意,删除一个字段的同时也会将表中该字段的值全部删除。

3. 添加和修改记录

对数据库添加数据,就是向表中添加记录。

(1) 普通数据的添加、修改和删除

在一个空表中输入数据时,只有第一行中可以输入。当要给某个字段输入内容时,只需将鼠标指向该字段,单击左键,然后便可输入。也可使用键盘上的左、右方向键移动光标。如果输入时出现错误,首先选中所要删除的数据,然后按键盘上的"Delete"键即可将原来的值删掉。

文本、数字、货币型数据输入:该类数据直接在单元格中输入。

是/否型数据输入:选择复选框表示"是",不选择表示"否"。

日期/时间型数据输入:年、月、日顺序,中间用"-"或者"/"分隔。例如"1998/12/23"或者"1997-12-23"。

超链接:直接输入对应的 URL 便可。

长文本:直接输入。

(2) 图片、声音和影像的输入

要在数据表中插入图片、声音和影像。对应字段的数据类型必须为"OLE 对象"。然后在数据表视图中用鼠标右键单击该字段,在弹出的菜单中选择"插入对象",这时出现"插入对象"对话框,如图 5.32 所示,在窗口中选择要插入的对象的类型或要插入的对象的文件名。

图 5.32 插入 OLE 对象对话框

若要插入的对象是在插入时才建立的,就需要选中"新建"单选按钮,并在对象类型这个列表栏中选择插入对象,若要插入图片就在这个列表栏中选择"图片",若要插入影像就在这个列表框中选择"影像剪辑",然后单击"确定"按钮。

例如,若需要输入一段录音,首先选择"新建"单选按钮,然后在列表栏中选择"音效波形声音",单击"确定"按钮。出现"录音"对话框。

例如，要插入学生的照片，首先选择"由文件创建"单选框，然后单击"浏览"按钮，选择照片文件，最后单击"确定"按钮。

（3）修改记录

如要修改已添加的记录，单击要修改的单元格，在单元格中修改记录即可。

4．选择和删除记录

（1）选择记录

在数据库视图下，单击对应记录选择区便可选择一条记录，拖动或者左键单击第一条，按键盘 shift 键+左键单击某一条可以选择连续记录，如图 5.33 所示。

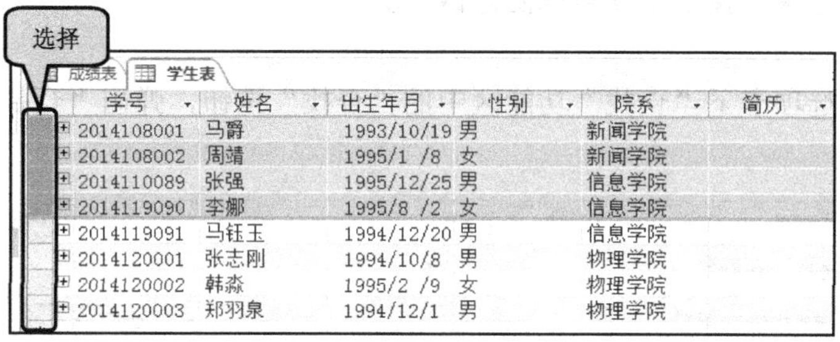

图 5.33 选择记录

（2）删除记录

如要删除记录，单击右键，在弹出的快捷菜单中选择"删除记录"命令即可。

5．更改数据显示格式

（1）设置行宽和列高

鼠标右击记录选择区，在弹出的快捷菜单中选择"行高"命令，系统弹出"行高"对话框，在文本框中输入要设置的行高数值，再单击"确定"按钮即可。

在需要更改宽度的字段名上单击鼠标右键，在弹出的快捷菜单中选择"字段宽度"命令，在弹出的"列宽"对话框中输入需要的列宽，单击"确定"按钮即可。

（2）设置内容显示格式

Access 2013 提供数据表字体的文本格式设置功能，可使用户选择自己想要字体的格式。在数据库的"开始"选项卡下的"文本格式"功能组中，有字体的格式、大小、颜色及对齐方式等功能按钮。具体设置过程如 Word 文字格式设置。

图 5.34 取消隐藏列对话框

（3）隐藏和显示字段

Access 2013 还提供字段的隐藏和显示功能。

隐藏字段的具体做法是：在需要隐藏的字段名上单击右键，在弹出的快捷菜单中选择"隐藏字段"命令便可。

取消隐藏字段的具体做法是：在任意字段名上单击右键，在弹出的快捷菜单中选择"取消隐藏字段"命令，系统弹出"取消隐藏列"对话框，如图 5.34 所示。选中需要取消隐藏的字段，单击"关闭"按钮便可。

(4) 冻结和取消冻结

在数据表视图下，可以通过拖动字段名的方式调整字段顺序。若不希望某个字段因为拖动而改变位置，则可以冻结该字段。字段被冻结后，将不能被拖动。取消冻结后，则可以拖动移动位置。冻结和取消冻结字段的方法和隐藏和显示字段的方法类似。

6. 查找和替换数据

在使用数据库时，经常需要查看或修改表中的一些数据。如果表很大，人工逐行查找会非常麻烦，这时就需要有一个查找工具能够快速地进行查找，在 Access 中，"查找"命令可以实现这个功能。除了"查找"之外，Access 还包含替换工具，可以使用这些工具定位到与说明值匹配的每一个记录，接下来就可以随意改变其值。

(1) 查找

单击"开始"选项卡下"查找"功能区中的"查找"按钮，弹出"查找和替换"对话框，如图 5.35 所示。

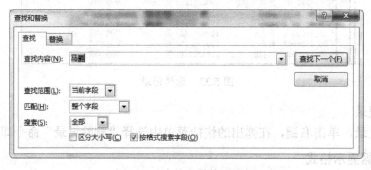

图 5.35 查找和替换对话框

在"查找内容"栏中输入所要查找的数据。

在"查找范围"栏中选择需要查找的数据所在的范围。是整个数据表，还是仅仅一个字段列中的值。默认值是当前光标所在的字段列。

在"匹配"栏选择匹配的方式。可以选择"字段任何部分"、"整个字段"、"字段开头" 3 个选项中任何一种。

在"搜索"栏选择搜索方向。是指从光标当前位置"向上"、"向下"还是"全部"搜索。

最后单击"查找下一个"按钮，这样就可以在指定范围中找出第一个相应的数据值，如果这个数据值不是所需要的，再单击"查找下一个"按钮，反复执行就可以找到所需要的数据值的位置。单击"取消"按钮，可以关闭窗口。

(2) 替换

在"查找和替换"窗口中还有一个"替换"选项卡，选择该选项卡，可以在数据表中查找某个数据并替换它。在"查找内容"中输入所需替换的内容，在"替换为"中输入替换后的内容。如果只替换一个数据值时，单击对话框上的"替换"按钮，如果要将具有这个数据值的所有记录都替换，单击"全部替换"按钮，这样所有的数据值都被新数据所替换。

7. 排序与筛选

(1) 排序

排列是最经常用到的操作之一，也是最简单的数据分析方法。对数据库的排序主要有两种方法:一种是利用工具栏的简单排序;另一种就是利用窗口的高级排序。

排序和筛选操作通过"开始"选项卡下的"排序和筛选"功能组中的相关按钮实现,如图 5.36 所示。

图 5.36 排序和筛选功能区

● 简单排序

"升序"和"降序"用于将表中的各个记录按照一定的顺序进行排列。单击"升序"按钮后所有记录按照从小到大的方式排列,单击"降序"按钮后所有记录按照从大到小的方式进行排列。光标位于哪个字段,就以那个字段的值作为排序依据。

● 高级排序

简单排序存在两个问题:当记录中有大量重复记录或者需要同时对多个字段进行排序时,简单排序就无法满足需要。高级排序可以很简单地解决该问题,它可以将多列数据按指定的优先级进行排序。也就是说,数据先按第一个排序准则进行排序,当有相同的数据出现时,再按第二个排序准则排序,以此类推。

高级排序具体步骤如下:

单击"排序和筛选"功能组中的"高级"按钮,在弹出的快捷菜单中选择"高级筛选/排序"命令,系统将进入排序筛选窗口,如图 5.37 所示。在查询设计网格的"字段"行中,选择排序依据字段,在"排序"行中选择排序方式:"降序"或者降序。

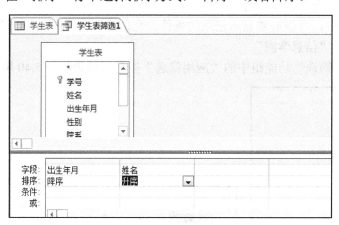

图 5.37 高级排序设置

这样就完成了一个高级排序的创建。保存该排序查询为"按出生年月排序",关闭查询的"设计视图"。双击打开左边导航窗格中的"按出生年月排序",即可实现对数据表的排序,结果如图 5.38 所示。

注意:所谓"高级筛选/排序"操作,其实是一个典型的选择查询。"高级筛选/排序"就是利用创建查询来实现排序。

(2)筛选

筛选数据是将符合筛选条件的数据记录显示出来,以便用户查看。单击"排序和筛选"功能组中的"高级筛选选项"按钮,在快捷菜单中有两种基本筛选方式:"按窗体筛选"和"高级筛选/排序"。

图 5.38　高级排序结果

① 按窗体筛选

单击"按窗体筛选",表中只剩下一个记录,同时在方格的右侧出现一个"下拉"按钮。单击"下拉"按钮,就会发现下拉框中包括了这个字段中所有的值,选择需要筛选的数值,然后单击"排序和筛选"功能组中的"应用筛选"按钮便可筛选选出相应记录。

② 高级筛选/排序

高级筛选/排序 窗口如图 5.39 所示,高级筛选/排序窗口分为上下两部分,上半部分是含有表的字段列表,下半部分是设计网格。

要创建一个高级筛选,首先要把字段添加到用于排序和规定筛选准则的设计网格中,例如,拖动院系到第一列"字段"处。

在"条件"行中,可添加要显示记录的条件,它的设置方法与按窗体筛选的设置方法一样,设置条件为:="信息学院"

单击 "排序和筛选"功能组中的"应用筛选"按钮,结果如图 5.40 所示。

图 5.39　高级筛选　　　　　　　　　　图 5.40　高级筛选结果

5.3　数据的导入和导出

在 Access 中可以很方便地从外部数据源获取数据,这些外部数据源可以是文本文件,也可以是 Excel、Dbase、Sybase、Oracle、FoxPro 等文件。同时,Access 也可以导出数据库,即将 Access 数据库保存为其他数据库形式,如 Foxpro、Dbase 数据库等。

单击"外部数据"选项卡,其命令功能组如图 5.41 所示。

第 5 章　数据库和表的创建

图 5.41　外部数据命令功能组

5.3.1　导入并链接

"导入"和"链接"两者中的任意一选项均可以实现导入或链接一个外部的数据库。虽然两者功能相近，但用法有别。"导入"将创建一个新表来保存外部数据，导入的目的在于获取数据，而不需以前的数据格式。"链接"将在数据源和目标之间建立一个同步映像，外部数据源的修改将自动地反映到目标数据中。

1．导入外部数据库

假设有 Excel 数据表，内容如图 5.42 所示，将其导入数据库的操作过程如下。

① 单击"导入并链接"工具组中的"导入 Excel"按钮，系统弹出"获取外部数据"对话框，如图 5.43 所示。

图 5.42　Excel 数据表内容

图 5.43　"获取外部数据"对话框

② 浏览文件，并选择"将数据导入当前数据库的新表中"，然后单击"确定"按钮。弹

出"导入数据表向导"对话框,如图 5.44 所示。选择"第一行包含列标题",单击"下一步"按钮,设置每个字段的属性,如图 5.45 所示。

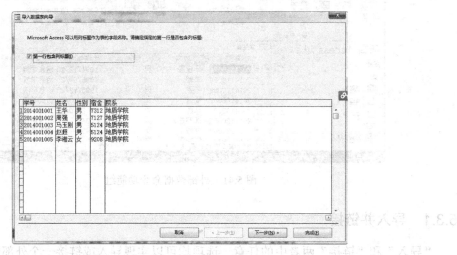

图 5.44 "导入数据向导"对话框

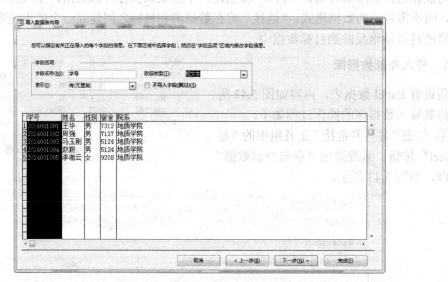

图 5.45 "导入数据向导"-设置字段属性

③ 单击"下一步"按钮,设置主键,例中设置"学号"为主键。
④ 单击"下一步"按钮,输入新表的表名,命名为"学生信息表"。
⑤ 单击"确定"按钮,导入成功,内容如图 5.46 所示。

2. 链接外部数据库

单击"导入并链接"工具组中的"导入 Excel"按钮,系统弹出"获取外部数据"对话框,如图 5.47 所示。

浏览文件,并选择"通过创建链接表来链接到数据源",然后单击"确定"按钮。系统弹出"导入数据表向导"对话框,选择"第一行包含列标题",单击"下一步"按钮,命名为"链接学生信息表",单击"确定"按钮,结果如图 5.48 所示。

第 5 章 数据库和表的创建

图 5.46　导入数据结果

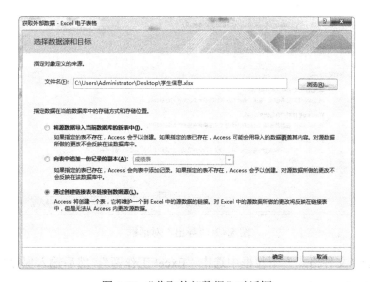

图 5.47　"获取外部数据"对话框

图 5.48　链接数据表结果

在数据库中只能查看而不能修改链接表中的内容，当 Excel 中对应表的内容发生变化后，

Access 中的数据会同步变化。也就是说，在 Access 中存储的仅仅是数据源的一个链接，所有的数据实际仅在数据源中存在。

5.3.2 导出数据

数据不仅需要导入，有时也需要将 Access 数据库中的数据导出，成为其他类型的数据，所以 Access 也提供了导出功能。它和导入功能正好相反。凡是能导入的数据库文件格式，也可导出成该格式。例如将"成绩"表导出成一个 Excel 表格，具体步骤如下：

① 打开"成绩"表，单击"导出"功能组中的"导出到 Excel 电子表格"，弹出"导出"对话框，如图 5.49 所示。

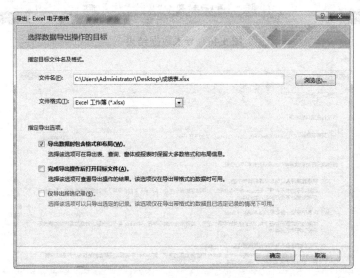

图 5.49 "导出"对话框

② 在导出的"文件格式"下拉框中选中"Excel 工作簿"，然后输入保存后的文件名，最后单击"确定"按钮。

现在已经生成一个独立的 Excel 文件，可以随时使用 Excel 对该文件进行操作。

习 题 5

一、填空题

1. Access 中，对数据库表中的记录进行排序时，数据类型为_____、超级链接或 OLE 对象的字段不能排序。
2. 如果在创建表中建立字段"姓名"，其数据类型应当是_____。
3. 一般情况下，一个表可以建立多个索引，每一个索引可以确定表中记录的一种_____。
4. 短文本类型的字段最多可容纳_____个中文汉字。
5. 如果在创建表中建立字段"基本工资"，其数据类型应当是_____。
6. 在人事数据库中，记录人员简历，建立字段"简历"，其数据类型应当是_____。
7. 将表中的字段定义为_____，其作用是保证字段中的每一个值都必须是唯一的（即不能重复）便于索引并且该字段也会成为默认的排序依据。

8. 在 Access 中，表间的关系有_____、"一对多"、"多对多"。

9. 有一个学生选课的关系，其中学生的关系模式为：学生（学号，姓名，班级，年龄），课程的关系模式为：课程（课号，课程名，学时），其中两个关系模式的键分别是学号和课号，则关系模式选课可定义为：选课（学号，_____，成绩）。

二、选择题

1. Access 中，在"查找和替换"时可以使用通配符，其中可以用来通配任何单个字符的通配符是（　　）。
   A．?　　　　　　　B．!　　　　　　　C．&　　　　　　　D．*

2. 在 Access 中，表中有"年龄"字段，数据类型定义为数字数据类型，并且在字段属性的有效性规则内输入">18 and <40"，那么该字段（　　）。
   A．要求输入大于 18 且小于 40 的数字　　B．要求输入大于 18 或小于 40 的数字
   C．要求输入大于 18 的数字　　　　　　D．要求输入小于 40 的数字

3. 定义字段的默认值是指（　　）。
   A．不得使字段为空
   B．不允许字段的值超出某个范围
   C．在未输入数值之前，系统自动提供数值　　D．系统自动把小写字母转换为大写字母

4. 在 Access 中，下列有关调整数据库表中字段显示宽度和高度的叙述不正确的是（　　）。
   A．数据库中"数据表"视图下，用鼠标和菜单命令都可以调整字段的显示宽度
   B．数据库中"数据表"视图下，用鼠标和菜单命令都可以调整字段的显示高度
   C．数据库中表的"设计"视图下，不能调整字段的显示宽度
   D．数据库中表的"设计"视图下，能够调整字段的显示高度

5. 在 Access 中，向数据库中添加数据时，当输入的数据没有通过设定的有效性规则，Access 会弹出一消息框，消息框中的文字可以通过下列哪个属性来设置（　　）。
   A．标题　　　　　B．有效性文本　　　C．输入掩码　　　　D．默认值

6. 在 Access 数据库中，可以对表结构进行修改，下列有关删除表中字段的操作叙述不正确的是（　　）。
   A．在表的"设计"视图删除某一字段后，则该字段在"数据表"视图下也已经被删除
   B．在数据表"视图"下删除某一字段后，该字段在"设计"视图下还存在
   C．若该字段是某一个关系主键的一部分，则在数据表"视图"下不能删除
   D．在"数据表"视图下，可通过右击选中的某一列，单击快捷菜单中的"删除字段"命令删除它

7. 下列关于 OLE 对象的叙述中，正确的是（　　）。
   A．用于输入文本数据　　　　　　　B．用于处理超级链接数据
   C．用于生成自动编号数据　　　　　D．用于链接或内嵌 Windows 支持的对象

8. 在关系窗口中，双击两个表之间的连接线，会出现（　　）。
   A．数据表分析向导　　　　　　　　B．数据关系图窗口
   C．连接线粗细变化　　　　　　　　D．编辑关系对话框

9. 在设计表时，若输入掩码属性设置为"LLLL"，则能够接收的输入是（　　）。
   A．Abcd　　　　B．1234　　　　C．AB+C　　　　D．ABa9

10. 在创建数据库之前，应该（　　）。
    A．使用设计视图设计表　　　　　B．使用表向导设计表
    C．思考如何组织数据库　　　　　D．给数据库添加字段

11. 可用来存储图片的字段对象是（　　）类型字段。

A. OLE　　　　　B. 备注　　　　　C. 超级链接　　　　　D. 查阅向导

12. Access 中，设置为主键的字段（　　）。
   A. 不能设置索引　　　　　　　　　B. 可设置为"有（重复）"索引
   C. 系统自动设置索引　　　　　　　D. 可不设置索引

13. Access 中，要改变字段的数据类型，应在（　　）下设置。
   A. 数据表视图　　　　　　　　　　B. 表设计视图
   C. 查询设计视图　　　　　　　　　D. 报表图

14. 在已经建立的"工资库"中，要在表中直接显示出我们想要看的记录，例如，显示姓"李"的记录，可用（　　）的方法。
   A. 排序　　　　　B. 筛选　　　　　C. 隐藏　　　　　D. 冻结

三、操作题

1. 新建名为"班级管理"的空数据库，使用表设计器，在数据库中创建"学生信息"表、"课程信息"表、"成绩"表，以存储学生的各种信息。表结构如下所示：

"成绩"表的表结构

字段名称	数据类型	字段大小	小数位数	有效性规则
课程代号	短文本	5		
学号	短文本	6		
成绩	数字	单精度	1	0～100 之间

"学生信息"表的表结构

字段名称	数据类型	字段大小
学号	短文本	6
姓名	短文本	10
性别	短文本	2
出生日期	短日期型	
照片	OLE 对象	
家长姓名	短文本	10
家庭住址	短文本	30
邮政编码	短文本	6

"课程信息"表的表结构

字段名称	数据类型	字段大小
课程代号	短文本	5
课程名	短文本	20
任课教师	文本	8

对数据库进行如下操作：

（1）设置表对象"学生信息"表的出生日期字段默认值为系统日期。

（2）设置表对象"学生信息"表的性别字段有效性规则为"男"或"女"，同时设置相应有效性文本为"请输入男或女"。

（3）删除"学生信息"表中姓名字段含有"江"字的所有纪录。

（4）将表对象"学生信息"表导出到一个空数据库文件中，要求只导出表结构定义，导出的表命名为"学生信息表 BK"。

（5）建立当前数据库的表间关系，并实施参照完整性。

2. 建立一个空数据库，在数据库中新建表 Emp 和 Salary，表的结构和记录如下所示。

"Emp"表的表结构：

字段名	数据类型	字段大小
职工号	短文本	6
姓名	短文本	6
性别	短文本	2
出生日期	日期/时间	
政治面貌	短文本	6

"Salary"表的表结构：

字段名	数据类型	字段大小
职工号	短文本	6
基本工资	数字	双精度
津贴	数字	双精度
奖金	数字	双精度
扣除	数字	双精度

对该表进行如下操作：

（1）录入数据。

（2）在设计视图中修改"Salary"表的结构，将"基本工资"字段的默认值设为2800、有效性规则设为大于等于2800且小于等于8000，有效性文本输入：基本工资在2800~8000元之间。

（3）对"Emp"表按"职工号"建立主索引，对"Salary"表按"职工号"建立主索引。定义"Emp"和"Salary"之间的关系，"Emp"为主表，实施参照完整性。

3. 已知A单位要建立工资数据库，该单位的工资单结构如下：

编号	日期	姓名	性别	基本工资	加班费	妇女劳保	月奖金	工资总额	所得税	实发金额

建立空数据库，并命名为"工资库"。根据上述工资单结构，确定各字段的数据类型，建立数据库表，表的名称为"工资基本表"

第 6 章 查 询

查询是数据库管理系统中一个基本功能。使用查询可以将不同表中的信息结合起来，提供一个相关数据项的统一视图。使用查询还可以选择记录、更新表中数据、向表中添加新记录。使用查询功能选择一组满足指定条件的特定记录。

6.1 查询与表

在使用数据库中的数据时，并不是简单地使用某一个表中的数据，而常常是将有"关系"的多张表中的数据关联起来使用，有时还可能要对这些数据进行一定的计算才可使用。对于这样的要求，建立"查询"对象可以很轻松地解决，查询就是依据一定的查询条件，对数据库中的数据信息进行查找。查询的字段来自互相之间有"关系"的表，这些字段组合成一个新的数据表视图，但它并不存储任何的数据。当改变表中的数据时，查询得到的数据也随之发生改变。

在运行查询时，查询所生成的结果数据动态地来源于表对象，是表中数据的一个镜像。所以在查询数据表中无法加入或删除字段，也不能修改查询字段的字段名。查询结果将以工作表的形式显示出来。显示查询结果的工作表又称为结果集，它虽然与基本表有十分相似的外观，但它并不是一个基本表，而是符合查询条件的记录集合，其内容是动态的。

6.2 常见的查询

使用查询，可以按照不同的方式查看、更改和分析数据。同时，查询也可以作为窗体、报表和数据访问页的数据源。Access 中常见的查询有：选择查询、参数查询、交叉表查询、操作查询、SQL 查询。

6.2.1 选择查询

选择查询是最常见的一种查询，它从一个或多个有关系的表中将满足要求的数据提取出来，并把这些数据显示在新的查询数据表中，并能对记录进行分组、总计、计数、求平均值，以及其他类型的计算。

6.2.2 参数查询

如果用户查询时需要通过在对话框中输入要查询的数据，就要创建参数查询。参数查询可以在运行查询的过程中修改查询的规则，并且，执行参数查询时会显示一个输入对话框以提示用户输入信息。

Access 的参数查询是建立在选择查询或交叉查询的基础之上的，在运行选择查询或交叉查询之前，为用户提供了一个设置条件的参数对话框，可以很方便地更改查询限制或对象。当然不仅可以建立单个参数的查询，还可以建立多字段参数查询。例如，可以设计用它提示输入两个日期，然后通过 Access 检索在这两个日期之间的所有记录。

6.2.3 交叉表查询

Access 支持一种特殊类型的总计查询,称为交叉表查询,交叉表查询允许用户精确确定汇总数据如何在屏幕上显示。利用交叉表查询,可以在类似电子表格的格式中查看计算值,也能够计算数据的总计、平均值、计数或其他类型的操作。交叉表查询以传统的行列电子数据表形式显示汇总数据并且与 Excel 数据透视表密切相关。

6.2.4 操作查询

使用操作查询只需进行一次操作就可对许多记录进行更改和移动。操作查询有四种:删除查询、更新查询、追加查询、生成表查询。

1. 删除查询

从一个或多个表中删除一组记录。例如,可以使用删除查询来删除已经离校的学生信息。使用删除查询,会删除整个记录。

2. 更新查询

对一个或多个表中的一组记录做全局的更改。例如,给所有职工的工资增加 200 元。使用更新查询,可以更改已有表中的数据。

3. 追加查询

将一个或多个表中的一组记录添加到一个或多个表的末尾。例如,新入校学生的信息存放在新生表中,可以通过追加查询将其追加到总表中。

4. 生成表查询

生成表查询主要用于创建表以导出到其他数据库中。生成表查询可以根据一定的准则来新建表格,然后再将所生成的表导出到其他数据库中,或者在窗体和报表中加以利用。

6.2.5 SQL 查询

SQL 查询是用户使用 SQL 语句直接创建的一种查询。实际上,Access 所有的查询都可以认为是一个 SQL 查询,因为 Access 就是以 SQL 语句为基础来实现查询的功能的。

1. SQL 查询的分类

SQL 查询可以分为以下四类:联合查询、传递查询、数据定义查询和子查询。

联合查询:该查询使用 UNION 运算符来合并两个或更多选择查询的结果。

传递查询:SQL 特定查询,可以用于直接向 ODBC 数据库服务器发送命令。通过传递查询,可以直接使用服务器上的表,而不是由 Access 数据库引擎处理后的数据。

数据定义查询:包含数据定义语言(DDL)语句的 SQL 特有查询,这些语句可用来创建或更改数据库中的对象。

子查询:嵌在另一个选择查询或动作查询内的 SQL 语句。

2. SQL 语句的使用场合

SQL 语句可以在 Access 中的很多场合使用,只要这些场合能够输入表、查询或字段的名称即可。某些情况下，Access 会自动填入 SQL 语句。例如，当使用向导创建窗体或报表以便从多个表中获得数据时，Access 会自动创建一个 SQL 语句，并将该语句用作窗体或报表的"记录源"属性。在通过向导创建列表框或组合框时，Access 会创建一个 SQL 语句，并将该语句用作列表框或组合框的"行来源"属性设置。

如果不使用向导，也可以为"记录源"或"行来源"属性生成一个 SQL 语句，方法是单击这些属性旁的任意一个"生成"按钮，然后在查询"设计"视图中创建查询。

3. SQL 查询的建立

要想在 Access 中建立 SQL 查询，首先要建立一个新的查询，然后单击"视图"菜单，选择"SQL 视图"命令，这样在屏幕上就出现了一个文本框，用来书写 SQL 语句。将用到的 SQL 语句输入完毕后，再单击"视图"菜单，选择"数据表视图"命令，就可以看到刚才 SQL 语句所起的作用了。

6.3 创建选择查询

6.3.1 利用查询设计视图建立查询

直接使用查询设计视图建立查询有利于更好地理解数据库中表之间的关系，这对建立一个优秀的数据库非常有用。

1. 创建过程

建立一个"学生成绩表"查询，通过这个查询可以显示学生的学习成绩，包括"学号"、"姓名"、"课程名称"、"任课教师"、"成绩"等字段，步骤如下。

图 6.1 "显示表"对话框

（1）首先打开"学生成绩管理 xsgl"数据库，然后单击"创建"菜单中的"查询/查询设计"项，弹出"显示表"对话框，如图6.1所示。

（2）在"显示表"对话框中，"表"选项卡中列出了所有的表，"查询"选项卡中列出了所有的查询，而"两者都有"可以把数据库中所有"表"和"查询"对象都显示出来，这样有助于从选择的表或查询中选取新建查询的字段。

单击"显示表"对话框上的"两者都有"选项卡，在列表框中选择需要的表或查询。然后单击对话框上的"添加"按钮，这样就可以将表添加到查询窗口中。

（3）关闭"显示表"窗口，回到"查询"窗口，如图6.2所示。

查询窗口分为两大部分，上部是"表/查询显示"窗口，下部是"示例查询设计"窗口。

"表/查询显示"窗口用于显示查询的数据来源（包括表、查询等），方便选择查询字段。

"示例查询设计"窗口用来显示查询中所用到的查询字段和查询准则，"示例查询设计"窗口中有如下行标题。

- 字段：查询工作表中所使用的字段名。

- 表：该字段来自于数据表。
- 排序：是否按该字段排序。
- 显示：该字段是否在结果集工作表中显示。
- 条件：查询条件。
- 或：用来提供多个查询条件。

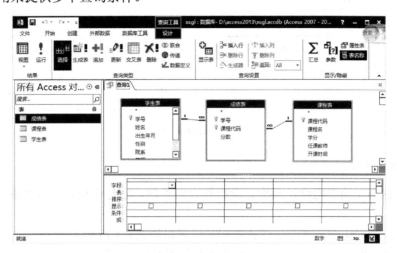

图 6.2 "查询"窗口

（4）在查询中添加或删除目标字段

在查询设计表格中添加的字段称为"目标字段"，添加目标字段有以下两种方法。

第一种方法：在"示例查询设计"窗口的表格中选择一个空白的列，用鼠标单击第一行对应的格子，格子的右边出现一个带下箭头的按钮，单击这个按钮出现下拉框，在下拉框中就可以选择相应的目标字段。

第二种方法：选中目标字段所在的表，在它的列表框中找到需要添加的字段，将鼠标移动到列表框中标有这个字段的选项上，按住鼠标左键，这时鼠标光标变成一个长方块，拖动鼠标将长方块拖到下方查询表格中的一个空白列，放开鼠标左键，这样就可以将目标字段添加到查询表格中。

如果要删除一个目标字段，将鼠标移动到要删除的目标字段所在列的选择条上，光标会变成一个向下的箭头，单击鼠标左键将这一列都选中，按下键盘上的"Delete"键，选中的目标字段将被删除。

现在加入"学号"、"姓名"、"课程名称"、"分数"字段，如图6.3所示。

（5）查看查询的数据表视图

通过前边的操作，已经把需要的字段都添加到了查询中，可以查看所建立的"查询"的结果。"查询"可以在设计视图和数据表视图中切换。在 Access 中，视图之间切换非常简单，只要将鼠标移动到"开始"菜单工具栏左边第一个工具按钮处单击，就会弹出"视图"提示标签，在其中可以选择"设计视图"和"数据表视图"。

（6）保存查询

查询已经基本建立成功，现在需要进行查询的保存。单击"文件"菜单，选择"保存"命令，然后输入查询的名称（"学生成绩"），单击"确定"按钮即可保存查询。

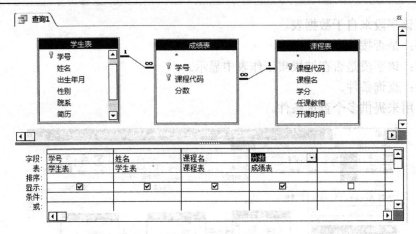

图 6.3 设置结果

2. 设置查询准则

查询设计视图中的准则就是查询记录应符合的条件,它与在设计表时设置字段有效性规则的方法相似。

(1) 使用准则表达式,准则表达式中相关运算符如表 6.1 所示。

(2) 在表达式中使用日期与时间,相关内部函数如表 6.2 所示。

在准则表达式中使用日期/时间时,必须要在日期值两边加上 "#"。例如下面的写法:

#Feb12,98#、#2/12/98#、#1221998#。

表 6.1 准则表达式

运算符	功 能	举 例
And	与操作	"A" And "B"
Or	或操作	"A" Or "B"
Between…And	指定范围操作	Between "A" And "B"
In	指定枚举范围	In("A, B, C")
Like	指定模式字符串	Like "A?[A~f]#[!0~9]*"

表 6.2 日期函数

函 数	功 能	函 数	功 能
Date()	返回系统当前日期	Weekday()	返回日期中的星期数
Year()	返回日期中的年份	Hour()	返回时间中的小时数
Month()	返回日期中的月份	Now()	返回系统当前的日期与时间
Day()	返回日期中的日数		

(3) 在表达式中进行计算,相关运算符如表 6.3 所示。

给查询添加选择准则,有两个问题需要考虑:首先是为哪个字段添加准则,其次就是要为这个字段添加什么样的准则。如果只想看地质系学生的考试成绩,很明显就是为 "系别" 字段添加准则,而添加的准则就是 "院系" 字段的值只能等于 "地质系"。限定了这两个条件,就很容易实现任何一种选择准则。

在查询中添加准则的具体过程如下:

① 打开"学生成绩"查询,然后将"学生"表中的"院系"字段加入查询,由于不需要将该字段的值显示在数据表中,将它的"显示"属性定为"否"(即去掉勾选),如图 6.4 所示。

表 6.3　基本运算符

运　算　符	功　　　能	举　　　例
+	两个数字型字段值相加,两个文本字符串连接	A+B
-	两个数字型字段值相减	A-B
*	两个数字型字段值相乘	A*B
/	两个数字型字段值相除	A/B
\	两个数字型字段值相除四舍五入取整	A\B
^	A 的 B 次幂	A^B
Mod	取余,A 除以 B 得余数	Mod(A,B)
&	文本型字段 A 和 B 连接	A&B

② 在"院系"字段的"条件"属性中写上"="物理学院"",如图 6.5 所示。

有时候需要对查询记录中的多个信息同时进行限制,就需要将所有这些限制规则全部添加到需要的字段上,只有完全满足限制条件的那些记录才能显示出来。

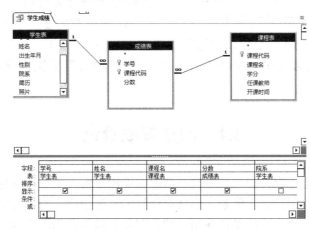

图 6.4　添加"院系"字段

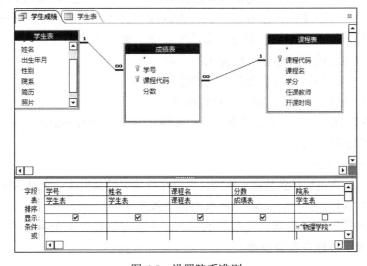

图 6.5　设置院系准则

6.3.2 利用查询向导建立查询

利用查询向导创建查询的基本步骤如下：

① 打开"学生成绩管理"数据库，单击"创建"菜单中的"查询/查询向导"项，弹出"新建查询"对话框。

② 在"新建查询"对话框中选择"简单查询向导"项，按"确定"按钮，弹出"简单查询向导"窗口，如图6.6所示。

③ 在"简单查询向导"窗口上选择新建查询中所需的字段名称。

由于字段可能在不同的表或查询中，先要在"表/查询"下拉列表中选择需要的表或查询，然后在"可用字段"列表框中选择需要的"字段"，本例中选择后，在"选定的字段"列表框中显示"姓名"、"课程名称"和"分数"，如图6.6所示。

图6.6 "简单查询向导"窗口

④ 将所有需要的字段全部选定以后，单击"下一步"按钮，在下一个窗口中选择"明细"。再单击"下一步"按钮，在下一个窗口中为新建的查询取名（学生成绩查询），并单击"完成"按钮，就可以创建一个新的查询。

6.4 创建参数查询

参数查询可以在运行查询的过程中自动修改查询的规则，用户在执行参数查询时会显示一个输入对话框以提示用户输入信息，这种查询称为参数查询。当需要对某个字段进行参数查询时，首先切换到这个查询的设计视图，然后在作为参数使用的字段下的"条件"单元格中，先输入一对方括号，在方括号内输入相应的提示文本。Access 的参数查询是建立在选择查询或交叉查询的基础之上的，是在运行选择查询或交叉查询之前，为用户提供了一个设置准则的参数对话框，可以很方便地更改查询的限制或对象。当然不仅仅可以建立单个参数的查询，还可以同时为其他字段建立准则提示的查询。

当需要对某个字段进行参数查询时，设置过程如下：

① 打开"学生成绩"查询，切换到设计视图。

② 在作为参数使用的字段下的"条件"单元格中，在方括号内输入相应的提示文本（请输入姓名:），如图6.7所示。

注意：不能省略方括号。

输入完毕后，将查询切换到数据表视图，这时在屏幕中就会出现一个对话框，如图6.8所示（物理学院有个学生姓名是"张志刚"，输入姓名"张志刚"）。

此时，输入条件就可以看到满足条件的记录。不仅可以建立单个参数的查询，还可以根据需要同时为多个字段建立参数查询。

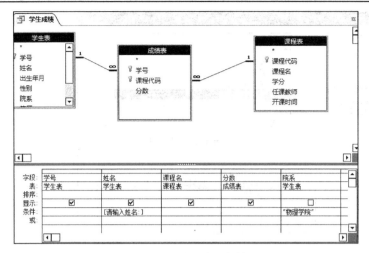

图 6.7　设置输入参数　　　　　　　图 6.8　"输入参数值"对话框

6.5　创建交叉表查询

使用 Access 提供的查询，可以根据需要检索出满足条件的记录，也可以在查询中执行计算。但是，这两方面功能，并不能很好地解决数据管理工作中遇到的一些复杂问题。

交叉表查询以一种独特的概括形式返回一个表内的总计数字，这种概括形式是其他查询无法完成的。交叉表查询为用户提供了非常清楚的汇总数据，便于分析和使用。

交叉表查询是将来源于某个表中的字段进行分组，一组列在交叉表左侧，一组列在交叉表上部，并在交叉表行与列交叉处显示表中某个字段的各种计算值。

在创建交叉表查询时，需要指定 3 种字段：一是放在交叉表最左端的行标题，它将某一字段的相关数据放入指定的行中；二是放在交叉表最上面的列标题，它将某一字段的相关数据放入指定的列中；三是放在交叉表行与列交叉位置上的字段，需要为该字段指定一个总计项，如总计、平均值、计数等。在交叉表查询中，只能指定一个列字段和一个总计类型的字段。

使用交叉表查询向导是创建交叉表查询最快、最简单的方法。该向导会为用户完成大部分工作，但有些选项它没有提供。使用向导创建一个交叉表查询的步骤如下：

① 打开"学生成绩管理"数据库，单击"创建"菜单中的"查询/查询向导"项，弹出"新建查询"对话框。

② 在"新建查询"对话框中选择"交叉表查询向导"项，按"确定"按钮，弹出"交叉表查询向导"对话框，如图 6.9 所示，在"视图"列表中选择"表"、"查询"和"两者"之一。

注意，如果交叉查询中包含多个表中的字段，则先创建一个含有所需全部字段的查询，然后用这个查询创建交叉表查询。例如，创建查询"院系性别成绩"查询，包含字段有"院系"、"姓名"、"性别"、"课程名"和"分数"。

③ 单击"下一步"按钮，出现"选择行标题字段"窗口，如图 6.10 所示。

在创建交叉表查询时，需要指定哪些字段包含行标题，哪些字段包含列标题，以及哪些字段包含要汇总的值。在指定行标题时，最多可使用三个字段。使用的行标题越少，交叉表查询数据表就越容易阅读。本例选择"院系"和"性别"作为行标题字段。

④ 单击"下一步"按钮，出现"选择列标题字段"窗口，如图 6.11 所示。

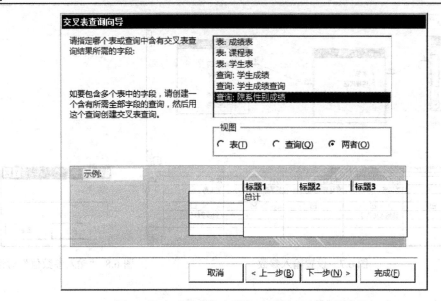

图 6.9 "交叉表查询向导"对话框——选择数据源

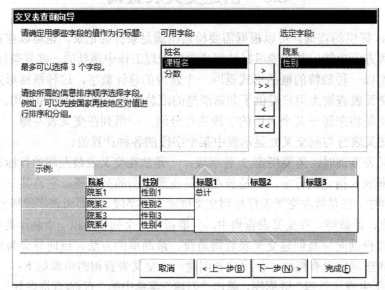

图 6.10 "交叉表查询向导"对话框——选择行标题字段

慎重选择列标题字段,当列标题的数量保持相对较少时,交叉表数据往往更容易阅读。在确定要用作标题的字段后,应使用具有最少明确值的字段来生成列标题。本例选择"课程名称"作为列标题字段。

⑤ 单击"下一步"按钮,选择在表中的交叉点计算出什么数值,所选字段的数据类型将决定哪些函数可用,如图 6.12 所示。

在"字段"选项中选择"分数","函数"选项中选择"平均",然后选定"是,包含各项小计"。如果包含行小计,则交叉表查询中有一个附加标题,该标题与字段值使用相同的字段和函数。包含行小计还会插入一个对其余列进行汇总的附加列。

⑥ 单击"下一步"按钮,为新建的查询取名(院系性别成绩_交叉查询),并单击"完成"按钮。这样一个交叉表查询就完成了,如图 6.13 所示。

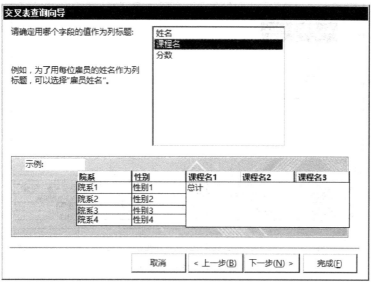

图 6.11 "交叉表查询向导"对话框——选择列标题字段

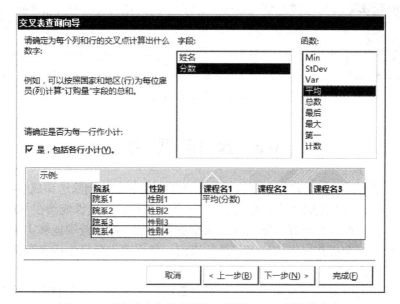

图 6.12 "交叉表查询向导"对话框——选择计算内容

院系	性别	总计 分数	大学物理	大学英语	高等数学	计算机导论	体育1
物理学院	男	76.4	74.5	83.5	79.5	66.5	78
物理学院	女	82.6	92	70	85	80	86
新闻学院	男	82.8	79	90	89	76	80
新闻学院	女	85	95	78	88	88	76
信息学院	男	75.7	76	69	72.5	78	83
信息学院	女	70.6	60	80	72	65	76

图 6.13 运行结果

⑦ 可以修改交叉表。例如,将"字段"中"总计"修改为"最高";将总计中"平均值"修改为"最大值",如图 6.14 所示。修改后的交叉表执行结果如图 6.15 所示。

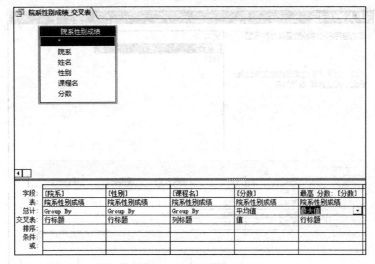

图 6.14 修改交叉表

图6.15 交叉表结果

6.6 操作查询

在对数据库进行维护时，常常需要大量地修改数据。例如，删除选课成绩小于 60 分的记录，将所有 1988 年及以前参加工作教师的职称改为副教授，将选课成绩在 90 分的记录存储到一个新表中等。这些操作既要检索记录，又要更新记录，操作查询能够实现这样的功能。操作查询是指仅在一个操作中更改许多记录的查询。操作查询包括生成表查询、删除查询、更新查询和追加查询 4 种。

操作查询用于同时对一个或多个表进行全局数据管理操作。操作查询可以对数据表中原有的数据内容进行编辑，对符合条件的数据进行批量修改。

6.6.1 生成表查询

生成表查询是利用一个或多个表中的全部或部分数据建立新表。在 Access 中，从表中访问数据要比从查询中访问数据快得多，因此如果经常要从几个表中提取数据，最好的方法是使用生成表查询，将从多个表中提取的数据组合起来生成一个新表。生成表查询可以从一个或多个表/查询的记录中制作一个新表。

建立一个生成表查询，将成绩在 80 分之上的学生存放到"80 分以上学生情况"表中。操作步骤如下：

① 首先打开"学生成绩管理"数据库，然后单击"创建"菜单中的"查询/查询设计"项，

弹出"显示表"对话框,并将"学生表"、"课程表"和"成绩表"添加到查询设计视图上半部分的窗口中,并选择新表的构成字段,设置选择条件,如图6.16所示。

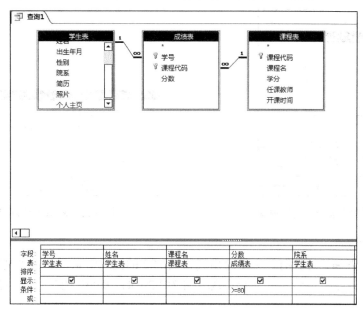

图6.16　设置选择条件

② 单击"查询工具设计"菜单,在工具栏上的"查询类型"中选择"生成表"按钮,弹出"生成表"对话框。在"表名称"文本框中输入"80分以上学生情况表",如图6.17所示。

③ 单击"确定"按钮,保存查询,如图6.18所示。

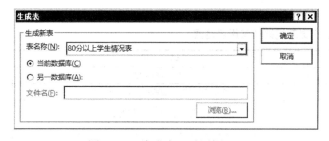

图6.17　"生成表"对话框

图6.18　保存查询对话框

④ 运行查询,可以发现产生了一个新表,即80分以上学生情况表。

6.6.2　删除查询

删除查询是所有操作查询中最危险的一个。删除查询是将整个记录全部删除,查询所使用的字段只是用来作为查询的条件。可以从单个表删除记录,也可以通过级联删除相关记录而从相关表中记录被删除。

创建删除查询的过程如下:

① 首先打开"学生成绩管理"数据库,然后单击"创建"菜单中的"查询/查询设计"项,弹出"显示表"对话框,并将"80分以上学生情况表"添加到查询设计视图上半部分的窗口中(即选择"80分以上学生情况表"作为数据源),如图6.19所示,选择删除条件的字段。

② 单击"查询工具设计"菜单，在工具栏上的"查询类型"中选择"删除"按钮。
③ 输入删除条件，例中，删除学号为"2014119090"的学生的成绩，结果如图6.20所示。

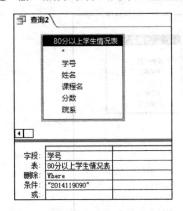

图 6.19 创建"选择查询"视图

图 6.20 删除确认窗口

④ 保存删除查询。
⑤ 运行删除查询。运行时，系统会出现如图6.20的提示信息，单击"是"按钮。
打开"80分以上学生情况表"，会发现学号为"2014119090"的学生的所有成绩已经被删除了。

6.6.3 更新查询

更新查询用于同时更改多个记录中的一个或多个字段值，用户可以通过添加条件来选择所要更新的记录。大部分更新查询可以用表达式来规定更新规则。规定更新规则的常用表达式如表6.4所示。

表 6.4 规定更新规则的常用表达式

字段类型	表达式	结 果
货币	[单价]*1.15	把单价增加15%
日期	#9/19/09#	把日期更改为2009年9月19日
文本	"完成"	把数据更改为"完成"
文本	"平均"&[单价]	把字符"平均"连接到"单价"字段数据
是/否	Yes	把特定的"否"数据更改为"是"

例中选择"80分以上学生情况表"作为数据源。给所有90分以下的学生的分数加5%的更新查询设置如图6.21所示。

打开"80分以上学生情况表"，会发现90分以下的学生分数均增加了5%。

6.6.4 追加查询

追加查询可将一组记录（行）从一个或多个源表（或查询）添加到一个或多个目标表。通常，源表和目标表位于同一数据库中，但并非必须如此。例如，假

图 6.21 更新查询

设您获得了一些新客户及一个包含有关这些客户的信息表的数据库。为了避免手工输入这些新数据，可以通过追加查询将这些新数据追加到数据库中相应的表中。追加查询还可用于以下情况。

（1）根据条件追加字段。例如，可能希望只追加未结算订单的客户的姓名和地址。

（2）某一表中的某些字段在另一个表中没有匹配的字段时追加记录。例如，假设该数据库的客户表有 11 个字段，而另一个数据库的客户表有 9 个与之匹配的字段。可以使用追加查询只添加匹配字段中的数据，并忽略其他字段。

特别要注意的是，不能使用追加查询来更改现有记录的个别字段中的数据。要执行此类任务，请使用更新查询，追加查询只能用来添加数据行。

当用户要把一个或多个表的记录添加到其他表时，就要用到追加查询。追加查询可以从另一个数据库表中读取数据记录并向当前表内添加记录，由于两个表之间的字段定义可能不同，追加查询只能添加相互匹配的字段内容，而那些不匹配的字段将被忽略。

例如，建立一个追加查询，将选课成绩在 75～80 分之间的学生添加到已建立的"80 分以上学生情况表"中，操作步骤如下：

① 首先打开"学生成绩管理"数据库，然后单击"创建"菜单中的"查询/查询设计"项，弹出"显示表"对话框，并将"学生表"、"课程表"和"成绩表"添加到查询设计视图上半部分的窗口中，并选择新表的构成字段，设置选择条件（>=75 and <80），如图 6.22 所示。

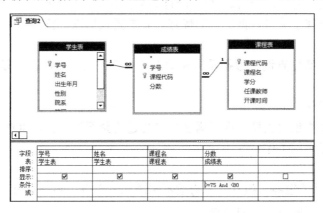

图 6.22　设计视图

② 单击"查询工具设计"菜单，在工具栏上的"查询类型"中选择"追加"按钮，弹出"追加"对话框。在"表名称"文本框中输入"80 分以上学生情况表"，表示将查询的记录追加到"80 分以上学生情况表"中；选中"当前数据库"单选按钮，如图 6.23 所示。

③ 保存并运行查询，发现 75～80 分之间的成绩已经追加。

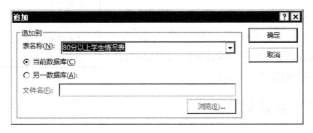

图 6.23　追加对话框

执行操作查询时，可能更改许多记录，并且在执行操作查询后，不能撤销刚做过的更改。因此，在使用操作查询时应注意在执行之前，最好单击工具栏上的"视图"按钮，预览即将更改的记录，如果预览到的记录就是要操作的对象，再执行操作查询，这样可防止误操作。另外，在使用操作查询之前，应该备份数据。

6.7 Access SQL 查询

SQL（Structured Query Language）意思为结构化查询语言。SQL 语言的主要功能就是在各种数据库之间建立联系，相互沟通。按照 ANSI（美国国家标准协会）的规定，SQL 是关系型数据库管理系统的标准语言。SQL 语句可以用来执行各种各样的操作，例如，更新表中的数据，从表中提取数据等。目前，绝大多数流行的关系型数据库管理系统，如 Oracle、Sybase、Microsoft SQL Server、Access 等都采用了 SQL 语言标准。虽然很多数据库都对 SQL 语句进行了再开发和扩展，但是包括 SELECT、INSERT、UPDATE、DELETE、CREATE 及 DROP 在内的标准的 SQL 命令仍然可以用来完成几乎所有的数据库操作。

6.7.1 SQL 的特点

SQL 语言之所以能够成为国际标准并为用户所接受，主要原因在于它是一种综合的、通用的、功能强大且简单易学的语言。SQL 语言集数据查询、数据操纵、数据定义和数据控制功能于一体，充分体现了关系数据语言的优点。其主要包括以下特点：

（1）一体化特性

包括数据定义、数据查询、数据操纵和数据控制等方面的功能，可以完成数据库活动中的全部工作。

（2）高度非过程化

它无须告诉计算机如何去做，而只需要用户描述清楚要做什么，SQL 语言就可以将要求交给系统，自动完成全部工作。

（3）语言简洁

虽然 SQL 语言功能很强，但它只有为数不多的几条命令，另外 SQL 的语法也非常简单，它很接近自然语言，因此容易学习掌握。

（4）支持多种使用方式

SQL 语言可以直接以命令方式交互使用，也可以嵌入到程序设计语言中以程序方式使用。现在很多数据库应用开发工具都将 SQL 语言直接融入到自身的语言之中，使用起来更方便。尽管 SQL 的使用方式不同，但 SQL 语言的语法基本是一致的。

总之，SQL 语言功能强大、语言简洁。完成数据定义、数据操纵、数据控制的核心功能只用了 9 条语句：CREAT、DROP、ALTER、SELECT、INSERT、UPDATE、DELETE、GRANT、REVOKE，如表 6.5 所示。

表 6.5 SQL 操作的语句

SQL 功能	语　句
数据查询	SELECT
数据定义	CREAT, DROP, ALTER
数据操纵	INSERT, UPDATE, DELETE
数据控制	GRANT, REVOKE

6.7.2 SQL 数据库的体系结构

SQL 语言支持数据库三级体系结构，如图 6.24 所示。

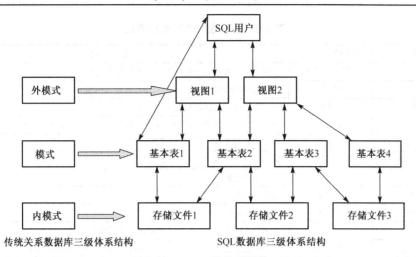

图 6.24 SQL 的体系结构

SQL 的三级体系结构和传统的数据库体系结构没有本质的不同，只不过有些术语有所不同。在 SQL 中，模式对应于基本表，内模式对应于存储文件，外模式对应于视图和部分基本表。元组对应于表中的行，属性对应于表中的列，SQL 数据库具有如下基本特点：

（1）一个 SQL 数据库是表的集合。

（2）一个 SQL 表由若干行构成，一行是列的序列，每列对应一个数据项。

（3）一个表可以带若干的索引，索引也存放在存储文件中。

（4）存储文件的逻辑结构组成了关系数据库的内模式，存储文件的物理结构是任意的，对用户是透明的。

（5）一个表可以是一个基本表，也可以是一个视图。基本表是实际存储在数据库中的表；视图是从一个或几个基本表或其他视图导出的表，数据库中只存放视图的定义，而不存放视图对应的数据，视图是一张虚表。

（6）一个基本表可以存放在一个或多个存储文件中；一个存储文件可以存放一个或多个基本表。每个存储文件对应外部存储器上的一个物理文件。

（7）SQL 用户可以是应用程序，也可以是终端用户。

6.7.3　Access SQL 的特点

1. 基本数据类型

在 Access 中使用 SQL 语句时，可以使用的基本数据类型及其特点如表 6.6 所示。

（1）BINARY：二进制型，可以指定长度，否则默认长度为 510。

（2）BIT：位型，可用格式（Yes/No, True/False, On/OFF）。

（3）BYTE：数字-字节，不要指定长度和精度，否则会报错。

（4）MONEY，CURRENCY：货币型，不要指定长度和精度，否则会报错。

（5）DATETIME：日期时间型，不要指定长度，否则会报错。

（6）UNIQE/DENTIFIER：用于远程过程调用的唯一识别数字。

（7）REAL，SINGLE：数字-单精度型，不要指定长度和精度，否则会报错。

（8）FLOAT，DOUBLE，NUMBER：数字-双精度型，不要指定长度和精度，否则会报错。

表 6.6 基本数据类型及其特点

数据类型	存储大小	说明
BINARY	每字符 1 字节	任何类型的数据都可存储在这种类型的字段中
BIT	1 字节	Yes/No(True/False, ON/OFF, –1/0) 只包含两值之一的字段
BYTE	1 字节	介于 0 到 255 之间的整数
MONEY	8 字节	介于 922,337,203,685,477.5808 到 922,337,203,685,477.5807 之间
DATETIME	8 字节	介于 100 到 9999 年的日期或时间数值
UNIQUEIDENTIFIER	128 位	用于远程过程调用的唯一识别数字
REAL	4 字节	单精度浮点数
FLOAT	8 字节	双精度浮点数
SMALLINT	2 字节	介于 –32,768 到 32,767 的短整型数
INTEGER	4 字节	介于 –2,147,483,648 到 2,147,483,647 的长整型数
DECIMAL	17 字节	可以定义精度（1-28）和符号（0-定义精度）。默认精度和符号分别是 18 和 0
TEXT	每字符 2 字节	从 0 到最大 2 GB 字节
IMAGE	视实际需要而定	从 0 到最大 2 GB 字节用于 OLE 对象
CHAR	每字符 2 字节	长度从 0 到 255 字符

（9）SMALLINT，SHORT：数字-整型，不要指定长度和精度，否则会报错。

（10）INTEGER，INT，LONG：数字-长整型，不要指定长度和精度，否则会报错。

（11）NUMERIC：数字-小数，可以指定长度和精度，如只指定长度，那么精度默认为 0，如都不指定，那么默认长度 18，默认精度 0。

（12）TEXT：文本型（指定长度时），备注型（不指定长度时）。

（13）IMAGE，OLEOBJECT：OLE OBJECT 型，不要指定长度，否则会报错。

（14）CHAR，NCHAR，VARCHAR，NVARCHAR：文本型，可以指定长度，否则默认值为 255。

（15）MEMO：备注型，不要指定长度，否则会报错。

2. Access SQL 语句与 SQL 的区别

Access 中提供查询对象，在设计时可以采用设计视图和 Access SQL 视图，非常方便，Access SQL 视图中的 SQL 语句可以在 SQL Server 中使用，但两者之间还有一些微小的差别。表 6.7 总结了 Microsoft Access SQL 与 Microsoft SQL Servers 中 SQL 语法的区别。

表 6.7 Access SQL 与 Microsoft SQL Servers 中 SQL 语法的区别

SQL 语法元素	Microsoft Access SQL	Microsoft SQL Server
标识符	限制不超过 64 个字符；允许使用关键字和特殊字符；可以用任何字符开头	SQL Server 6.5：限制不超过 30 个字符；不允许使用关键字和特殊字符；必须用字母字符开头 SQL Server 7.0 的标识符与 Access 完全兼容
输出字段	允许多个输出字段具有相同名称	在视图中不支持多个相同输出字段名
日期分隔符号	英镑符（#）	撇号（'）
Boolean 常量	True、False；On、Off；Yes、No	整数：1（真）、0（假）
字符串连接	和号（&）	加号（+）
通配符	星号（*）与零个或更多字符匹配；问号（?）与单个字符匹配；叹号（!）意味着不在列表中；英镑符（#）意味着单个数字	百分号（%）与零个或更多字符匹配；下画线（_）与单个字符匹配；上插入符（^）意味着不在列表中；没有与英镑符（#）对应的字符

（续表）

SQL 语法元素	Microsoft Access SQL	Microsoft SQL Server
TOP	如果有一个 ORDER BY 子句，自动包含层次	SQL Server 6.5 不支持；SQL Server 7.0 需要一个明确的 WITH TIES 子句
CREATE INDEX	允许创建升序和降序索引；允许声明主键，没有 Null 值，并且忽略 Null 值	不支持
DROP INDEX	语法是：DROP INDEX <index name> ON <table name>	语法是：DROP INDEX <table name>, <index name>
DISTINCTROW	支持（允许选择单个记录）	不支持
OWNERACCESS	支持（在执行时控制许可权）	不支持
TABLE in UNION	支持（允许使用下列语法指定表：TABLE <tablename>	不支持
ORDER BY in UNIONS	支持。允许通过联合查询中的子句实现多种排序	支持。允许通过语句末尾的子句实现一种排序
TRANSFORM	支持。用于交叉表查询	不支持
PARAMETERS	支持（在 SQL 中记录）	不支持

6.7.4 Access SQL 的数据定义

SQL 的数据定义功能非常广泛，一般包括数据库的定义、表的定义、视图的定义、存储过程的定义、规则的定义和索引的定义等多个部分。

SQL 语言中数据定义的基本语句有如下四个：

① 建立新表：CREATE TABLE …
② 添加字段：ALTER TABLE … ADD …
③ 删除字段：ALTER TABLE … DROP …
④ 基本表删除：DROP TABLE …

1. 表的建立

SQL 语言中的 CREATE TABLE 语句用来建立新表，CREATE TABLE 语句的使用格式如下：

CREATE TABLE [数据库名.]表名
　　（列名1　类型 [（宽度，[小数位数]）] [NULL/NOT NULL]，
　　列名2　类型 [（宽度，[小数位数]）] [NULL/NOT NULL]，
　　……
　　……）

说明：
[数据库名.]：用于指明所建立的表隶属于哪个数据库。
表名：所创建表的名称。
列名：所建立表的字段名。
类型：指明对应字段的数据类型。常见的基本类型及其符号表示如表 6.6 所示。
[（宽度，[小数位数]）]：指明对应字段的宽度。如有小数部分，还需指出小数的位数。
[NULL/NOT NULL]：指明字段是否可以取空值。

【例 6-1】 用 SQL 创建"学生管理"数据库中的基本表 JBQK、CJ 和 KC。

```
CREATE    TABLE    JBQK
    (SNO    CHAR(4)    NOT NULL, SNAME CHAR(8)    NOT NULL, AGE    BYTE, SEX CHAR(2),
        DEPT    CHAR(12))
```

其中：JBQK 为表名，SNO, SNAME, AGE, SEX 为列名，NOT NULL 用于说明列值不能为空。

```
CREATE    TABLE    CJ
    (SNO    CHAR(4)    NOT NULL, KNO CHAR(4) NOT NULL, ACHIEVEMENT    SINGLE)
CREATE    TABLE    KC
    (KNO    CHAR(4),KNAME CHAR(10),GRADE SHORT)
```

【例 6-2】 创建表 XCUST。

```
CREATE TABLE XCUST
    (CUSTNO CHAR(4) NOT NULL,CUSTNAME TEXT(40) NOT NULL,ADDRESS
        TEXT(60),PRICE NUMERIC NOT NULL,SITE DATETIME,TELNO TEXT(30),FAXNO TEXT(30))
```

在使用 CREATE TABLE 语句创建基本表时，最初得到的只是一个空的框架（表结构），用户可以使用 INSERT 命令插入内容。

注意：使用 SQL 语句创建的表的名称，以及表中字段名称必须以字母开头，后面可以使用字母、数字或下画线。用户在选择表名时不要使用 SQL 语言中的保留关键词，如 SELECT，CREATE，INSERT 等作为表或字段名称。

2. 修改表结构

基本表创建以后，经过一段时间的使用，表的结构可能会无法满足实际的要求，这时就需要对表的结构进行修改，例如，增加新字段或者删除无用字段。

（1）增加新字段："ALTER TABLE…ADD…"

语句格式：

```
ALTER TABLE  表名   ADD   字段名 类型 [(宽度[,小数位数])]
```

【例 6-3】 ①在基本情况表 JBQK 中增加 ADDRESS 字段。

```
ALTER TABLE    JBQK    ADD ADDRESS    CHAR (40)
```
②在教师表中增加奖金字段。
```
ALTER TABLE  教师  ADD  奖金  INTEGER
```

（2）删除无用字段："ALTER TABLE…DROP…"

语句格式：

```
ALTER TABLE  表名  DROP  字段名
```

【例 6-4】 ①删除基本情况表 JBQK 中的 ADDRESS 字段。

```
ALTER TABLE   JBQK   DROP ADDRESS
```
②删除教师表中的性别字段。
```
ALTER TABLE  教师  DROP  性别
```

（3）修改字段的类型宽度等："ALTER TABLE…ALTER…"

语句格式：

```
ALTER TABLE  表名  ALTER  字段名  新类型 [(新宽度[,小数位数])]
```

【例 6-5】 ①将成绩表 CJ 中的"ACHIEVEMENT"字段的类型改为双精度型。

  ALTER TABLE CJ ALTER ACHIEVEMENT FLOAT

②将教师表中婚否字段的类型改为字符型、宽度为 2。

  ALTER TABLE 教师 ALTER 婚否 CHAR(2)

【例 6-5】 对 XCUST 表完成要求的表结构操作：增加列、删除列、修改列。

  增加列：ALTER TABLE XCUST ADD COLUMN CITY TEXT(30)
  删除列：ALTER TABLE XCUST DROP COLUMN CITY
  修改列：ALTER TABLE XCUST ALTER COLUMN CITY TEXT(40)

3．删除基本表

在 SQL 语言中使用 DROP TABLE 命令删除某个表格及该表格中的所有记录。DROP TABLE 命令的使用格式为：

  DROP TABLE 表名

【例 6-6】 删除基本情况表 XCUST。

  DROP TABLE XCUST

6.7.5 Access SQL 的数据查询

数据查询是对数据库进行的最基本的操作，查询效率的高低对软件有着重要的影响。在 SQL 中提供了 SELECT 查询语句，其功能强大且内容丰富。

1．SELECT 的语法格式

SELECT 的语法格式如下：

  SELECT 目标表的列名序列
  FROM 基本表视图序列
  [INTO 目标位置]
  [WHERE 行条件表达式]
  [GROP BY 列名序列]
  [HAVING 组条件表达式]
  [ORDER BY 列名[ASC|DESC]…]

[ ]：表示可选项，用户根据实际需要进行选择。

各子句的含义及功能如下：

① 目标表的列名序列：指明查询结果的字段构成，可以是字段名、表达式、常量等。
② 基本表视图序列：用于指明查询信息的数据来源。
③ [INTO 目标位置]：指明查询结果的输出位置，输出位置包括：
- ARRAY 数组名： 存放到指定的数组中。
- CURSOR 临时表名：存放到一个临时表中。
- TO FILE 文件名：存放到一个文件中。
- TO PRINTER：打印查询结果。
- TO SCREEN：将结果在屏幕上显示（默认方式）。

④ [WHERE 行条件表达式]：用于在连接结果中选择满足条件的元组。

⑤ [GROUP BY 列名序列]：用于对结果进行分组。分组记录的字段可以有多个，这些字段的顺序决定最高到最低的分组层次。

⑥ [HAVING 组条件表达式]：用于选择满足条件的组。

⑦ [ORDER BY 列名[ASC|DESC]…]：用于设置查询结果的排序方式。ASC 表示升序，DESC 表示降序。使用的目的是将查询的结果依照指定字段加以排序。若没有 ORDER BY，查询出的数据集将不会排序。

2．语句的执行过程

SELECT 的语句的执行过程如下：

① 首先读取 FROM 子句中基本表和视图，然后对其进行笛卡儿积运算。

② 根据 WHERE 子句，选出满足条件表达式的元组。

③ 按照 GROUP 子句中指定字段的值进行分组，并从这些分组中选择满足 HAVING 子句中条件的分组。

④ 按照 SELECT 子句给出的字段求值得到目标表。

⑤ 用 ORDER 子句对目标表进行排序。

【例 6-7】 在 CJ 表中查询出所有成绩大于等于 60 分的学生。

  SELECT SNO,KNO, ACHIEVEMENT　　FROM CJ　WHERE ACHIEVEMENT >=60

3．WHERE 子句中的运算符

SQL 语言是完备的，也就是说，只要数据是按关系方式存入数据库的，就能构造合适的 SQL 命令把它检索出来。事实上，SQL 不仅具有一般的检索能力，还可以通过在 WHERE 子句中加入运算符进行计算方式的检索。在 WHERE 子句中使用的一些运算符如表 6.8 所示。

表 6.8　WHERE 子句中的运算符

运算符号	运算符
算术比较运算符	=（等于）、>（大于）、<（小于）、>=（大于等于）、<=（小于等于）、<>（不等于）
逻辑运算符	AND、OR、NOT
集合运算符	UNION（并）、INTERSECT（交）、EXCEPT（差）
集合成员资格运算	IN、NOT IN
谓词	EXISTS（存在）、ALL、SOME、UNIQUE
数字函数	AVG、MIN、MAX、SUM、COUNT、FIRST、LAST
其他	LIKE、BETWEEN…AND…

通过使用 LIKE 运算符可以只选择与用户规定格式相同的记录。可以将一字符串与另一特定字符串样式比较，并将符合该字符串样式的记录过滤出来。若要查询出所有姓"李"的人，可以利用下面的式子：

  LIKE "李*"

【例 6-8】 计算学生成绩高于等于 60 分的平均分。

  SELECT AVG(ACHIEVEMENT) AS 平均分
  FROM CJ
  WHERE ACHIEVEMENT>=60;

【例 6-9】 统计出成绩表 CJ 中选课程号码 KNO 为 "1-02" 的学生人数。

```
SELECT COUNT(SNO) AS 人数
FROM CJ
WHERE KNO="1-02"
```

【例 6-10】 在基本情况表 JBQK 中找出姓名字段 SNAME 的第一条数据和学号字段 SNO 的最后一条数据。

```
SELECT FIRST(SNAME), LAST(SNO)
FROM    JBQK
```

【例 6-11】 在成绩表 CJ 中计算出总成绩。

```
SELECT SUM(ACHIEVEMENT) AS  总成绩
FROM    CJ
```

4．常见查询方式

（1）简单查询

所谓简单查询是指查询仅涉及数据库中的一个表。

【例 6-12】 显示 JBQK 表中所有字段的数据。

```
SELECT  *  FROM  JBQK
```

选择表中部分字段并指定它们的显示次序，查询结果集合中字段的排列顺序与命令中所指定的字段名排列顺序相同。

【例 6-13】 显示 JBQK 表中指定字段 SNAME,AGE 的数据。

```
SELECT SNAME,AGE   FROM JBQK
```

在选择列表中，可重新指定列标题。定义格式为：

字段名 AS 列标题

【例 6-14】 使用汉字显示列标题。

```
SELECT SNAME AS  姓名, AGE AS  年龄
FROM JBQK
```

SELECT 语句中使用 ALL 或 DISTINCT 选项来显示表中符合条件的所有行或删除其中重复的数据行，默认为 ALL。使用 DISTINCT 选项时，对于所有重复的数据行在 SELECT 返回的结果集合中只保留一行。

使用 TOP n [PERCENT]选项限制返回的数据行数，TOP n 说明返回 n 行，而 TOP n PERCENT 时，说明 n 是表示一个百分数，指定返回的行数等于总行数的百分之几。

【例 6-15】 TOP n 指令示例。

```
SELECT TOP 4 SNO,SNAME    FROM JBQK
SELECT TOP 50 PERCENT  *   FROM JBQK
```

【例 6-16】 查询名字的第二个汉字为"志"的学生的姓名与学号。

```
SELECT SNAME, SNO
FROM JBQK
WHERE SNAME Like "?志*"
```

【例 6-17】 查询姓"马"的学生的姓名与学号。

    SELECT SNAME, SNO
    FROM JBQK
    WHERE SNAME Like "马*"

说明:"?"代表任意一个字符,"*"表任意长的字符串。

【例 6-18】 查询 JBQK 表中全体学生情况,查询结果按所在系的系号升序排列,同一系的学生按年龄的降序排列。

    SELECT *
    FROM JBQK
    ORDER BY (DEPT, AGE DESC)

【例 6-19】 查询 JBQK 表中"信息学院"和"新闻学院"同学的学号、姓名和年龄字段。

    SELECT SNO, SNAME, AGE
    FROM JBQK WHERE DEPT IN("信息学院","新闻学院")

(2)嵌套查询

嵌套查询也称为子查询,是指一个 SELECT…FROM…WHERE 查询可以嵌套在另外一个查询中。SQL 允许多层嵌套。每个子查询在上一级查询处理之前求解,即嵌套查询是由里向外处理的,这样外查询可以利用内查询的结果。

当查询涉及多个关系时用嵌套查询逐次求解,层次分明,易于理解,易于书写,具有结构化程序设计的优点。

【例 6-20】 在 JBQK 表中查询和李娜在同一系的学生的学号、姓名。

    ① 在 JBQK 表中查询李娜所在的系。
    SELECT DEPT FROM JBQK WHERE SNAME="李娜"
    ② 查询和张志刚在同一系的学生的学号、姓名。
    SELECT SNO, SNAME FROM JBQK
    WHERE DEPT=(SELECT DEPT FROM JBQK WHERE SNAME="张志刚")

【例 6-21】 在成绩表 CJ 中查询选修了 1-01 课或选修了 1-03 课的学生学号。

    SELECT SNO FROM CJ WHERE KNO="1-01"
    UNION
    SELECT SNO FROM CJ WHERE KNO="1-03"

(3)连接查询

连接查询涉及两个以上的表,连接查询是关系数据库最主要的查询,包括等值连接、自然连接、非等值连接、自身连接、外连接和复合连接查询等。

【例 6-22】 查询每个学生及其选修情况。

    SELECT JBQK.SNO, SNAME, KNAME, CJ.ACHIEVEMENT
    FROM JBQK, CJ, KC
    WHERE JBQK.SNO=CJ.SNO AND CJ.KNO=KC.KNO

【例 6-23】 对 JBQK, CJ, KC 中的数据进行以下 3 种查询操作。

    ① 统计每一年龄选修课程的学生人数。

```
SELECT   AGE, COUNT(*)
FROM   JBQK, CJ
WHERE JBQK.SNO=CJ.SNO
GROUP BY AGE
```

② 求基本情况 JBQK 表中女同学的每一年龄组（超过 1 人）的人数，要求查询结果按人数的升序排列，人数相同按年龄的降序排列。

```
SELECT AGE, COUNT(*)
FROM JBQK
WHERE SEX="女"
GROUP BY AGE
HAVING COUNT(*)>=2
ORDER BY AGE DESC
```

③ 检索女同学选修的课程的课程号。

```
SELECT DISTINCT KNO    FROM JBQK,CJ
WHERE JBQK.SNO=CJ.SNO AND SEX="女"
```

6.7.6 Access SQL 的数据更新

Access SQL 的数据更新包括插入数据、删除数据、修改数据三种基本操作。

1. 插入数据

Access SQL 语言使用 INSERT 语句向表中插入或添加新的数据行。INSERT 语句的基本格式为：

```
INSERT INTO  基本表名（列名表）
VALUES（元组值）
```

【例 6-24】 给课程表 KC 添加一条记录。

```
INSERT INTO KC
VALUES ("1-06","C 语言",4)
```

简单来说，当向数据库表中添加新记录时，在关键词 INSERT INTO 后面输入所要添加的表名称，然后在括号中列出将要添加新值的列的名称。若省略了列名表，则按表结构中列的顺序输入相应的内容。

【例 6-25】 对 XCUST 表完成插入数据操作。

```
①INSERT INTO XCUST ( CUSTNO, CUSTNAME, PRICE, ADDRESS )
VALUES ("0659", "王刚", 80, "中国北京");
②INSERT INTO XCUST ( CUSTNO, PRICE, CUSTNAME, ADDRESS, SITE )
VALUES ("0619", 18, "李鹏", "中国西安", #8/9/2007#);
③INSERT INTO XCUST
SELECT *
FROM XCUST1
WHERE ADDRESS LIKE "中国*";
```

注意，在添加新的数据行时 CUSTNO，CUSTNAME 和 PRICE 三个字段必须填写。

2. 删除数据

SQL 语言使用 DELETE 语句删除数据库表格中的行或记录。DELETE 语句的格式为：

DELETE FROM 基本表名[WHERE 条件表达式]

从基本表中删除满足条件的表达式的元组，该语句每次只能从一个基本表中删除元组。当无条件时，表示删除所有的元组。

【例 6-26】 在课程表 KC 中，删除 课程编号 KNO 为 1-06 的课程。

```
DELETE FROM KC
WHERE KNO="1-06"
```

【例 6-27】 在成绩表 CJ 中，将课程编码为"0033"的课程成绩小于该科平均成绩的元组从成绩表 CJ 中删除。

```
DELETE *
FROM CJ
WHERE KNO="0033" AND
ACHIEVEMENT<(SELECT AVG(ACHIEVEMENT)
        FROM   CJ
        WHERE KNO="0033")
```

简单来说，当需要删除某一行或某个记录时，在 DELETE FROM 关键词之后输入表格名称，然后在 WHERE 从句中设定删除记录的判断条件。注意，如果用户在使用 DELETE 语句时省略 WHERE 从句，则表格中的所有记录将全部被删除。

3. 修改数据

SQL 语言使用 UPDATE 语句更新或修改满足规定条件的记录。UPDATE 语句的格式为：

```
UPDATE 基本表名
SET 列名=值表达式[,SET 列名=值表达式…]
[WHERE 条件表达式]
```

命令功能：修改基本表中满足条件表达式的那些元组指定列的值，所需修改的列由 SET 子句指出。

【例 6-28】 在 JBQK 表中将学号(SNO)为 2014119091 的记录的性别(SEX)改为"女"。

```
UPDATE JBQK SET SEX = "女"
WHERE SNO=" 2014119091";
```

【例 6-29】 将所有男同学的成绩提高 15%。

```
UPDATE CJ
    SET   ACHIEVEMENT= ACHIEVEMENT *1.15
WHERE SNO IN
    (SELECT SNO   FROM   JBQK   WHERE   SEX="男")
```

使用 UPDATE 语句时，关键一点就是要设定好用于进行判断的 WHERE 条件从句。

【例 6-30】 对 XCUST 表完成修改操作。

修改日期：UPDATE XCUST SET SITE = "2007/07/17" WHERE CUSTNO="0659";
修改数值：UPDATE XCUST SET PRICE = 33 WHERE CUSTNO="0659";
修改文本：UPDATE XCUST SET CUSTNO = "0699"   WHERE CUSTNO="0659";

6.7.7 建立 SQL 查询

SQL 查询是用户使用 SQL 语句直接创建的一种查询。实际上，Access SQL 查询就是以 SQL 语句为基础来实现查询的功能。在使用过程中，经常会使用到一些特殊的查询，这些查询用各种查询向导和设计器都无法实现，对于此类查询可以通过 SQL 语句来实现。当建立一个涉及大量字段的查询时，就需要输入大量文字。所以，建立特殊查询的时候也都是先在查询设计视图将基本的查询功能都实现后，再切换到 SQL 视图通过编写 SQL 语句完成一些特殊的查询。

在数据库窗口中，如图 6.25 所示，选择"创建"菜单，单击"查询/查询设计"工具栏，弹出"显示表"对话框，直接单击"关闭"按钮，建立了一个空的查询（查询 3）。右键单击查询 3 名称，弹出快捷菜单，在快捷菜单中选择"SQL 视图"，切换到 SQL 视图，如图 6.26 所示，就可以输入相应的 SQL 命令了。

图 6.25 数据库窗口

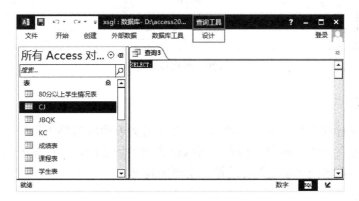

图 6.26 SQL 视图设计窗口

在图 6.26 所示的设计窗口中输入 SQL 语句，结果如图 6.27 所示。保存并运行查询，其结果如图 6.28 所示。

图 6.27 输入 SQL 语句　　　　　　　　图 6.28 运行结果

6.8 查询的打开与修改

6.8.1 打开查询

创建了一个查询以后，如果需要查看满足查询条件的查询结果，就需要打开查询。打开查询的步骤如下：

① 打开数据库，右击对象栏中的某个查询。
② 在快捷菜单中选择"打开"项。

6.8.2 修改查询

创建了查询以后，还可以根据需要进行修改。如图 6.29 所示，在设计视图中，可以给查询增加字段、删除字段、增加条件、在查询中排序字段。

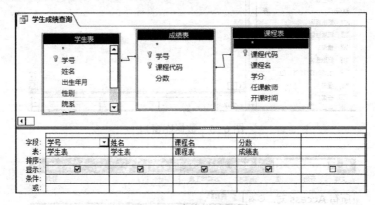

图 6.29 查询设计视图

1. 增加字段

在出现查询设计视图后，单击下拉箭头，在下拉列表中单击要添加的字段名，该字段名就被增加到"字段"行中。还有一种方法可以给查询增加字段，即在表中找到需要增加的字段名后，拖动该字段名到"字段"行的第一个可用列内。

2. 删除字段

删除字段的方法是把鼠标箭头放在该列上方，当指针变成一个指向下方的箭头时，单击选中该列，再按 Delete 键删除。

3．增加条件

在查询设计视图中，单击某个字段的"条件"行，输入需要使用的条件。

4．在查询中排序字段

在查询设计视图中，单击某个字段的"排序"行，再单击出现下拉箭头，在下拉列表中选择"升序"或"降序"。

习 题 6

一、填空题

1．查询就是依据一定的查询条件，对_____中的数据信息进行查找。

2．查询主要有选择查询、参数查询及操作查询，其中操作查询包括更新查询、追加查询、_____和生成表查询等。

3．Access 数据库中，SQL 查询的 GROUP BY 语句用于_____。

4．已知一个 Access 数据库，其中含有院系、性别等字段，若要统计每个院系男女教师的人数，则应使用_____查询。

5．条件语句"WHERE 工资额>1000"的意思是_____。

6．利用对话框提示用户输入查询条件，这样的查询属于_____。

7．SQL 语言是在数据库系统中应用广泛的数据库查询语言，它包括了数据定义、数据查询、_____和_____4 种功能。

8．使用查询向导创建交叉表查询的数据源必须来自_____个表或查询。

二、选择题

1．Access 数据库中，在创建交叉表查询时，用户需要指定三种字段，下面（　　）不是交叉表查询所需求指定的字段。

　　A．格式字段　　　　B．列标题字段　　　　C．行标题字段　　　　D．总计类型字段

2．在 Access 数据库中，带条件的查询需要通过准则来实现，准则是运算符、常量、字段值等的任意组合，而（　　）不是准则中的元素。

　　A．SQL 语句　　　　B．函数　　　　C．属性　　　　D．字段名

3．将 Access 数据库中 C 语言课程不及格的学生从"学生"表中删除，要用（　　）查询。

　　A．追加查询　　　　B．生成表查询　　　　C．更新查询　　　　D．删除查询

4．在 Access 的查询中，可以只选择表中的部分字段，也可以通过选择一个表中的不同字段生成所需的多个表，这体现了查询的（　　）功能。

　　A．建立新表　　　　B．选择字段　　　　C．选择记录　　　　D．实现计算

5．从表中抽取选中信息的对象类型是（　　）。

　　A．模块　　　　B．报表　　　　C．查询　　　　D．窗体

6．完整的交叉表查询必须选择（　　）。

　　A．行标题、列标题和值　　　　　　　　B．只选行标题即可

　　C．只选列标题即可　　　　　　　　　　D．只选值

7．在 Access 中，可以把（　　）作为创建查询的数据源。

A. 查询　　　　B. 报表　　　　C. 窗体　　　　D. 外部数据表

8. 在创建查询时，当查询的字段中包含数值型字段时，系统将会提示选择（　　）。
   A. 明细查询、按选定内容查询　　　　B. 明细查询、汇总查询
   C. 汇总查询、按选定内容查询　　　　D. 明细查询、按选定内容查询

9. 在 Access 数据库中，对数据表进行删除的是（　　）。
   A. 汇总查询　　B. 操作查询　　C. 选择查询　　D. SQL 查询

10. 在 Access 数据库中，从数据表找到符合特定准则的数据信息的是（　　）。
    A. 汇总查询　　B. 动作查询　　C. 选择查询　　D. SQL 查询

11. 条件中 "性别="女"AND 工资额>2000" 的意思是（　　）。
    A. 性别为"女"并且工资额大于 2000 的记录
    B. 性别为"女"或者且工资额大于 2000 的记录
    C. 性别为"女"并非工资额大于 2000 的记录
    D. 性别为"女"或者工资额大于 2000，且二者择一的记录

12. 条件 "NOT 工资额>2000" 的意思是（　　）。
    A. 除了工资额大于 2000 之外的工资额的记录　　B. 工资额大于 2000 的记录
    C. 并非工资额大于 2000 的记录　　D. 字段工资额大于 2000，且二者择一的记录

13. 已知"借阅"表中有"借阅编号"、"学号"和"借阅图书编号"等字段，每个学生每借阅一本书生成一条记录，要求按学生学号统计出每个学生的借阅次数，下列 SQL 语句中，正确的是（　　）。
    A. SELECT 学号 COUNT（学号）FROM 借阅
    B. SELECT 学号 COUNT（学号）FROM 借阅 GROUP BY 学号
    C. SELECT 学号 SUM（学号）FROM 借阅
    D. SELECT 学号 SUM（学号）FROM 借阅 ORDER BY 学号

14. 将信息系 1999 年以前参加工作的教师的职称改为副教授，合适的查询为（　　）。
    A. 生成表查询　　B. 更新查询　　C. 删除查询　　D. 追加查询

15. 以下不属于操作查询的是（　　）。
    A. 交叉表查询　　B. 生成表查询　　C. 更新查询　　D. 追加查询

16. 下面对查询功能的叙述中正确的是（　　）。
    A. 在查询中，选择查询可以只选择表中的部分字段，通过选择一个表中的不同字段生成同一个表
    B. 在查询中，编辑记录主要包括添加记录、修改记录、删除记录和导入、导出记录
    C. 在查询中，查询不仅可以找到满足条件的记录，而且还可以在建立查询的过程中进行各种统计计算
    D. 以上说法均不对

17. 用 SQL 语言描述"在教师表中查找男教师的全部信息"，以下描述正确的是（　　）。
    A. SELECT FROM 教师表 IF（性别="男"）
    B. SELECT 性别 FROM 教师表 IF（性别="男"）
    C. SELECT * FROM 教师表 WHERE（性别="男"）
    D. SELECT * FROM 性别 WHERE（性别="男"）

18. （　　）会在执行时弹出对话框，提示用户输入必要的信息，再按照这些信息进行查询。
    A. 选择查询　　B. 参数查询　　C. 交叉表查询　　D. 操作查询

19. 查询能实现的功能有（　　）。
    A. 选择字段，选择记录，编辑记录，实现计算，建立新表，建立数据库

B. 选择字段，选择记录，编辑记录，实现计算，建立新表，更新关系

C. 选择字段，选择记录，编辑记录，实现计算，建立新表，设置格式

D. 选择字段，选择记录，编辑记录，实现计算，建立新表，建立基于查询的报表和窗体

20. 在 Access 数据库中使用向导创建查询，其数据可以来自（　　）。

A. 多个表　　　　B. 一个表　　　　C. 一个表的一部分　　　D. 表或查询

21. 在 Access 数据库中，下列查询的计算表达式中，求两门课的平均分数，正确的是（　　）。

A. [语文]+[数学] /2　　　　　　　　B. "（[语文]+[数学]）/2"

C. （[语文]+[数学]）/2　　　　　　　D. "[语文]"+"[数学]"/2

22. 在 Access 数据库中，要查询的条件是语文成绩处在 60 分数段的记录，则在语文字段的准则中应当输入（　　）。

A. >60 and <70　B. >=60 and <70　　　C. >60 or <70　　　D. >=60 or <70

23. 在 Access 数据库中，查询姓名字段中所有姓张的同学记录时，在姓名准则中应输入（　　）。

A. 张　　　　　B. 张*　　　　　　C. *张　　　　　D. *张*

24. 下列 SELECT 语句正确的是（　　）。

A. SELECT * FROM"学生表"WHERE 姓名="张三"

B. SELECT * FROM"学生表"WHERE 姓名=张三

C. SELECT * FROM　学生表　WHERE 姓名="张三"

D. SELECT * FROM　学生表　WHERE 姓名=张三

三、简答题

1. 举例说明在什么情况下，需要设计生成表查询。

2. 举例说明在什么情况下，需要设计追加查询。

3. 现在已知某单位"职工工资"表中的性别用汉字"男"或"女"表示，已有字段为"姓名，性别，标准工资，加班费，标准工资"，在查询中除已知字段外，现在要求自动求出"妇女保健补贴"字段中的数据，即每位妇女月补贴 25 元，如何自动求出所有职工的工资总额？

4. 设有下列关系模型的样本数据：

书店表：由书店号、书店名、地址组成，书店号为主码；

图书馆表：由图书馆号、图书馆名、城市、电话组成，图书馆号为主码；

图书表：由 ISBN 号、书名、价钱组成，ISBN 号为主码；

图书发行表：由图书馆号、图书 ISBN 号、书店号、册数组成，图书馆号、图书 ISBN 号、书店号为主码。

试用 SQL 语言写出以下查询：

① 查找馆名为"A 馆"的图书馆从书店"B 店"购买的图书书名及其册数；

② 取出馆址在"西安"的馆名及电话号码；

③ 取出书店"太白路店"发行的图书书名和数量。

5. 设有一个销售管理数据库系统，其关系模式如下：

销售员（工号，姓名，柜台，部门）；

商品（商品号，商品名，价格）；

业绩（工号，商品号，销售额）；

用 SQL 语言表示下列数据查询操作：

① 查询"服装"部门女装柜台销售员的工号和姓名；

② 查询销售以"霓裳"开头的服装的销售员的工号、姓名和该类产品的销售额；
③ 查询每种商品的商品号、各销售员销售该商品的最高销售额、最低销售额和所有员工的平均销售额。

四、操作题

1. 创建一个数据表结构如下：序号（自动编号），学号（文本，8，必填，非空），姓名（文本，8）性别（文本，2），出生日期（日期），党员否（是/否），入学成绩（整型，一位小数），籍贯（文本，10），简历（备注），照片（OLE）。

字段属性定义：定义"学号"为主键，"入学成绩"定义有效性规则为大于500且小于750。

查询要求：创建一个籍贯包含"西安"和"北京"学生的查询，显示"姓名""籍贯"；创建一个入学成绩大于600的男生的查询，查询结果按成绩降序排列，显示"学号""入学成绩"。

2. 创建"学生成绩.accdb"数据库，数据库包括学生表（学号，姓名，系名，性别，出生日期，爱好，照片，简历）、课程表（课程编号，课程名称，学分，开课时间）和成绩表（学号，课程编号，成绩），按下列要求进行操作。

（1）创建表间关系。
（2）录入数据。
（3）写出满足如下条件的SQL语句：
① 选出语文、数学、计算机的各科成绩在90分以上的学生姓名；
② 选出"计算机系"的男学生的学号和姓名；
③ 选出姓"刘"的学生的姓名、性别。
（4）创建一个查询，查询每位学生的总分，要求输出学号、姓名、总分，查询保存为"总分查询"。
（5）创建一个选择查询，查找并显示简历信息为空的学生的"学号"、"姓名"、"性别"和"出生年月"四个字段内容，所建查询命名为"基本信息查询"。
（6）创建一个选择查询，按系别统计各自男女学生的平均年龄，显示字段标题为"所属院系"、"性别"，所建查询命名为"按系统计查询"。
（7）创建一个操作查询，将没有书法爱好的学生的"学号"、"姓名"、和"出生年月"三个字段内容追加到目标表"临时"表的对应字段内，所建查询命名为"追加查询"。
（8）创建一个查询，当运行该查询时，应显示参数提示信息"请输入爱好"，输入爱好后，在简历字段中查找具有指定爱好的学生，显示"学号"、"姓名"、"性别"、"年龄"、"照片"和"简历"字段的内容，所建查询命名为"按爱好查询"。
（9）创建一个查询，查找学生的课程成绩大于等于80且小于等于100的学生情况，显示"姓名"、"课程名称"和"成绩"三个字段的内容，所建查询名为"成绩查询"。
（10）创建一个查询，按"课程编号"分类统计最高分成绩与最低分成绩的差，并显示"课程名称"、"最高分与最低分的差"等内容。其中，最高分与最低分的差由计算得到，所建查询名为"高低分差别查询"。

3. 创建"库存管理系统"数据库，在库中创建"产品定额储备"表和"库存情况"表。表结构要求根据自己对实际的情况理解构造。按要求创建如下查询：

（1）以"库存管理系统"数据库中的"产品定额储备"和"库存情况"两张表为数据源创建一个查询，查找并显示库存量超过1000只的产品名称和库存数量，查询名为"数量查询"。

（2）以"库存管理系统"数据库中的"产品定额储备"和"库存情况"两张表为数据源，创建一个查询，按出厂价计算每种库存产品的总金额，并显示其产品名称和总金额。总金额的计算方法为：总金额=出厂价库存数量。查询名为"资金查询"

第 7 章 窗体的使用

友好的操作界面（窗体）会给用户使用数据库带来很大的便利，用户不需要进行专门培训就能根据窗口中的提示完成自己的工作。数据库中表或查询设计得很好，那仅是数据的内部存储方式而已，如果窗体设计得杂乱，而且没有足够的提示，就会给用户带来很大的不便，直接影响数据库系统的使用。

7.1 窗体的功能与构成

窗体是系统与用户交互的界面，通过窗体，可以避免直接对表或查询进行操作。窗体是 Access 中的一种对象，它通过计算机屏幕将数据库中的数据显示给用户。

7.1.1 窗体的功能

窗体用于数据库中数据的维护，主要用来输入数据。窗体是一个为用户提供可以输入和编辑数据的良好界面，具体来说，窗体具有以下几种功能。

1．数据的显示与编辑

窗体最基本的功能是显示与编辑数据。窗体可以显示来自多个数据表中的数据，此外，用户可以利用窗体对数据库中的相关数据进行添加、删除和修改。用窗体来显示并浏览数据比用表和查询显示数据更加灵活，不过窗体每次只能浏览一条记录。

2．数据输入

用户可以根据需要来设计窗体，并作为数据库中数据输入的接口，通过窗体可以节省数据录入的时间并提高数据输入的准确度。

3．应用程序流控制

与 VB 窗体类似，Access 2003 中的窗体也可以与函数、子程序相结合。在每个窗体中，用户可以使用 VBA 编写代码，并利用代码执行相应的功能。

7.1.2 窗体的构成

窗体一般由窗体页眉、页面页眉、主体、页面页脚、窗体页脚等几部分组成。如图 7.1 所示。

1．窗体页眉

可用于显示窗体的标题和使用说明，也可以用于打开相关窗体或执行其他任务的命令按钮。显示在窗体视图中顶部或打印页的开头。

2．页面页眉

用于在窗体中每页的顶部显示标题、日期或页码等。

3. 主体

用于显示内容的主要部分，该部分通常包含绑定到记录源中字段的控件。但也可能包含未绑定控件，如文本框或标签等。

图 7.1　窗体设计视图

4. 页面页脚

用于在窗体的底部显示汇总、日期或页码。

5. 窗体页脚

用于显示窗体的使用说明、命令按钮或接受输入的未绑定控件，显示在窗体视图中的底部和打印页的尾部。

窗体页眉/页脚与页面页眉/页脚的区别在于：窗体页眉/页脚不被滚动条影响，会始终显示；页面页眉/页脚只在打印窗体时才可见，正常窗体视图情况下看不到。

7.2　创建窗体

创建窗体有多种方法：一种方法是使用"窗体"创建基于单个表或查询的窗体。另一种方法是使用"向导"创建基于一个或多个表或查询的窗体。还有一种方法是通过"设计视图"创建窗体。

7.2.1　创建窗体

在这里，用 Access 窗体按钮创建一个窗体，在该窗体中一次只输入一条记录的信息。方法如下：

① 打开学生管理"XSGL"数据库，
② 选择"学生表"；
③ 单击"创建"菜单中"窗体"组的"窗体"按钮。

可以发现，这个窗体中数据的显示格式和表中看到的数据显示格式有所不同。每次只能显示一个记录的内容，文本框及所附标签并排显示在两栏中，标签显示在每个文本框的左面并标识文本框中的数据，如图7.2所示。

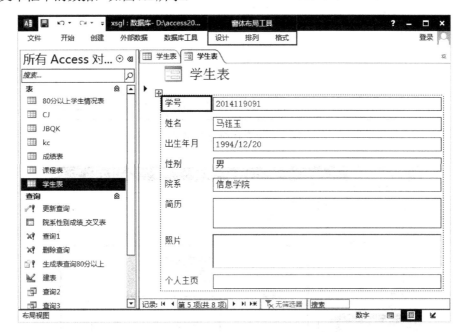

图 7.2 "学生表"建立的窗体

7.2.2 使用窗体向导建立窗体

使用向导创建窗体的方法如下。

① 打开学生管理"SXGL"数据库，单击"创建"菜单中"窗体"组的"窗体向导"按钮，出现"窗体向导"对话框，如图7.3所示。选择窗体上需要的各种字段，这些字段可以来自不同的表、查询。

在"表/查询"下拉列表中选取字段所在的表或查询，再将所需的字段添加到"选定的字段"列表框中。在选取字段时，可以通过选取次序来调整字段在窗体中排列的次序，先选取的字段位于窗体的前面。选择"学生表"的"学号"、"姓名"字段，选择"课程表"的"课程名称"字段，选择"成绩表"的"分数"字段。

② 单击"下一步"按钮，在"请确定查看数据方式"对话框中选择"通过学生表"，并选择"带有子窗体的窗体"，单击"下一步"按钮。

③ 选择窗体布局方式。本例选择"表格"布局方式，单击"下一步"按钮。

④ 为创建的新窗体指定标题：窗体为"学生表"，子窗体为"成绩表"。

⑤ 如果不需要对前面的设置进行修改，单击"完成"按钮，系统会根据用户在向导中的设置生成窗体，运行结果如图7.4所示。

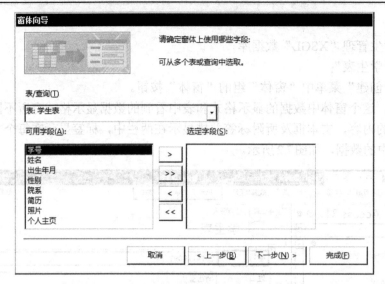

图 7.3 "窗体向导"窗口

图 7.4 窗体运行结果

7.3 窗体设计视图与控件

在建立窗体的时候,一般先通过向导或直接创建窗体的方式建立基本窗体,然后再使用设计视图对窗体进行修改和美化。其一般步骤是打开窗体设计视图添加控件,然后可以对控件进行移动、改变大小、删除、设置边框、阴影和粗体、斜体等特殊字体效果等操作,来更改控件的外观。另外,通过"属性"窗口,可以对控件或工作区部分的格式、数据事件等属性进行设置。

7.3.1 窗体的设计视图

打开"学生表"窗体,单击窗体设计工具栏上的"设计"菜单,在工具栏中"视图"组中选择"设计视图",切换到设计模式,如图 7.5 所示。在设计模式下,可以根据实际需要来修改窗体。

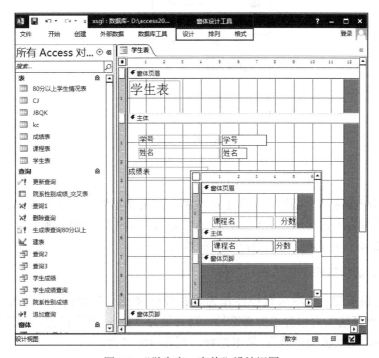

图 7.5 "学生表:窗体"设计视图

在 Access 中,窗体上所有控件都可以根据自己的需要进行摆放,同时还可以调整窗口的大小、文字的颜色。在屏幕上同时出现的还有一个工具箱,工具箱中包含很多按钮,每个按钮都是构成窗体的一个功能控件。

7.3.2 窗体中的常见控件

控件是窗体上用于显示数据、执行操作、装饰窗体的对象。Microsoft Access 包含的控件工具(如图 7.6 所示)有:文本框、标签、选项组、复选框、切换按钮、组合框、列表框、命令按钮、图像控件、绑定对象框、未绑定对象框、子窗体/子报表、分页符、线条、矩形,以及 ActiveX 自定义控件等,它们可以通过工具箱访问。根据作用的不同,可以将控件分为三类:结合型、非结合型与计算型。结合型控件主要用于显示、输入、更新数据库中的字段;非结合型控件没有数据源,用来显示信息、线条、矩形或图像;计算型控件主要用表达式作为数据源,显示运算结果。

1. 标签

使用标签可在窗体上显示说明性文本,如标题、提示等。标签一般是未绑定的,它的值不会随记录的改变而改变。

图 7.6 控件工具箱

2．文本框

使用文本框可在窗体上显示记录源上的数据。如果文本框与某个字段中的数据绑定，就称这种文本框类型为绑定文本框。当然，文本框也可以是未绑定的，例如，可以创建一个未绑定文本框来显示计算结果或接收用户输入的数据。

3．复选框、切换按钮、选项按钮控件

复选框、切换按钮、选项按钮控件作为单独控件来显示基础表、查询或 SQL 语句中的"是/否"值。若在复选框内包含了检查符号，则其值为"是"；若不包含，则其值为"否"。若选择了选项按钮，则其值为"是"；若未选择，则其值为"否"。

4．选项按钮组

选项组含有一个组框和一组复选框、选项按钮或切换按钮。

如果选项组绑定到某个字段，则只有组框架本身绑定到此字段，而不是组框架内的复选框、选项按钮或切换按钮。可以为每个复选框、选项按钮或切换按钮的"选项值"（窗体或报表）属性设置相应的数字。

5．列表框和组合框控件

在许多情况下，从列表中选择一个值，要比记住一个值后输入它更快、更容易。选择列表也可以帮助用户确保在字段之中输入的值是正确的。窗体上的列表框可以包含一列或几列数据，用户只能从列表中选择值，而不能输入新值。列表框中的列表是由数据行组成的，在窗体或列表框中可以有一个或多个字段。组合框的列表是由多行数据组成，但平时只显示一行，需要显示时可以单击右侧的向下按钮。组合框既可以进行选择，也可以输入文本，组合框就如同文本框和列表框合并在一起。

6．命令按钮

在窗体上可以使用命令按钮来执行某个操作或某些操作。例如，可以创建一个命令按钮来打开另一个窗体。如果要使命令按钮执行窗体中的某个事件，可编写相应的宏或事件过程并将它附加在按钮的"单击"属性中。

7.3.3 在窗体上添加控件对象

给窗体添加控件对象需要在"设计视图"中进行,通过控件工具按钮来完成,例如给窗体添加复选框和列表框等各种控件。

1. 窗体上控件对象的移动

利用"设计视图"打开已有的窗体,在窗体上选择需要移动位置的控件对象("Shift"键+鼠标左键单击)。稍微挪动鼠标,鼠标的光标变成花形,通过鼠标拖动,将控件移动到合适的位置。

2. 增加标签与画线控件

好的窗体应该具有标题,在窗体中增加标题是通过添加"标签"控件对象来实现的。例如,给"学生表"窗体增加标题"学生成绩表",过程如下:

① 单击控件"工具箱"的"标签"按钮。在窗体页眉上单击鼠标左键,拖动鼠标,就会出现一个标签。在标签中输入"学生成绩表",一个标签就插入到窗体中了,如图7.7所示。

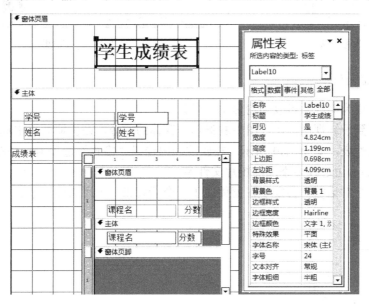

图 7.7 增加标签

② 设置标签属性。单击标签边缘,出现一个黑色的边框,表示这个控件标签已经被选中,单击鼠标右键,在快捷菜单上选择"属性",弹出标签属性表,如图7.8所示。

标签属性表是用来定义标签控件对象的属性以及标签中文字对齐方式、字体大小、颜色等属性的。如果需要对标签进行精确的设置,只需选中标签,然后在标签属性表中设置。在属性表的"宽度"和"高度"项中输入相应的数值即可(单位:cm)。

如果想在窗体上添加一条直线,可在控件工具箱单击"直线"按钮,将鼠标移动到窗体上,拖动鼠标画一条直线。如果要使线变为蓝色且粗一些,则先选中"线"这个对象,在直线"属性表"中设置颜色为"蓝色",边框宽度为"4 磅(PT)",设置后显示运行结果如图7.9所示。

图 7.8　标签属性表

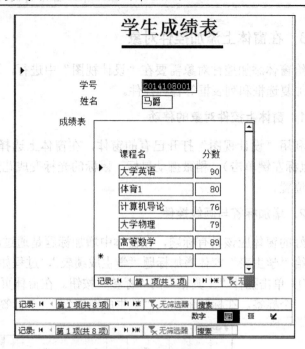

图 7.9　运行结果

3．为窗体添加背景

为了使窗体更为美观，可以为窗体增加背景图案。

将窗体切换到设计视图，在视图中右键单击窗体的部分，在快捷菜单中选择"表单属性"项，弹出窗体属性表，如图 7.10 所示。在属性表中选择"格式"选项卡，并在这个选项卡中"图片"提示项的右边选择要添加的图片文件名。

关闭窗体属性对话框，会发现在窗体有了一个新背景，如图 7.11 所示。

图 7.10　窗体属性表（设置背景）

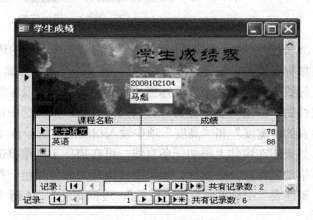

图 7.11　背景设置效果

4. 建立控件与字段联系

在窗体中增加学生的性别信息，建立控件与字段的联系，其过程如下。

① 在窗体的适当位置增加一个标签，在标签中输入"性别"。同时在新建的标签后面增加一个文本框。在文本框向导中定义文本框中文字的字体、字号、输入法模式及文本框的名称，结果如图7.12所示。

图7.12 添加文本框控件

现在窗体中的控件对象文本框与字段列表中的字段之间还没有联系（未绑定）。为了能够正确的显示内容，需要建立控件和字段之间的联系。

② 选择新建的文本框，单击鼠标右键，在快捷菜单中选择"属性"项，弹出文本框（TEXT13）属性表窗口，如图7.13所示。单击"数据"选项卡，选择"控件来源"后面的下拉按钮，在弹出的下拉菜单中选择"性别"字段。

③ 保存窗体，切换视图，结果如图7.14所示。

图7.13 设置文本框属性表

图7.14 设置结果

5. 建立计算控件

计算控件可以处理数据并产生临时结果，例如，通过控件来计算同学的年龄。计算控件的核心是表达式，它可以使用表、查询或另一个控件的数据。表达式由算术运算符、字段、预建的公式和数值等构成。

在学生成绩窗体中，增加标签"年龄"对象和文本框（TEXT15），如图7.15所示。

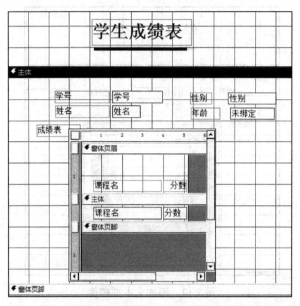

图 7.15　在学生成绩窗体中增加"年龄"对象和文本框(TEXT15)

接下来修改文本框的属性。将鼠标指向文本框，右键单击控件，选择快捷菜单中的"属性"命令，在弹出的窗口中选择"数据"选项卡，单击"控件来源"属性框旁边的按钮，就可以打开"表达式生成器"窗口，如图7.16所示。

图 7.16　"表达式生成器"窗口

表达式生成器自上而下可以分为三个部分：

① 表达式框。生成器的上方是一个表达式框，用户生成的表达式就显示在里面。

② 运算符按钮。生成器的中部排列着常用运算符按钮，单击某个按钮即可在表达式框的插入点插入运算符。

③ 下方三个框。左侧的框中包含文件夹，它列出了表、查询、窗体、报表等数据库对象，以及内置和用户定义的函数、常量、操作符和通用表达式。中间的框列出左侧选中文件夹内的特定元素或元素类别。例如单击左边框中的"内置函数"，中间的框便会列出 Microsoft Access 函数的类别。右侧的框列出了左侧和中间框选中元素的值。假如单击了左侧框中的"内置函数"，然后选中了中间框中的"日期/时间"，则右侧的框将列出"日期/时间"类别中所有内置函数。选中需要的内置函数单击"粘贴"按钮，就可以把这个函数放入表达式框。

在表达式生成器窗口输入计算表达式，如图7.17所示。

保存窗体，运行结果如图7.18所示。

图7.17 输入计算表达式

图7.18 运行结果

6. 修改控件属性

在设计视图中右键单击窗口上放置的控件对象，选择快捷菜单中的"属性"命令，就可以在"全部"选项卡中看到控件的属性了。其中，下列属性是比较常用的。

（1）标题：所有的窗体和标识控件都有一个标题属性。当作为一个窗体的属性时，标题属性定义了窗口标题栏中的内容。如果"标题"属性为空，窗口标题栏则显示窗体中字段所在表格的名称。当作为一个控件的属性时，标题属性定义了标识控件的文字内容。

（2）控件提示文本：该属性供用户输入控件的提示文本，用户将鼠标放在控件上会显示提示文字。

（3）控件来源：在一个独立的控件中，"控件来源"告诉系统如何检索或保存在窗体显示的数据。如果一个控件的作用是更新数据，那么"控件来源"属性可以设置为字段名。如果"控件来源"属性中含有一个计算表达式则该控件又称为计算控件。

7.4 创建子窗体

在 Access 中，有时需要在一个窗体中显示另一个窗体中的数据。窗体中的窗体称为子窗体，包含子窗体的窗体称为主窗体。使用主—子窗体的作用是：以主窗体的某个字段为依据，在子窗体中显示与此字段相关的记录，而在主窗体中切换记录时，子窗体的内容也会随之切换。因此，当要显示具有一对多关系的表或查询时，主—子窗体特别有效。

7.4.1 主窗体和子窗体的关系

主窗体与子窗体是一对多关系，即主窗体的数据源和子窗体的数据源是一对多的关系，主窗体是一的一端，子窗体是多的一端。所以需要先建立一对多关系的表。如果将每个子窗体都放置在主窗体上，则主窗体可以包含任意数量的子窗体，甚至可创建二级子窗体。也就是说，可以在主窗体内包含子窗体，而子窗体内可以再有子窗体。主窗体与第一个子窗体间为一对多关系，而第一个子窗体与它的子窗体间为一对多关系。

Microsoft Access 是利用子窗体控件中"链接主字段"和"链接子字段"属性来链接主窗体和子窗体的。如果因为某种原因，Microsoft Access 不能链接主窗体与子窗体，可以直接设置这些属性。注意：不能在"链接主/子字段"属性中输入控件的名字。如果要输入多个链接字段，在"链接子字段"和"链接主字段"属性中输入的字段顺序必须相同。链接字段并不一定在主窗体或子窗体中显示，但必须包含在基础数据源中。

7.4.2 创建子窗体

创建主—子窗体的方法有两种：一种是同时创建主窗体和子窗体，另一种是先建立子窗体，再建立主窗体，并将子窗体插入到主窗体中。

1. 同时创建主窗体和子窗体

创建主—子窗体，要求主窗体显示学生表的"学号"、"姓名"两个基本信息，子窗体中显示课程表中的"课程名"和成绩表中的"分数"。操作步骤如下：

（1）在学生管理（XSGL）数据库窗口下，单击窗体对象，再双击"使用向导创建窗体"，弹出窗体向导对话框。

（2）在"表/查询"下拉列表框中选择"表：学生表"，并将"姓名"、"学号"两个字段添加到"选定的字段"框中。

（3）再次在"表/查询"下拉列表框中选择"表：课程表"，并将"课程名"字段添加到"选定的字段"框中。

（4）再次在"表/查询"下拉列表框中选择"表：成绩表"，并将"分数"字段添加到"选定的字段"框中，如图 7.19 所示。

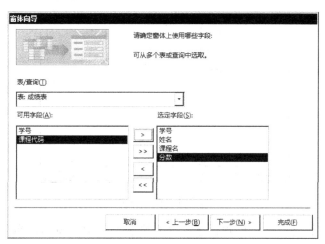

图 7.19　窗体向导

（5）单击"下一步"按钮。如果两个表之间没有建立关系，则会出现一个提示对话框，要求建立三表之间的关系，确认后，可打开关系视图，同时退出窗体向导。

如果三表之间已经正确设置了关系，则会进入窗体向导的下一个对话框，确定查看数据的方式。这里保留默认设置。

（6）单击"下一步"按钮，选择数据查看方式，默认为"带有子窗体的窗体"。

（7）单击"下一步"按钮，选择确定子窗体使用的布局，选择"数据表"。

（8）单击"下一步"按钮，为窗体指定标题，分别为主窗体和子窗体添加标题"学生基本情况主窗体"和"成绩子窗体"，如图 7.20 所示。

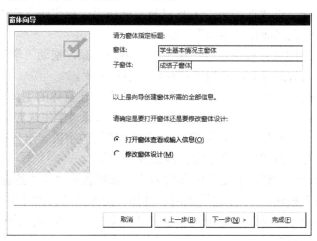

图 7.20　创建结构

（9）单击"完成"按钮，结束窗体向导。结果如图7.21所示。

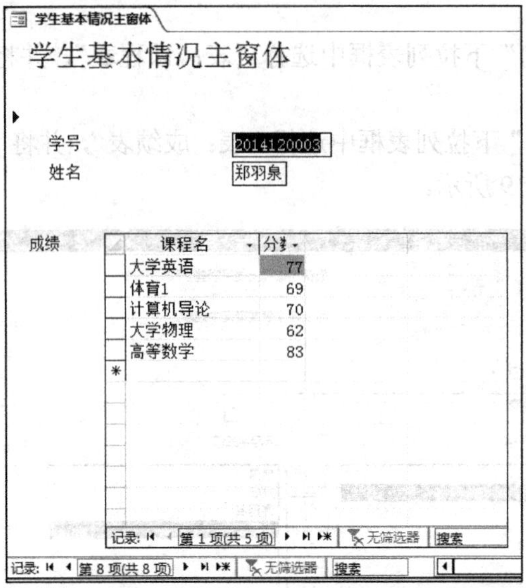

图 7.21　显示结果

这时，在"学生管理"数据库窗口下，会看到新增的两个窗体。当主窗体中查看不同学生的记录时，子窗体中会随之出现该学生的所学课程的课程名和分数。

2. 创建子窗体并插入到主窗体中

在实际应用中，往往存在这样的情况：某窗体已经建立，后来再将其与另一个窗体关联起来，这时就需要把一个窗体（子窗体）插入到另一个窗体中（主窗体）。使用工具箱上的"子窗体/子报表"控件按钮完成此操作。

例如，窗体"学生选课成绩主窗体"中仅有学生"学号"和"姓名"字段，窗体"学生选课成绩子窗体"中有学生选课的"课程代码"和"分数"字段。要求将"学生选课成绩子窗体"插入到"学生选课成绩主窗体"中，以便查看每个学生的选课成绩。具体步骤如下：

（1）在设计视图中，以"成绩表"为数据源，拖动"课程代码"和"分数"字段到设计视图中，命名为"学生选课成绩子窗体"，保存退出。

（2）再打开一个新的设计视图，以"学生表"为数据源，拖动"学号"和"姓名"字段到设计视图中，以横向方式排列，适当调整控件大小和位置。

（3）在控件工具箱选择"子窗体/子报表"控件按钮，在窗体的主体节的合适位置单击鼠标，启动子窗体向导。在"使用现有的窗体"列表框中选择"学生选课成绩子窗体"。

（4）单击"下一步"按钮，确定主窗体和子窗体链接的字段。这里选取"自行定义"设置，以学生表的"学号"为依据，在子窗体也选择"学号"。

（5）单击"下一步"按钮，指定子窗体的名称，取默认值"学生选课成绩子窗体"。

（6）单击"完成"按钮，"学生选课成绩子窗体"插入到当前窗体中。

（7）在当前窗体（主窗体）中适当调整子窗体对象的大小至满意为止，保存窗体，命名为"学生选课成绩主窗体"。

7.5 通过窗体处理数据

创建完窗体之后，可以对窗体中的数据进行进一步操作，如数据的查看、添加、修改、删除等。

7.5.1 窗体视图工具栏

窗体视图工具栏，如图7.22所示。主要的操作按钮有：视图、升/降序、按选定内容筛选、按窗体筛选、应用筛选、查找、新记录、删除记录、属性、数据库窗口、新对象等。

图 7.22 窗体视图工具栏

窗体中的查找、排序、筛选等按钮的使用方法与表和查询中的方法类似。

7.5.2 记录导航按钮集

当通过"窗体向导"创建窗体时，在窗体的底部会有标准的记录导航按钮集，如图7.23所示。

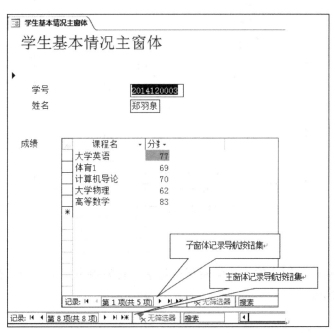

图 7.23 记录导航按钮

记录导航按钮集在窗体中的功能和它们在表和查询中的作用相同。既可以为主窗体选择作为数据源的表或者查询的第一个或最后一个记录，也可以选择下一个或者前一个记录。子窗体还包含它们自己的记录选择按钮集，在操作上和主窗体中的按钮集相互独立。

在窗体中，用于输入或者编辑数据的文本框之间的导航与在表或者查询的数据表视图中的导航类似，只是上下箭头键用于在字段之间而不是在记录之间移动。输入完成时，可以按"Enter"或者"Tab"键。

7.5.3 处理数据

1. 追加记录

在表或者查询的"数据表"视图中，数据表中的最后一个记录是作为假设追加记录提供的（在其记录选择按钮上有一个星号作为指示）。如果在这个记录中输入数据，则该数据将自动地追加到表中，Access 将启动另一个新的假设追加记录。窗体也提供了假设追加记录，除非将窗体的"允许添加"属性设为"否"。

追加一个新的记录并输入必填字段数据的步骤如下：

① 打开"学生表"窗体。

② 单击记录导航按钮集上的"追加记录"按钮（最右边的按钮），窗体出现一条空记录，如图7.24所示，输入各字段的内容，可使用 Tab 键在不同字段间移动。

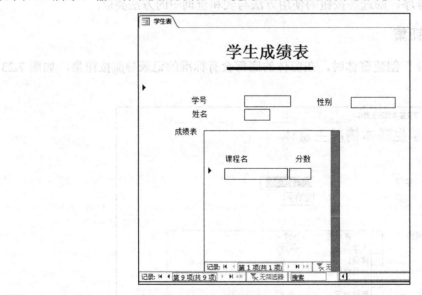

图 7.24 追加记录

2. 编辑数据

可以用与添加新记录同样的方式编辑现有记录。首先单击"下一个"按钮找到想要编辑的记录，然后进行修改。

3. 删除数据

浏览记录，使需要删除的记录出现在窗体中。在窗体允许更新的前提下，在"开始"菜单中选择"删除记录"命令删除记录。

4. 确认和撤销对表的修改

像处理假设追加记录一样，在移动带有记录选择按钮集的记录指针之前，Access 不会将记录编辑应用到后台表中。即便记录保存到表之后,单击工具栏上的"撤销"按钮也可以撤销刚才的保存。

习 题 7

一、填空题

1. _____是窗体上用于显示数据、执行操作、装饰窗体的对象。
2. 要为新建的窗体添加一个标题,必须使用_____控件。
3. 在 Access 中,窗体上显示的字段为表或_____中的字段。
4. 窗体通常由窗体页眉、窗体页脚、页面页眉、页面页脚及_____五部分组成。
5. 创建窗体的数据来源可以是表或_____。
6. 窗体由多个部分组成,每个部分称为一个_____,大部分的窗体只有_____。
7. 创建基于多个表的主—子窗体有两种方法:一种是同时创建主窗体和子窗体,另一种是_____。
8. 窗体有 6 种类型:纵栏式窗体、_____、数据表窗体、主—子窗体、图表窗体和数据透视窗体。
9. 窗体是数据库中用户和应用程序之间的_____,用户对数据库的任何操作都可以通过它来完成。
10. 如果希望在窗体上显示窗体的标题,可在页眉处添加一个_____控件。

二、选择题

1. 在 Access 数据库的窗体中,通常用( )来显示记录数据,可以在屏幕或页面上显示一条记录,也可以显示多条记录。
   A. 页面　　　　　B. 窗体页眉　　　　C. 主体节　　　　D. 页面页眉
2. Access 数据库中数据表窗体的主要作用是( )。
   A. 存放数据,便于读取　　　　　　B. 将数据排序后,加快查询速度
   C. 作为一个窗体的子窗体　　　　　D. 显示数据、删除、更新数据
3. 在 Access 数据库中,主要用来输入或编辑字段数据,位于窗体设计工具箱中的一种交互式控件是指( )。
   A. 文本框控件　　B. 标签控件　　　　C. 复选框控件　　D. 组合框控件
4. 在 Access 数据库中,主窗体中的窗体称为( )。
   A. 主窗体　　　　B. 三级窗体　　　　C. 子窗体　　　　D. 一级窗体
5. 在 Access 数据库中,如果在窗体上输入的数据总是取自某一个表或查询中记录的数据,或者取自某固定内容的数据,可以使用( )来完成。
   A. 选项组控件　　　　　　　　　　B. 列表框或组合框控件
   C. 文本框控件　　　　　　　　　　D. 复选框、切换按钮、选项按钮控件
6. 窗体 Caption 属性的作用是( )。
   A. 确定窗体的标题　　　　　　　　B. 确定窗体的名称
   C. 确定窗体的边界类型　　　　　　D. 确定窗体的字体
7. 窗体是 Access 数据库中的一个对象,通过窗体用户可以完成下列( )功能。
   ①输入数据 ②编辑数据 ③存储数据 ④以行、列形式显示数据 ⑤显示和查表中的数据 ⑥ 导出数据
   A. ①②③　　　　B. ①②④　　　　　C. ①②⑤　　　　D. ①②⑥

8. 窗体中的信息不包括（　　）。
   A．设计者在设计窗口时附加的一些提示信息　　B．设计者在设计窗口时输入的一些重要信息
   C．所处理表的记录　　　　　　　　　　　　　D．所处理查询的记录
9. 用于创建窗体或修改窗体的窗口是窗体的（　　）。
   A．设计视图　　B．窗体视图　　C．数据表视图　　D．透视表视图
10. 窗体是 Access 数据库中的一种对象，以下（　　）不是窗体具备的功能。
    A．输入数据　　B．编辑数据　　C．输出数据　　D．显示和查询表中的数据
11. 在窗体中，用户只能从列表中选择值，而不能输入新值的控件是（　　）。
    A．列表框　　B．组合框　　C．列表框和组合框　　D．以上两者都不可以
12. 当窗体中的内容太多无法放在一屏中全部显示时，可以用（　　）控件来分页。
    A．选项卡　　B．命令按钮　　C．组合框　　D．选项组
13. 要改变窗体上文本框控件的输出内容，应设置的属性是（　　）。
    A．标题　　B．查询条件　　C．控件来源　　D．记录源
14. 下列属于窗体使用的布局是（　　）。
    A．纵栏式窗体　　B．表格式窗体　　C．模块式窗体　　D．数据表窗体
15. 关于窗体的显示视图说法正确的是（　　）。
    A．不可以进行数据的修改　　　　B．不可以进行数据排序
    C．不可以进行数据筛选　　　　　D．不可以进行窗体控件的修改
16. 使用窗体向导创建基于一个表的窗体，可选择的布局方式有（　　）种。
    A．4　　B．5　　C．2　　D．3
17. 内部计算函数"Sum"的意思是求所在字段内所有的值的（　　）。
    A．和　　B．平均值　　C．最小值　　D．第一个值
18. 内部计算函数"Avg"的意思是求所在字段内所有的值的（　　）。
    A．和　　B．平均值　　C．最小值　　D．第一个值
19. 内部计算函数"Min"的意思是求所在字段内所有的值的（　　）。
    A．和　　B．平均值　　C．最小值　　D．第一个值
20. 主窗体和子窗体通常用于显示多个表或查询中的数据，这些表或查询中的数据一般应该具有（　　）关系。
    A．一对一　　B．一对多　　C．多对多　　D．关联

三、简答题

1. 简述窗体的主要功能。
2. 与自动窗体比较，窗体向导有什么优点？
3. 子窗体与链接窗体有什么区别？
4. 窗体有几种视图？各有什么作用？
5. 举例说明在属性窗口中设置对象属性值的方法。
6. 如何为窗体设定数据源？
7. 什么是控件？控件可分为哪几类？
8. 如何给窗体上添加绑定控件？
9. 举例说明如何创建计算型控件。

四、操作题

对学生成绩数据库进行如下操作：

（1）创建窗体。窗体名为"总分计算"，要求输入一个学号后，单击"计算"按钮，将计算出来的总分显示在表示总分的文本框里。

（2）创建窗体。创建"学生基本资料信息输入"窗体、"课程信息输入"窗体、"学生成绩输入"窗体，目的是为输入数据建立良好的用户界面。分别以"学生信息"查询、"课程信息"查询、"学生成绩"查询为数据源，建立"学生信息查询"窗体、"课程信息查询"窗体、"学生成绩查询"窗体。

（3）创建主窗体，在主窗体上创建6个命令按钮，单击这些按钮可以激活"学生基本资料信息输入"窗体、"课程信息输入"窗体、"学生成绩输入"窗体、"学生信息查询"窗体、"课程信息查询"窗体、"学生成绩查询"窗体，从而实现学生信息的管理。

第 8 章 报　　表

报表是 Access 数据库中的对象,实现将数据打印在纸上的功能。报表最主要的功能是将表或查询的数据按照设计的方式打印出来。在报表中,不仅可以控制每个对象的大小和显示方式,按照所需的方式来显示相应的内容,还可以添加多级汇总、统计比较,甚至加上图片和图表。

8.1 报表的功能与类型

8.1.1 报表的功能

尽管数据表和查询都可以打印,但是报表作为 Access 数据库的一个重要组成部分,不仅可用于数据分组,单独提供各项数据和执行计算,还可以制成各种丰富的格式,使用户的报表更易于阅读和理解;可以使用剪贴画、图片或者扫描图像来美化报表的外观;通过页眉和页脚,可以在每页的顶部和底部打印标识信息。与其他的打印数据方法相比,报表具有以下两个优点:

(1) 报表不仅可以执行简单的数据浏览和打印功能,还可以对大量原始数据进行比较、汇总和小计。

(2) 报表可生成清单、订单及其他所需的输出内容,可以方便有效地处理信息。

8.1.2 报表类型

在 Access 中,一般可以创建六种类型的报表:单列报表、表格式报表、多列报表、分组/总计报表、邮件标签报表、未绑定报表。

1. 单列报表

单击工具栏上的"自动报表"按钮,Access 的"自动报表"功能便会创建一个单列报表,单列报表在很长的一列文本框列表中列出了表或查询中的每个记录的每个字段值。字段的名字用标签指示,而值则由标签右边的文本框提供。单列报表很少用到,因为这种格式太浪费纸张。

2. 表格式报表

表格式报表为表或者查询的每个字段都提供了一列,并且在列标题下将每个记录的所有字段值都打印在一行上。如果列数太多,一页放不下,将使用额外的页依次进行打印,直到所有的列打印为止,然后再打印下一组记录。

3. 多列报表

多列报表中,第一列中放不下的信息转到第二列,依此类推。多列表的格式较为节约纸张,但是其使用也很受限,因为列对齐有时并非与期望相吻合。

4. 分组/总计报表

分组/总计报表是最常见的一类报表,分组/总计报表对记录组进行合计,然后在报表的每一个分组后添加对该分组汇总的结果,而报表的末尾还要添加对所有记录的总计。

5. 邮件标签报表

邮件标签报表是一种特殊的多列报表,它以组的形式打印地址和名字(或者其他多字段数据)。每个字段组构成网格中的一个单元,为打印而设计的常备胶粘标签决定了在一页上打印多少行和列。

6. 未绑定报表

未绑定报表包含了一个或多个基于不相关数据源(例如表或者查询)的子报表。前五种报表类型使用表或者查询作为数据源,这些种类的报表称为绑定到数据源。未绑定报表的主报表没有链接到作为数据源的表或者查询。但是,未绑定报表包含的子报表必须绑定到数据源上,未绑定报表允许集成一个或多个绑定到独立表或者查询的子报表。

8.2 报表的组成

在报表设计之前,必须了解报表的几个基本组成部分。Access 报表设计也就是围绕着这些组成部分中的控件进行的。

8.2.1 报表的节

报表的设计视图,如图8.1所示。可以在该视图中清楚地看到报表的每个组成部分,报表中的内容是以节作为单位划分。所有的节在设计视图中水平方向无限伸展。

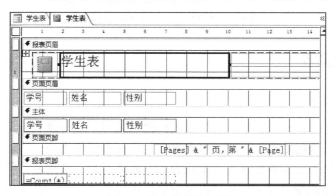

图 8.1 报表的设计视图

报表一般由五个节组成,它们分别是:报表页眉、报表页脚、页面页眉、页面页脚、主体,其中报表主体还包括它的标头和注脚。每个节都有特定目的,而且按照一定的顺序打印在页面及报表上,节的位置和其作用如表8.1所示。

在设计视图中,节代表着各个不同的带区,而且报表所包含的每节一般只能被指定一次。可以通过放置控件来确定在每节中显示内容的位置,例如,选项卡和文本框。通过对使用相同数值的记录进行分组,可以进行一些计算或简化报表使其易于阅读。在此报表中,相同系别的学生分在同一个组中。报表的最后输出结果如图8.2所示(图8.1是它的设计视图)。

表 8.1 报表中节的位置和作用

节	位 置	作 用
报表页眉	只出现在报表开始的位置	在报表中显示标题、徽标、图片,以及其他报表的标识物
页眉	位于每页的最上部	显示字段标题、页号、日期和时间
组标头	位于每个字段组的开始处,需对字段排序或分组的地方	显示标题和总结性的文字
报表主体	每个有下画线的记录都有相对应的详细内容	显示记录的详细内容
主体注脚	位于每个字段的末端,报表主体之后和页脚之前	显示计算和汇总信息
页脚	位于每页的最下部	可以是日期、页号、报表标题、其他信息
报表页脚	只出现在报表结束位置	总结性文字

在默认情况下,通过"新建报表"窗口中"设计视图"选项新建一个报表,新报表中自动包含页眉、页脚和主体这三个节。

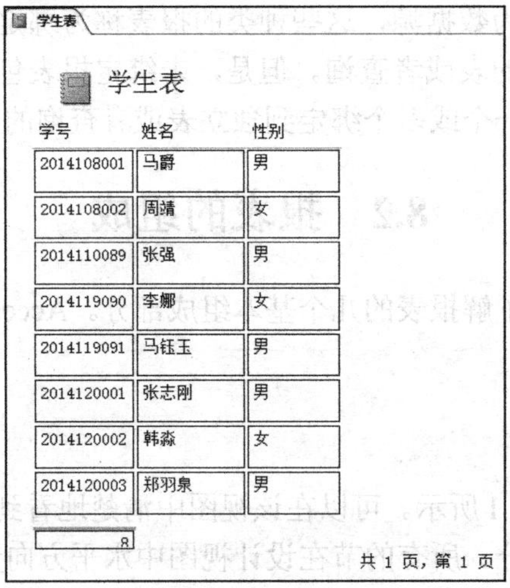

图 8.2 打印预览视图中的报表输出

8.2.2 报表的常见节

1. 报表的页眉

报表的页眉以大字体将该份报表的标题放在报表顶端。只有报表的第一页才显示报表页眉内容。报表页眉的作用是用作封面。报表页眉只能在报表中出现一次,利用分页控件的功能可以将报表中的报表页眉单独作为一个报表的开始或封面,把报表页脚作成一个总结或结束页。如果要在设计视图中显示或隐藏报表页眉,可以在"视图"菜单中选中或取消"报表页眉/页脚"命令即可。

2. 页面页眉

页面页眉中的文字或字段,通常会打印在每页的顶端。如果报表页眉和页面页眉共同存在于第一页,则页面页眉数据会打印在报表页眉的数据下。一个典型的页眉包括页数、报表标题或字段选项卡等。同样,可以利用某些特殊效果对页眉进行处理,突出其包含的内容。如果要在设计视图中显示或隐藏报表页眉,可以在"视图"菜单中选中或取消"页面页眉/页脚"命令即可。

3. 报表的组标头

组标头通常用一个特殊的选项卡来识别，表明报表主体中显示出来的是字段内容。当报表主体使用 Access 报表的排序和分组特性的时候，Access 就会为报表中每个字段添加一个页眉字段选项卡，按照这些字段对记录进行分组。在页面页眉和页面页脚之间是报表主体，即报表的详细信息段，主体中显示每条记录。组标头可以有多级，利用多级可以对显示的主要信息内容进行细分。可以利用组标头属性表对组标头的显示进行设定。

4. 报表的主体

报表的主体用于处理每一条记录，其中的每个值都要被打印。主体区段是报表内容的主体区域，通常是含有计算的字段。可以通过报表设计窗口的"可见性"属性设置是否需要显示报表中的某个字段。通过关闭主体的显示，能够显示一个不带主体或只显示某些组的总计报表。

5. 报表的组注脚

使用组注脚可以对报表主体中分组之后的所有记录进行统计。对于每个组注脚中文本框，都有一个"运行总和"属性，可以利用该属性改变计算总计的方法。

6. 页面页脚

页面页脚通常包含有页码或控件总计。在一个很大的报表中，可能报表主体中的记录很多，使得在每页中没有一个统计数字，这就需要在报表设计中既包含页码总数又有报表主体中被分组的记录总数。一般来说，在页脚显示页脚时，都是采用将文本控件 Page 与表达式 Page 结合在一起打印出页码，页码文本框中的内容一般为：="第'&[Page]&'页"。

7. 报表的页脚

报表注脚位于一个报表设计视图中的最底部，是在所有记录数据和报表主体都输出之后打印在报表的结束处。在输出时和报表页眉一样，只出现一次。典型的报表页脚显示所有记录的汇总结果，例如记录的总计数、平均值和百分率等。当在报表页脚中添加了输出的内容，最后一页中的页面页脚会在报表页脚的输出内容之后输出。

8.3 使用报表向导建立报表

创建报表一般采用三种方法：使用报表向导创建报表，使用建立"报表"按钮直接创建报表和使用设计视图创建报表。创建报表最简单的方法是使用向导。在报表向导中，需要选择在报表中出现的信息，并从多种格式中选择一种格式以确定报表外观。与报表按钮创建不同的是，用户可以用报表向导选择希望在报表中看到的指定字段，这些字段可来自多个表和查询，向导最终会按照用户选择的布局和格式建立报表。

使用报表向导建立报表的步骤如下。

① 打开学生管理"XSGL"数据库，在数据库窗口中选择"创建"菜单。

② 在"报表组"工具栏中单击"报表向导"按钮，这时在屏幕上会弹出"报表向导"对话框，如图8.3所示。这个对话框中要求确定报表的数据来源和构成字段。在"表/查询"下面的下拉框中选择相应的表或查询（以"成绩表"为例），在"可用字段"列表框中便出现所选表的构成字段，选择所需字段。

③ 单击"下一步"按钮。Access 询问是否要对报表添加分组级别，如图 8.4 所示。所谓分组级别就是报表在打印的时候，各个字段是否是按照阶梯的方式排列，分几组，就有几级台阶。当"报表"有多个分组级别时，可以通过两个优先级按钮来调整各个分组级别间的优先关系，排在最上面的优先级最高。

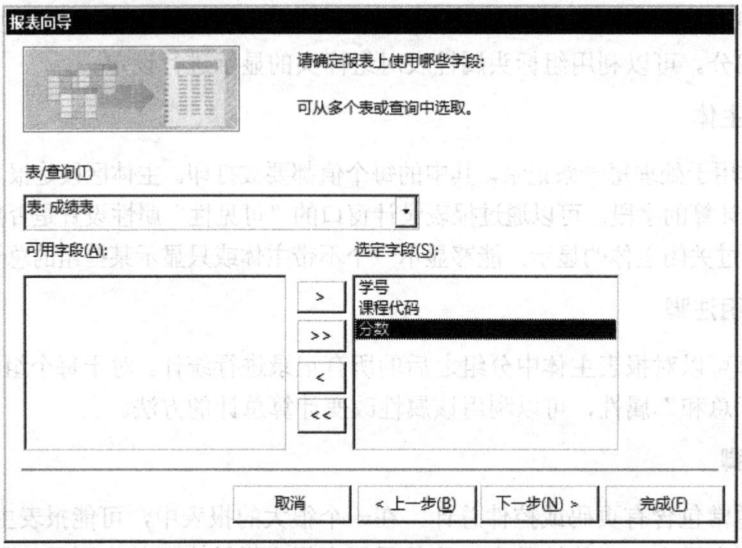

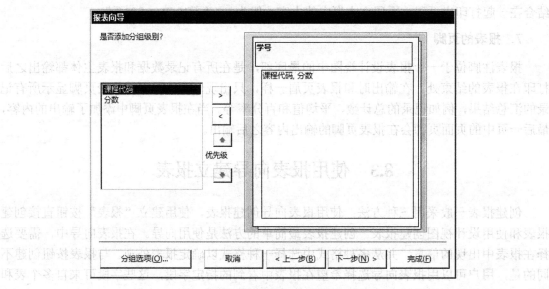

图 8.3 "报表向导"对话框

图 8.4 报表分组（学号）

④ 单击"下一步"按钮。确定记录所用的排序次序，即确定报表中各个记录按照什么顺序从报表的上面排到下面，如图 8.5 所示。例中选择"分数"的升序方式。

⑤ 单击"下一步"按钮。在这一步需要确定报表的布局方式，如图 8.6 所示。

⑥ 单击"下一步"按钮，为报表确定"标题"，例中输入为"学生成绩表"，然后单击"完成"按钮，结果如图 8.7 所示。

第 8 章 报　　表　　169

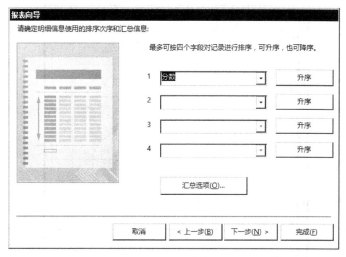

图 8.5　按成绩排序

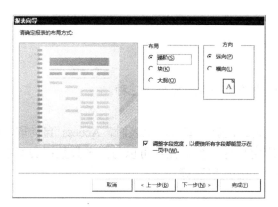

图 8.6　选择报表布局

图 8.7　成绩表结果

8.4　通过设计视图创建报表

如同数据库中创建的大多数对象一样，用户可以采用多种方式来创建所需的报表。

8.4.1　报表创建过程

通过设计视图创建报表的过程如下。

① 打开学生管理"XSGL"数据库，在数据库窗口中选择"创建"菜单。在"报表组"工具栏中单击"报表设计"按钮，这时在屏幕上会出现新建报表工作区，如图 8.8 所示。

② 向报表工作区添加控件。

③ 在报表中添加节。为了使报表更易于理解，可将报表分成若干节，在报表上以不同的间隔显示信息。默认空白报表有 3 个节："页面页眉"、"主体"和"页面页脚"，在报表上单击鼠标右键，弹出快捷菜单，在其中选择"报表页眉/页脚"可增加两个节："报表页眉"和"报表页脚"。

④ 保存报表。

图 8.8 新建报表工作区

8.4.2 报表控件

1. 控件的分类

报表中的每一个对象，都是通过控件来建立的，控件对象分为三种。

（1）绑定控件对象

绑定控件与表字段或查询数据项绑定在一起。在显示或打印报表时，Access 自动取出绑定数据源的值。大多数获取数据的控件都是绑定控件。绑定控件可以与大多数数据类型捆绑在一起，包括文本、日期、数值、是/否、图片、备注字段等。

（2）非绑定控件对象

非绑定控件保留所输入的值，不更新表字段值。这些控件用于显示文本、传递数据。

（3）计算控件对象

计算控件是建立在表达式（如函数和计算）基础之上的。计算控件也是非绑定控件，它不能更新字段值。

2. 控件对象的操作

用户可以在设计视图中对控件进行如下操作：
- 通过鼠标拖动创建新控件对象来移动；
- 通过按"Delete"键删除控件对象；
- 激活控件对象，拖动控件对象的边界调整控件对象大小；
- 利用属性窗口改变控件对象属性；
- 通过格式化改变控件对象外观，可以运用边框、粗体等效果；
- 对控件对象增加边框和阴影等效果。

要想在报表中添加非绑定控件对象，可通过在"控件工具箱"中选择相应的控件，拖动到报表上即可。向报表中添加绑定控件是一项重要工作，这类控件主要是文本框，它与字段列表中的字段相结合来显示数据。在报表中创建计算控件时，如果控件对象是文本框，可以直接在控件对象中输入计算表达式。不管控件对象是不是文本框，都可以使用表达式生成器来创建表达式。

3．控件对象的更改和设置

更改控件对象的方法通常有两种：即在设计视图内直接修改，或利用属性窗口进行修改。除可以移动控件对象的位置和改变控件对象的尺寸外，还可以通过属性窗口设置控件对象的属性。方法是右键单击需要进行属性设置的控件对象，在弹出的快捷菜单中选择属性。

添加控件的过程如下：

① 在图 8.8 窗口中单击鼠标右键，在快捷菜单中选择"报表属性"，弹出"报表属性"窗口，在"报表属性"窗口中选择"数据"选项卡，设置记录源（选择"学生成绩"查询），如图 8.9 所示。

② 在主体节中添加 4 个文本框控件对象，分别设置标签为"学号"、"姓名"、"课程名"和"成绩"，对应的文本框绑定分别定为"学号"、"姓名"、"课程名"和"分数"。所要显示的内容，结果如图 8.10 所示。

③ 保存报表，显示结果如图 8.11 所示。

图 8.9　设计视图

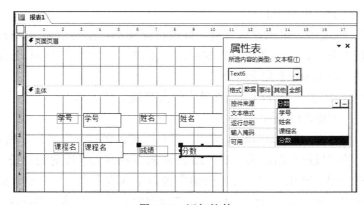

图 8.10　添加控件

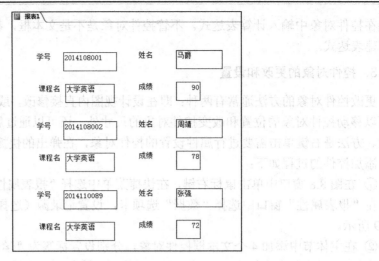

图 8.11 显示结果

可以看出，没有分组的报表，结构不清晰，数据有大量的重复，内容显示没有规律。因此，需要对内容进行分组和排序，来修正这些不足。

8.4.3 在报表中添加分组

组是由具有某种相同信息的记录组成的集合，在报表中计算汇总信息之前，必须进行分组。将报表分组之后，不仅同一类型的记录显示在一起，而且还可以为每个组显示概要和汇总信息，可以提高报表的可读性和易懂性。当按不同字段分组时，除了可以利用整个字段本身作为分组原则，还可以指定分组字段的细节内容作为分组依据。

例如，在利用"日期/时间"字段进行分组时，可以指定按照年、月、日等对记录进行分组，将属于相同年份、月份和日子的记录归到同一组中。在利用"文本"字段进行分组时，可以只取字段的前几个字符作为分组依据。如果要在报表中对记录进行分组，首先将报表切换到报表"设计视图"，在设计视图上单击鼠标右键，弹出快捷菜单，在其中选择"排序与分组"项，在设计视图下边出现"分组、排序和汇总"窗口，在其中有 2 个按钮，一个是添加组，另一个是添加排序。建立分组所依据的字段或表达式，是通过"添加组"按钮来实现报表的汇总功能。

给报表添加分组的过程如下。

① 在报表设计视图中，单击鼠标右键，弹出快捷菜单，在其中选择"排序与分组"，在设计视图下边出现"分组、排序和汇总"窗口，在窗口中添加用于排序和分组的字段，这里选择"学号"字段，结果如图 8.12 所示。

② 在设计视图中增加一个分组节，在节中添加字段，将主体中的"学号"和"姓名"字段移到学号页眉中，如图 8.13 所示。

③ 保存报表并运行，结果如图 8.14 所示。可以发现，经过分组之后，内容清晰明了。

当把用于分组的字段放到组标头中时，Access 就按指定的字段对记录进行分组，把属于同一组的记录放在一起。如果在"排序与分组"窗口中选取多个分组依据，创建的报表将按照多个字段或表达式对记录进行分组。Access 在分组时，首先按第一字段或表达式分组，当记录属于同一组时再按照下一个字段或表达式分组，依此类推。

第 8 章 报　　表

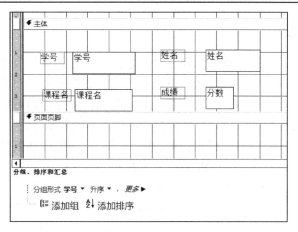

图 8.12　设置分组

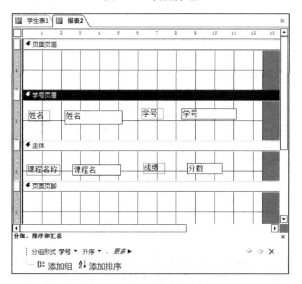

图 8.13　在节中添加字段

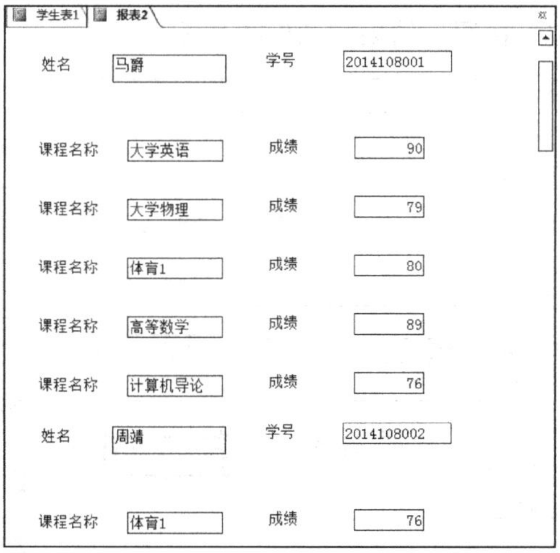

图 8.14　添加分组后的显示结果

8.4.4 添加计算字段

要在报表中显示汇总数据,就必须建立计算字段,利用计算字段计算所需的数据,并把它在计算控件中显示出来。计算控件就是以表达式作为数据来源的控件,表达式可以使用表或查询中的字段数据。一般来说,具有"数据来源"属性的控件都可以作为一个计算控件,建立计算控件的方法与在窗体中建立计算控件一样,操作过程如下:

① 在报表设计视图中,添加分组页脚(学号页脚),利用控件工具箱中的"文本框"按钮在需要输出计算结果的设计页面中添加一个文本框,如图8.15所示。

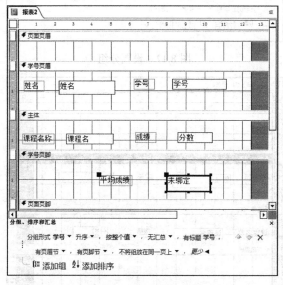

图 8.15 添加计算字段

② 在文本框处于选中状态时,单击工具栏上的"属性"按钮,打开该控件的属性表对话框。在属性表中,单击"控件来源"属性框右边的"生成器"按钮,打开"表达式生成器"窗口,利用"表达式生成器"对话框输入计算表达式,例如,计算平均成绩时,输入表达式"=Avg(成绩)"。单击"确定"按钮,结果如图8.16所示。

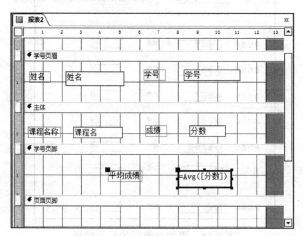

图 8.16 设置计算字段属性

③ 保存报表并运行，结果如图 8.17 所示。

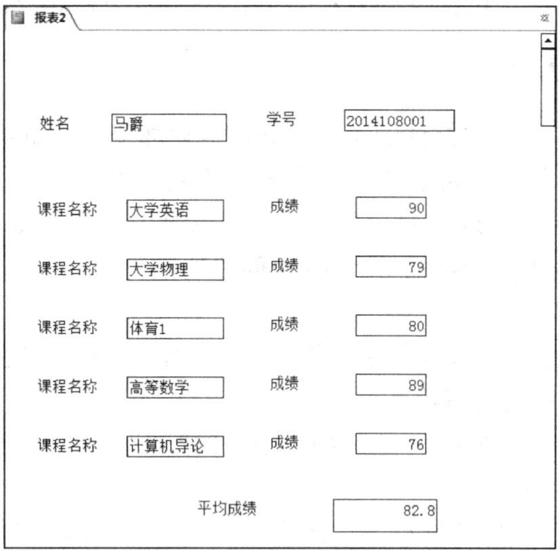

图 8.17 显示结果

如果用户对计算表达式比较熟悉，可以直接在属性框中输入计算表达式。计算控件就根据表或查询中的数据动态计算出表达式的数值。如果计算控件是文本框，则可以在设计视图中直接输入表达式，但是每个表达式之前都要加上"="运算符。在利用"表达式生成器"窗口输入表达式时，可以省略等号的输入。在组注脚的计算控件中输入计算表达式时，除了可以利用数据库字段中的数据，还可以利用其他计算控件的结果。利用前者时，在表达式的计算对象中输入需要的字段名；利用后者时，在表达式的计算对象中输入需要的计算控件的名称即可。但是，对于后者不能利用其他报表区域中的计算控件名作为计算对象。

8.5 修饰报表

8.5.1 添加文字

在设计视图中修改报表的方法和过程与在设计视图中修改窗体的方法基本一致。如果要在报表中添加一行文字，其过程如下：
① 首先将报表切换到设计模式。
② 将鼠标移动到工具箱上单击"标签"图标，将鼠标移到报表需要加文字的地方，按住鼠标左键，拖动鼠标，在屏幕上会出现的矩形虚线框。
③ 在报表上出现一个标签控件，输入文字便可。

当然，可以根据需要移动标签的位置，在报表中移动控件和在窗体上移动是一样的。修改标签控件中文字的字体、大小和颜色也和在窗体中修改这些属性的方法是一样的。

8.5.2 设置内容的显示效果

如果想要报表的内容显示具有特定的格式，那么可以根据自己的实际需求进行显示格式的设置。具体方法是：首先选中需要设置属性的控件，然后单击鼠标右键，在快捷菜单中选择所需要的设置效果（例如，可以设置填充色、字体颜色、特殊效果等）。

8.5.3 调整显示对齐方式

在报表上进行标签和文本框控件的精确对齐比在窗体上更为重要，因为打印结果是否对齐一目了然。对控件进行格式化可以进一步美化报表的呈现。

使用对齐控件时，首先要选择对齐行，然后再选择对齐列。Access 提供了控件缩放和对齐选项，使得对齐过程变得容易。为了改变创建的控件大小和对之进行对齐处理，可遵循如下步骤。

① 可以同时调整所有文本框的高度使之适合其内容。选择"报表设计工具/格式"→"所选/全选"，便可选择报表中的所有控件。

② 选择"报表设计工具/排列"→"调整大小和排列"，调整所选定控件的高度。Access 将调整所有控件到合适的高度。

③ 选择"页面页眉"节的所有标签。选择"报表设计工具/排列"→"调整大小和排列/对齐"，然后选择"靠上"。这个过程将把所选定的每个标签的顶部和选定标签中最为靠上的那个标签的顶部对齐。

④ 选择"主体"节中的所有文本框，在这些文本框上重复步骤③，可以实现对应的设置。

8.6 打印报表

8.6.1 页面设置

报表最终需要打印，在打印之前，先要进行页面的设置，过程如下：在窗口的主菜单上，选择"报表设计工具/页面设置"按钮，有页面大小功能区和页面布局功能区，单击页面布局会弹出"页面设置"对话框，如图8.18所示。

在页面大小功能区中可以设置打印纸的一些属性和"页边距"属性，页边距是打印纸上正文距离纸边缘的距离。

在页面布局功能区中可以确定打印方向是横着还是竖着打印出来。

图 8.18 "页面设置"对话框

8.6.2 预览与打印报表

选中数据窗口中"对象"栏下的"报表"对象，选择所需预览的报表后，单击右键，在快捷菜单中选择"打印预览"。打印预览与打印结果一致。如果报表记录很多，一页容纳不下，在每页的下面有一个滚动条和页数指示框，可进行翻页操作。

打印报表最简单的方法是直接单击工具栏上的"打印"按钮，弹出"打印"窗口，如图8.19所示。在"打印机"选项中选择打印机的型号。然后在"打印范围"选项中指定打印所有页或者确定打印页的范围。在"份数"选项中指定复制的份数和是否需要对其进行分页。最后单击"确定"按钮，就可以进行打印了。

图 8.19 "打印"窗口

习 题 8

一、填空题

1．完整的报表设计通常由报表页眉、_____、_____、_____、_____、_____和组页脚 7 个部分组成。

2．Access 的报表对象的数据源可以设置为_____。

3．计算控件的控件来源属性一般设置为_____开头的计算表达式。

4．要设计出带表格线的报表，需要向报表中添加_____控件完成表格线显示。

5．利用报表不仅可以创建_____，而且可以对记录进行分组，计算各组的汇总数据。

6．设计报表时，将各种类型的文本和_____放在报表设计窗体中的各个区域内。

7．页面页眉中的文字或控件一般输出显示在每页的_____。

8．在报表的设计视图中，可以包含标签、文本框、_____。

9．要实现报表按某字段分组统计输出，需要设置该字段组_____。

10．要在报表每一页的顶部都输出信息，需要设置_____。

二、选择题

1．以下叙述中正确的是（　　）。

　　A．报表只能输入数据　　　　　　　　　　B．报表只能输出数据

　　C．报表可以输入和输出数据　　　　　　　D．报表不能输入和输出数据

2．要实现报表的分组统计，正确的操作区域是（　　）。

　　A．报表页眉或报表页脚区域　　　　　　　B．页面页眉或页面页脚区域

　　C．主体区域　　　　　　　　　　　　　　D．组页眉或组页脚区域

3．关于设置报表数据源，下列叙述中正确的是（　　）。

　　A．可以是任意对象　　　　　　　　　　　B．只能是表对象

C. 只能是查询对象 　　　　　　　　D. 只能是表对象或查询对象

4. 要设置只在报表最后一页主体内容之后输出的信息，正确的设置是（　　）。
   A. 报表页眉　　　B. 报表页脚　　　C. 页面页眉　　　D. 页面页脚

5. 在报表设计中，以下可以做绑定控件显示字段数据的是（　　）。
   A. 文本框　　　　B. 标签　　　　　C. 命令按钮　　　D. 图像

6. 要设置在报表每一页的底部都输出的信息，需要设置（　　）。
   A. 报表页眉　　　B. 报表页脚　　　C. 页面页眉　　　D. 页面页脚

7. 在报表中，要计算"数学"字段的最高分，应将控件的"控件来源"属性设置为（　　）。
   A. =Max（[数学]）　B. Mas（数学）　C. =Max[数学]　　D. =Max（数学）

8. 要实现报表按某字段分组统计输出，需要设置（　　）。
   A. 报表页脚　　　B. 该字段组页脚　C. 主体　　　　　D. 页面页脚

9. 如果设置报表上某个文本框的控件来源属性为"=2*3+1"，则打开报表视图时，该文本框显示信息是（　　）。
   A. 未绑定　　　　B. 7　　　　　　C. 2*3+　　　　　D. 出错

10. 下列说法不正确的是（　　）。
    A. 可以在单独的报表页眉中输入任何内容
    B. 为了将标题在每一页都显示出来，应该将标题放在页面页眉中
    C. 在实际操作中，组页眉和组页脚不可以单独设置
    D. 主体节中可以包含计算的字段数据

11. 下列关于纵栏式报表的描述中，错误的是（　　）。
    A. 垂直方式显示
    B. 可以显示一条或多条记录
    C. 将记录数据的字段标题信息与字段记录数据一起安排在每页主体节区内显示
    D. 将记录数据的字段标题信息与字段记录数据一起安排在每页报表页眉节区内显示

12. 用于显示整个报表的计算汇总信息的是（　　）。
    A. 报表页脚节　　　　　　　　　　B. 页面页脚节
    C. 主体节　　　　　　　　　　　　D. 页面页眉节

13. 下列叙述中正确的是（　　）。
    A. 纵栏式报表将记录数据的字段标题信息安排在每页主体节区内显示
    B. 纵栏式报表将记录数据的字段标题信息安排在页面页眉节区内显示
    C. 表格式报表其记录数据的字段标题信息被安排在每页主体节区内显示
    D. 多态性是使该类以统一的方式处理相同数据类型的一种手段

14. 页面页眉的作用是（　　）。
    A. 用于显示报表的标题、图形或说明性文字　　B. 用来显示整个报表的汇总说明
    C. 用来显示报表中的字段名称或对记录的分组名称　D. 打印表或查询中的记录数据

15. 只能出现在报表开始处的是（　　）。
    A. 页面页眉节　　　　　　　　　　B. 页面页脚节
    C. 组页眉节　　　　　　　　　　　D. 报表页眉节

16. 在 Access 数据库中，专用于打印的是（　　）。
    A. 表　　　　　　　　　　　　　　B. 查询

C. 报表　　　　　　　　　　　　　　D. 页

17. 在报表设计过程中，不适合添加的控件是（　　）。
    A. 标签控件　　　　　　　　　　　B. 图形控件
    C. 文本框控件　　　　　　　　　　D. 选项组控件

18. 下面关于报表对数据的处理中叙述正确的是（　　）。
    A. 报表只能输入数据　　　　　　　B. 报表只能输出数据
    C. 报表可以输入和输出数据　　　　D. 报表不能输入和输出数据

19. 用于实现报表的分组统计数据操作区间的是（　　）。
    A. 报表的主体区域　　　　　　　　B. 页面页眉或页面页脚区域
    C. 报表页眉或报表页脚区域　　　　D. 组页眉或组页脚区域

20. 为了在报表的每一页底部显示页码号，应该设置（　　）。
    A. 报表页眉　　　B. 页面页眉　　　C. 页面页脚　　　D. 报表页脚

21. 要在报表每一页的顶部都输出信息，需要设置（　　）。
    A. 报表页眉　　　B. 报表页脚　　　C. 页面页眉　　　D. 页面页脚

22. 要在报表上显示格式为"7/总10页"的页码，则计算控件的控件源应设置为（　　）。
    A. [Page]/总[Pages]　　　　　　　B. =[Page]/总[Pages]
    C. [Page]&"/总"&[Pages]　　　　　D. =[Page]&"/总"&[Pages]

23. 用来查看报表页面数据输出形态的视图是（　　）。
    A. "设计"视图　　　　　　　　　　B. "打印预览"视图
    C. "报表预览"视图　　　　　　　　D. "版面预览"视图

24. 关于报表功能叙述不正确的是（　　）。
    A. 可以呈现各种格式的数据　　　　B. 可以包含子报表与图标数据
    C. 可以分组组织数据，进行汇总　　D. 可以进行计数、求平均、求和等统计计算

25. 对报表属性中的数据源设置，下列说法正确的是（　　）。
    A. 只能是表对象　　　　　　　　　B. 只能是查询对象
    C. 既可以是表对象也可以是查询对象　D. 以上说法均不正确

26. 报表中的报表页眉是用来（　　）。
    A. 显示报表中的字段名称或对记录的分组名称
    B. 显示报表的标题、图形或说明性文字
    C. 显示本页的汇总说明
    D. 显示整份报表的汇总说明

三、简答题

1. 报表的功能是什么？
2. 常见的报表格式有哪几种？
3. 在报表中最多可按多少个字段或表达式进行分组？在报表中对记录进行分组的操作步骤是什么？
4. 在报表中如何添加页码？
5. 在报表设计视图中，报表的结构有几个组成部分？

四、操作题

对学生成绩数据库完成以下两个操作。
（1）创建学生成绩统计报表，并对报表进行如下操作：

① 在报表中的报表页眉节区添加一个标签控件,标题显示为"学生成绩表";

② 在报表页脚节区添加一个计算控件,计算并显示学生平均成绩。计算控件放置在距上边 0.3cm、距左边 6.1cm,并命名为"Avg_score"。

(2) 创建学生基本信息报表,并对报表进行如下操作:

① 在报表中的报表页眉节区添加一个标签控件,标题显示为"学生基本信息表";

② 在报表的主体节区添加一个文本框控件,显示"年龄"字段值。该控件放置在距上边 0.1cm、距左边 6.9cm,并命名为"Age";

③ 在报表页脚节区添加一个计算控件,计算并显示学生平均年龄。计算控件放置在距上边 0.3cm、距左边 6.1cm,并命名为"Avg"。

第 9 章 宏

Access 采用的是一种面向对象的设计思想,所有的功能都用对象来实现,通过不同功能的对象组合可以完成实际的数据处理功能,而数据处理的"流程控制"功能可以用 Access 宏对象来完成。

Access 提供了功能强大且容易使用的宏,通过宏可以完成以往用程序才能完成的许多事情,提高了工作效率。本章将介绍与宏对象有关的一些基本知识。

9.1 理 解 宏

在 Access 中,经常要对数据进行一系列有规律的操作处理,如打开窗体、打开用户表、查找记录、预览或打印报表等,这些操作都需要用户通过使用鼠标一步一步操作才能完成。遇到这种情况就可以定义一个宏,通过运行宏即可自动完成这些操作。

9.1.1 宏介绍

Access 宏(译自英文单词 Macro)是微软公司为其 Office 软件包设计的一个特殊功能,它是为了让用户在使用软件进行工作时,避免一再地重复相同的动作而设计出来的一种工具。它利用简单的语法,把常用的动作写成宏,当在工作时,就可以直接利用事先编好的宏自动运行,去完成某项特定的任务,而不必再重复相同的动作,其目的就是让一些任务自动化。

可以将 Access 宏看作一种简化的编程语言,利用这种语言,通过生成要执行的操作的列表来创建代码。宏能够向窗体、报表和控件中添加功能,而无须在 VBA 模块中编写代码。宏提供了 VBA 中可用命令的子集,这比编写 VBA 代码更容易。

Access 的宏是由一个或多个操作集合所形成的对象,其中的每个操作都实现某一特定的功能。通过运行宏,Access 能够有次序地自动完成一连串的操作,包括键盘或鼠标的操作,即宏能实现自动处理许多重复性的任务。

在宏对象中,定义了各种操作及其执行条件。运行时,Access 会自动根据"操作"定义顺序和条件来运行。利用宏对象就可以控制"操作"的流程,这样不用编程就可以建立一个完善的数据库应用系统。

在宏中,可以将多个操作集合在一起,通过宏可以自动完成各种简单的重复性工作。例如,可以设置某个宏,在用户单击某个命令按钮时运行该宏,以打开某个窗体或打印某个报表。

学习宏需要注意:宏的一切操作是不可撤销的,在不了解宏的功能之前,最好的方法是先保存备份一份,然后再运行宏,如果发现宏运行后的结果有误,就可以使用备份还原到运行宏之前的状态。

9.1.2 宏的功能

宏是一种工具,允许自动执行任务,以及向窗体、报表和控件中添加功能。例如,如果向窗体中添加了一个命令按钮,则可将该按钮的 OnClick 事件属性与一个宏相关联,该宏包含每次单击该按钮时它需要所执行的命令。

宏是以"操作"为单位的,它由一连串的操作组成。Access 中定义了很多宏操作,这些宏操作可以完成以下功能:

- 打开、关闭窗体或报表,打印报表,执行查询;
- 筛选、查找记录;
- 模拟键盘动作,为对话框或其他等待输入的任务提供字串输入;
- 显示信息框,响铃警告;
- 移动窗口,改变窗口大小;
- 实现数据的导入、导出;
- 定制菜单;
- 执行任意的应用程序模块;
- 为控件的属性赋值。

从以上列举的内容来看,宏操作几乎涉及了数据库管理的全部细节。一般情况下,用宏能够实现一个 Access 数据库界面管理。之所以称 Access 是一种不编程的数据库,其原因便是它拥有一套功能完善的宏操作。

9.1.3 宏的分类

在 Access 中,宏可以是包含操作序列的一个宏,也可以是由若干个宏构成的宏组,还可以使用程序流程类宏来决定如何运行宏,以及在运行宏时是否进行某项操作。根据以上情况可以将宏分为操作序列、操作流程控制和宏组 3 类宏。

1. 操作序列宏

操作序列宏是一系列的宏操作组成的序列,每次运行该宏时,Access 都会按照操作序列中命令的先后顺序执行,例如,下面 3 个操作命令就可以形成一个操作序列宏。

OpenFrom   (打开窗体)
GoToControl (将光标移动到指定的对象上)
FindRecord   (按照条件查找下一个数据实例)

2. 操作流程控制宏

操作流程控制是指在宏的操作中设定条件,根据条件来决定执行那些操作,实现选择宏操作执行。条件的设置可以通过逻辑表达式来完成,表达式的真假决定执行不同的宏操作。

3. 宏组

宏组是存储为单个数据库对象的宏的集合,它是在一个宏中包含若干个宏,这些宏都有各自的名称和相应的宏操作。

在数据库操作中,如果为了完成一项功能而需要使用多个宏,则可将完成同一项功能的多个宏组成一个宏组,以便于对数据库中的宏进行分类管理和分别维护。

宏和宏组的区别在于:宏可以用来执行某些特定的操作,而宏组则是用来对多个相关宏进行管理。

宏既可以作为独立的数据库对象被存储;也可以作为宏组的一部分被存储,当然,此宏组也是一个数据库对象。

9.1.4 事件的概念

在实际操作中,很少单独执行宏,往往通过窗体或报表中控件的某个事件触发,也可以在数据库运行过程中由程序或系统触发而自动执行。

1．事件

事件是指对象所能辨识或检测的动作，当此动作发生于某一个对象上，其相对的事件便会被触发。即事件是一种特定的操作，在某个对象上发生或对某个对象发生。

事件的发生是由用户的操作、程序代码的执行或系统触发而产生的结果，例如，单击一个对象、数据更改、窗体的打开或关闭等。

2．事件过程

事件过程是为响应由用户、程序代码或由系统触发的事件而运行的过程。

如果预先为某个事件编写了宏或事件处理程序，则当对应的事件发生时，该宏或事件处理程序便会被执行。例如，用鼠标单击窗体上的按钮，该按钮的 Click（单击）事件便会被触发，指派给 Click 事件的宏或事件程序也就跟着被执行。

通过使用事件过程，可以为在窗体、报表或控件上发生的事件添加自定义的事件响应。另外，可以直接将宏嵌入到对象或控件的事件属性中。嵌入的宏将变成该对象或控件的一部分，并随该对象或控件一起被移动或复制。

9.2 创 建 宏

在 Access 中创建宏是通过宏设计器视图选择设置的，不需要记住每个操作的语法，并且每选择一个宏，其参数都会显示出来以供选择。但在创建宏时应对所使用的 Access 版本中具体提供的基本宏操作有所了解，才能准确地选择所需要的宏命令。

注：不同 Access 版本，其提供的宏操作是有差别的，尤其是新的版本和老版本其差别更大。

9.2.1 宏操作

在 Access 2013 中，一共有 67 种基本宏操作，详见表 9.1 至表 9.9 所示。

表 9.1 程序流程

宏 命 令	使 用 说 明
Comment	显示当宏运行时未执行的信息
Group	允许操作和程序流程在已命名、可折叠、未执行的块中分组
If	如果条件的评估结果为真，则执行逻辑块
Submaero	允许在只能由 RunMacro 或 OnError 宏操作调用的宏中执行一组已命名的宏操作

表 9.2 窗口管理

宏 命 令	使 用 说 明
CloseWindows	关闭指定的窗口，如果无指定的窗口，则关闭当前激活的窗口
MaximizeWindows	使活动窗口充满 Access 窗口
MinimizeWindows	最小化活动窗口
MoveAndSizeWindows	移动活动窗口或调整其大小
RestoreWindows	恢复窗口为原来的大小

表9.3 宏命名

宏命令	使用说明
CancelEvent	取消事件
ClearMacroError	清除 MacroError 对象中的错误
OnError	定义错误处理行为
RemoveAllTempVars	删除所有临时变量
RemoveTempVars	删除一个临时变量
RunCode	调用 Visual Basic 的函数过程
RunDataMacro	运行数据宏
RunCommand	运行 Access 的菜单命令
RunMacro	运行指定的宏，该宏可以在宏组中
SetLocalVar	将本地变量设置为给定值
SetTempVar	将临时变量设置为给定值
SingStep	暂停宏的执行并打开"单步执行宏"对话框
StopAllMacros	中止所有正在运行的宏
StopMacro	停止当前正在运行的宏

表9.4 筛选/查询/搜索

宏命令	使用说明
ApplyFilter	限制数据，按 WHERE 筛选数据表、窗体或报表中的记录
FindNextRecord	查找下一个记录
FindRecord	查找符合参数指定准则的第一个数据实例
OpenQuery	打开选择查询或交叉表查询，或者执行动作查询
Refresh	刷新视图中的记录
RefreshRecord	刷新当前记录
RrmoveFilterSort	删除当前筛选
Requery	重新查询或再次计算控件的数据源，更新活动对象中特定控件的数据
SearchForRecord	基于某个条件在对象中搜索记录
SetFilter	在表、窗体或报表中应用筛选、查询或 SQL WHERE 子句可限定或排序来自表中的记录，或来自窗体、报表的基本表或查询中的记录
SetOrderBy	对表中的记录或来自窗体、报表的基本表或查询中的记录应用排序
ShowAllRecords	从激活的表、查询或窗体中删除所有已应用的筛选。

表9.5 数据导入/导出

宏命令	使用说明
AddContactFromQutlook	添加来自 OutLook 中的联系人
EmailDatabaseObjet	将指定的数据库对象包含在电子邮件消息中，对象在其中可以查看和转发。
ExportWithFormatting	将指定的数据库对象中的数据输出为 Microsoft Excel 文件、格式文件(.rtf)、文本文件(.txt)、HTML（.htm）或快照(.snp)格式
SaveAsOutlookContact	将当前记录另存为 Outlook 联系人
WordMailMerge	执行"邮件合并"操作

第 9 章 宏

表 9.6 数据库对象

宏 命 令	使 用 说 明
GoToControl	将焦点移到激活数据表或窗体上指定的字段或控件上
GoToPage	将焦点移到激活窗体指定页的第一个控件
GoToRecord	使表、窗体或查询结果集中的指定记录成为当前记录
OpenForm	打开窗体
OpenFunction	打开一个函数
OpenReport	打开报表或立即打印报表
OpenTable	打开表
PrintObject	打印当前对象
PrintPreview	当前对象的"打印预览"
SelectObject	选择指定的数据库对象,使之成为当前对象
SetProperty	设置控件属性
RepaintObject	完成指定数据库对象挂起的屏幕更新

表 9.7 数据输入操作

宏 命 令	使 用 说 明
DeleteRecord	删除当前记录
EditlistLtems	编辑查阅列表的项
SaveRecord	保存当前记录

表 9.8 系统命令

宏 命 令	使 用 说 明
Beep	使扬声器发出嘟嘟声
CloseDatabase	关闭当前数据库
DisplayHourglassPointer	当宏执行时,将正常光标变为沙漏形状或所选定的其他图标

表 9.9 用户界面命令

宏 命 令	使 用 说 明
AddMenu	为窗体或报表将菜单添加到自定义菜单栏。
BrowseTo	将子窗体的加载对象更改为子窗体控件
LockNavigationPane	用于锁定或解除锁导航窗格
MessageBox	显示含有警告或提示消息的消息框
NavigateTo	定位到指定的"导航窗格"组合类别
Redo	重复最近的用户操作
SetDisplauedCategories	用于指定要在导航窗格中显示的类别
SetMenuItem	为激活窗口设置自定义菜单(包括全局菜单)上菜单项的状态
UndoRecord	撤销最近的用户操作

创建一个宏通常要遵循以下 5 个步骤。

① 明确创建这个宏要完成的任务,即要达到什么目标。
② 确定完成这些任务的次序和方式。
③ 根据以上要求,选择完成这些任务的操作及指定参数,也就是确定如何完成这些任务。
④ 调试编制的宏,直到正确无误。
⑤ 保存宏。

注意：对于不同的 Access 版本，其提供的基本操作命令并不完全一样，本节介绍的是 Access 2013 版提供的 67 个基本操作，而 Access 2007 里提供了 45 个基本操作命令，且宏命令名有些也不同。具体使用时应根据使用的具体版本选用，否则可能无法执行。

9.2.2 宏设计器窗口

要在 Access 2013 中创建宏，首先在窗口菜单中选择创建标签项，再在列出的创建名中选择宏命令，系统建立一个宏设计器窗口，然后在宏设计器窗口"添加新操作"列表中选择一个宏命令，如图 9.1 所示。例如，选择 Openform 宏（打开一个窗体命令），之后在该宏设计界面（如图 9.2 所示）中完成该宏设计。

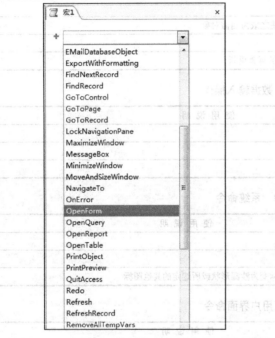

图 9.1 宏命令列表　　　　图 9.2 宏设计界面

宏设计界面（如图 9.2 所示）提供宏参数的选择设置，用于定义宏操作的工作方式或条件。不同的宏其参数有所不同，如 OpenForm 的参数主要有五个，分别是窗体名称、视图、筛选名称及条件、数据模式和窗口模式，如图 9.2 所示，这里"窗体名称"项设定为打开"学生信息"窗体。

9.2.3 在宏中添加操作

在宏设计视图打开后就可以添加操作，其方法有以下两种。

1. 拖动数据库对象添加操作

要快速创建一个在指定数据库对象上执行操作的宏，可以从数据库窗口中将对象直接拖放到宏设计器视图的"添加新操作"下拉列表中即可。具体步骤如下：

① 打开宏的设计器视图，如图 9.3 左面所示。

② 在图 9.3 右面导航窗格中选择对象类型，然后选取相应的对象并拖动到"添加新操作"

下拉列表内。如果拖动的是宏，则添加执行此宏的操作；如果拖动其他对象，则将添加打开相应对象的操作，如图 9.4 所示是选择拖动查询对象中的"学生成绩查询_交叉表"对象，可以看到其参数已经自动设置好。

图 9.3　宏设计器视图

图 9.4　拖动建立的 OpenQuwey 宏

通过拖动数据库对象向宏添加操作时，Access 2013 不仅添加打开或执行对象的操作，而且还在"参数"框中自动设置操作参数。

2．在宏设计器中添加操作

在宏设计器中添加操作，具体步骤如下。

① 打开宏的设计器视图。

② 单击"添加新操作"框中的下拉列表右侧向下箭头符号，打开宏操作列表（如图 9.1 所示），从该列表中选择需要的宏操作。

③ 在设计页，对所选宏操作的操作参数进行设置。在设置参数时，可以直接在参数栏中输入值，也可以在参数列表中选择一个适当的值。例如，如果宏操作为 OpenForm（打开窗体），那么在设置"窗体名称"参数时，可以从它的参数列表中选择要打开的窗体。通常在设置操作参数时，应按照参数排列顺序来设置参数，因为选择某一参数将决定该参数后面的参数选择。

④ 重复步骤②、③的操作，直到添完所有的宏操作。

【例 9-1】　创建一个宏，完成向"XSGL"数据库中的"学生信息"窗体中添加新记录这一功能。

具体创建步骤如下：

① 打开"XSGL"数据库，建立一个如图 9.5 所示的"学生信息"窗体。

② 选择菜单栏"创建"标签，然后选择"宏"命令项，建立一个宏设计器视图，在宏设计器视图中打开宏操作列表（如图 9.1 所示），从该列表中选择 DisplayHourglassPointer 操

作，其参数"显示沙漏"设置为"是"。注：这是将鼠标指针改为"沙漏"，用以表明宏正在运行。

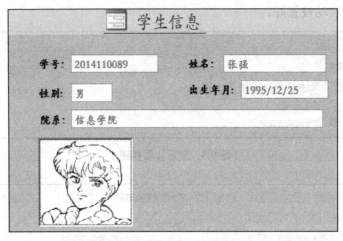

图 9.5 "学生信息"窗体

③ 将导航窗格中的"窗体"对象内的"学生信息"窗体拖动到"添加新操作"下拉列表内，如图 9.6 所示。

图 9.6 添加两个操作后的宏设计器视图

设置其参数如下：
- "窗体名称"设置为"学生基本情况"。
- "视图"设置"窗体"。
- "筛选名称"不用指定。
- "当条件"不用指定。
- "数据模式"设置为"编辑"。即指定数据输入方式，可以编辑现有的记录。
- "窗口模式"设置为"普通"。

④ 在宏设计器视图中打开宏操作列表（如图 9.1 所示），从该列表中选择 GoToRecord 操作，其参数如下：
- "对象类型"（Object Type）不用指定。
- "对象名称"（Object Name）不用指定。

- "记录"（Record）设置为"新记录"。
- "位移"（Offset）不用指定。

⑤ 在宏设计器视图中打开宏操作列表（如图 9.1 所示），从该列表中选择 DisplayHourglassPointer 操作，其参数"显示沙漏"（Hourglass On）设置为"否"。

完成上面的宏操作添加后，宏在宏设计器视图中的实际情况如图 9.7 所示。

⑥ 将创建的宏保存，并命名为"添加新记录"宏。

⑦ 运行"添加新记录"宏，结果如图 9.8 所示。此时显示一条新记录，可以在此录入新记录的数据。

图 9.7　添加 4 个宏操作的宏

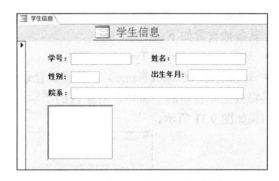

图 9.8　运行"添加新记录"宏结果

3．宏操作执行的条件设置

在宏的运行过程中，有时要根据运行时的条件来决定执行哪一个操作，Access 2013 提供的 If 宏就是支持这种选择执行操作的宏，它要根据是否满足条件（即要判断条件是否为真）来决定是否执行，如图 9.9 所示。If 宏的执行是，先求解条件表达式，如果其值为真，则执行 Then 后添加的宏操作，否则执行 Else 后添加的宏操作。这里所谓条件就是逻辑，例如，"Form！[学生基本情况]！[出生日期]<#1986-9-1#"这个逻辑表达式，表示"学生基本情况"窗体中出生日期字段的值小于 1986-9-1 这一条件。

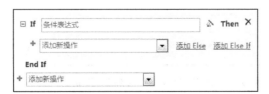

图 9.9　"If"宏

在输入逻辑表达式时，如果引用窗体或报表上的控件值，应使用如下语法：

　　Forms！[窗体名]！[控件名]

或　　　Forms![报表名]![控件名]

【例 9-2】 创建一个宏，检查从登录窗体中输入的密码正确性，如果不正确，弹出消息框，提示密码错误，如果正确则打开"学生信息"窗体。这里假定系统有一个 admin 管理员，其密码是 Pwd123。

① 打开"XSGL"数据库，创建一个新登录窗体结构如图 9.10 所示。其中，窗体对象的标题属性值设置为"管理员登录"；姓名录入文本框的名称属性设置为 adminText；密码录入文本框的名称属性设置为 pwdText；"确定"按钮的名称属性为 CmdOk；"取消"按钮的名称属性为 CmdQuit；窗体中各控件对象的标题值按图 9.8 显示的文字赋值即可。

图 9-10　管理员登录窗口

② 新建一个宏，在宏设计器视图中打开宏操作列表（如图 9.1 所示），从该列表中选择 If 操作，视图中出现如图 9.9 所示的 If 宏。

③ 在条件表达式框内输入下面的表达式：

　　adminText.Value="admin" AND pwdText.Value="Pwd123"

打开 Then 后的"添加新操作"列表框（如图 9.9 所示），从该列表中选择 CloseWindows 操作，其参数设置如下：

● 对象类型（Object Type）：窗体。
● 对象名称（Object Name）：管理员登录。

再将数据库窗口的"窗体"对象内的"学生信息"窗体拖动到其后的"添加新操作"列内。结果如图 9.11 所示。

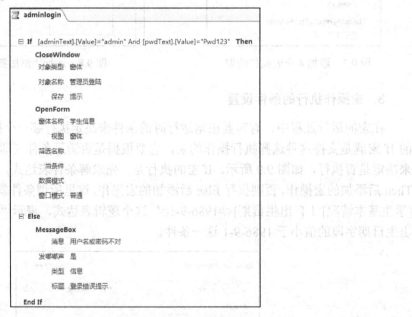

图 9.11　使用 If 程序流程控制宏建立的选择操作

④ 单击"添加 Else"选项，在其后的"添加新操作"列表框中选择 MessageBox 操作，其参数：消息设置为"用户名或密码不对"；类型设置为"信息"；标题设置为"登录错误提示"，如图 9.11 所示。

⑤ 将创建的宏保存，并命名为"adminlogin"宏。

⑥ 打开"管理员登录"窗体，右键单击"确认"按钮，在快捷菜单中选择"属性"命令，弹出属性设置窗口，选择事件选项卡中"单击"属性，打开其下拉菜单，从中选择"adminlogin"宏。

⑦ 选择"取消"按钮，单击其属性设置窗口的"事件"选项卡中的"单击"属性后的生成器按钮，选择"宏生成器"项，出现设置内嵌的宏设计器视图，在其中添加 CloseWindows 操作，其参数设置如下。

- 对象类型（Object Type）：窗体。
- 对象名称（Object Name）：管理员登录。

关闭该内嵌的宏设计器视图。

⑧ 运行"管理员登录"窗体，输入管理员名和密码。如果输入有错则弹出图 9.12 所示的出错提示消息框。否则打开"学生信息"窗口，如图 9.5 所示。

图 9.12 登录出错提示窗口

4．保存宏

完成宏操作的添加后，选择菜单栏的"文件"→"保存"命令或单击工具栏上的"保存"按钮即可保存宏。

5．宏的嵌套

在 Access 中，使用 RunMacro 操作，并将操作参数"宏名"设置为希望运行的宏名称，就可以对一个已有宏对象进行引用。被调用的宏运行结束后，Access 都会返回到调用宏，继续进行该宏的下一个操作。

可以调用同一宏组的宏，也可以调用另一宏组中的宏。如果在"宏名"框中输入某个宏组的名称，则 Access 将运行该组中的第 1 个宏。

RunMacro 操作除了"宏名"参数外还有两个参数，"重复次数"用来指定重复运行宏的最大次数，"重复表达式"计算结果为 True（-1） 或 False（0）。每次 RunMacro 操作运行时都会计算该表达式，当结果为 False 时，则停止调用的宏。

利用宏的嵌套功能，用户在创建新宏时，便可以根据需要引用已创建宏中的操作，而不用再在新建的宏中逐一添加重复操作。

9.2.4 创建宏组

宏组是存储在同一个宏名下的相关宏的组合，它与其他宏一样可在宏窗口中进行设计，并保存在数据库窗口的"宏"选项卡中。

在创建宏时，如果要将几个相关的宏结合在一起完成某项特定的复杂操作，而不希望对单个宏进行触发，那么可以将它们组织起来构成一个宏组。

【例 9-3】 创建一个 hz 宏，里面包含两个宏组，分别命名为"宏 1"和"宏 2"。宏 1 的功能是打开"学生表"，打开表前要发出"嘟嘟"；再关闭"学生表"，关闭前要用消息框提示操作，宏 2 的功能是打开和关闭"学生信息"窗体，打开前发出"嘟嘟"声，关闭前要用消息框提示操作。

① 在"XSGL"数据库中，在菜单栏选择"创建/代码与宏"项，单击"宏"按钮，进入宏设计器窗口。

② 打开宏操作列表（如图 9.1 所示），从该列表中选择 SubMacro 操作，在子宏名称文本框中，默认名称为 Sub1，把该名称修改为"宏1"，如图 9.13 所示。

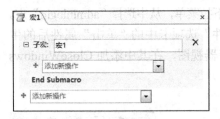

图 9.13 更子宏"Sub1"为"宏1"

③ 在宏 1 的"添加新操作"列，选择"Beep"操作。再在"添加新操作"列，选择"OpenTable"操作，操作参数区中的"表名称"选择"学生表"，"编辑模式"选择"只读"。

④ 在"添加新操作"列选择"MessageBox"操作，"操作参数"区中的"消息"框中输入"关闭表吗？"，"类型"选择"警告"。再在"添加新操作"列选择"RunMenuCommand"操作，操作参数区中的"命令"选择"Close"。

⑤ "添加新操作"列选择"RunMacro"操作，操作参数区中的"宏名称"填入"hz.宏2"。

⑥ 打开最下面的"添加新操作"列表，从中选择 SubMacro 操作，在子宏名称文本框中，默认名称为 Sub2，把该名称修改为"宏2"。

⑦ 在宏 2 的"添加新操作"列选择"Beep"操作。再在"添加新操作"列选择"OpenForm"操作，设置窗体名称为"学生信息"。

⑧ 在"添加新操作"列选择"MessageBox"操作，"操作参数"区中的"消息"框中输入"关闭学生信息窗体？"，"类型"选择"警告"。再在"添加新操作"列选择"RunMenuCommand"操作，操作参数区中的"命令"选择"Close"。

⑨ 单击"保存"按钮，"宏名称"文本框中输入"hz"。

hz 宏组设计视图结果如图 9.14 所示。

图 9.14 宏组设计结果

【例 9-4】 创建一个"练习使用宏"的窗体，然后在宏中使用前面例题中已建立的宏。

① 创建一个"练习使用宏"的新窗体，结构如图 9.15 所示。其中，窗体对象的标题属性值设置为"练习使用宏"；"打开学生表"、"学生信息"和"退出"三个按钮的名

称属性分别设置为 hz1、hz2 和 Exit；窗体中各控件对象的标题值按图 9.15 显示的文字赋值即可。

图 9.15 "练习使用宏"窗体

② 打开属性窗口，给三个按钮的单击事件添加处理过程。具体如下：
● 选择"打开学生表"按钮，在属性窗口中选择单击事件，从中选择"hz.宏 1"宏。
● 选择"学生信息"按钮，在属性窗口中选择单击事件，从中选择"hz.宏 2"宏。
● 选择"退出"按钮，在属性窗口中选择单击事件，打开设置内嵌的宏设计器视图，在其中添加 CloseWindows 操作，其参数设置区中的对象类型设为"窗体"、对象名称设为"练习使用宏"，关闭该内嵌的宏设计器视图。

③ 保存创建的"练习使用宏"窗体，并命名为"练习使用宏"。之后运行"练习使用宏"窗体，分别单击窗口中的 3 个按钮，可看到宏被调用执行，完成各自的相应工作。

9.2.5 建立数据宏

可以对表使用数据宏来执行各种任务，如添加、更新或删除数据或者验证数据的准确性。可以对数据宏进行编程，以便在表中添加、更新或删除数据之前或之后立即运行。

方法是：
① 在导航窗格中，打开要向其中添加数据宏的表。
② 选择菜单栏中"表格工具"标签中的"表"命令，然后在列出的项目（如图 9.16 所示）中选择要在表中添加宏的事件。例如，从表中删除记录后运行数据宏，则单击"删除后"命令，系统弹出建立宏设计器视图。
③ 在宏设计器视图中添加宏操作。
④ 保存并关闭该宏。

图 9.16 表中可添加"事件"项选择菜单

9.2.6 创建 AutoExec 宏

为了使开发成功的数据库能够自动打开它的主界面窗体，使得数据在用户面前像一个普通的应用程序，Access 提供了一个"AutoExec"宏，该宏在 Access 系统装入对应的数据库后，将立即被执行。

如果把一个宏的名字设为 AutoExec，则该宏就被创建为 AutoExec 宏。如果不想在打开数据库时运行 AutoExec 宏，可在打开数据库时按 Shift 键。

【例 9-5】 建立一个 AutoExec 宏，当打开"XSGL"数据库时出现一个欢迎消息框，然后运行在例 9-2 中建立的"管理员登录"窗体。

① 在数据库窗口中，选择窗口菜单中"创建"标签，然后选择"宏"命令项，建立一个宏设计器视图。

② 在"添加新操作"列表框中选择 MessageBox 操作，其参数：消息设置为"欢迎使用学生数据库系统"；类型设置为"信息"；标题设置为"登录信息"，如图 9.17 所示。

③ 在"添加新操作"列表框中选择 Openform 操作，其参数：窗体名称选择"管理员登录"窗体，如图 9.17 所示。

④ 以 AutoExec 为宏名保存该宏，下次打开数据库时，Access 将首先运行该宏，弹出一个消息框（如图 9.18 所示）。

⑤在消息框上单击"确定"按钮后将进入"管理员登录"窗体。

图 9.17 自执行宏操作

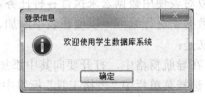

图 9.18 欢迎消息框

9.3 运行宏

宏建立好后就可以运行。在执行宏时，Access 将从宏的起始点启动，执行宏中所有操作直到到达另一个宏（如果宏是在宏组中）或者到达宏的结束点。

宏可以直接执行，也可以从其他宏或事件过程中引用执行宏，或者通过窗体、报表、控件等对象发生的事件来调用执行宏。例如，将某个宏附加到窗体的命令按钮上，这样在用户单击命令按钮时就会执行相应的宏。

宏用宏名来标识，通过宏名来调用执行宏。

1. 直接运行宏

直接运行宏的方式有多种，任意一种方法都可以启动执行宏。具体方法如下：

① 宏如果已经打开，则可用单击宏设计器窗体工具栏上的"运行"按钮（叹号形状）。

② 如果宏没有打开，则在数据库窗体中的对象列表中选择"宏"对象，然后双击想要运行的宏，或选中要运行的宏后，单击"运行"按钮。

2. 从其他宏或 VB 程序中运行宏

如果要从其他的宏或 Visual Basic 程序中执行宏，则要将 RunMacro 操作添加到相应的宏或程序中。例如，要将 RunMacro 操作添加到宏中，可在操作列中选择或键入"RunMacro"，并且将 Macro Name 参数设置为要执行的宏名。执行过程中，当运行到另一个宏的 RunMacro 操作时，控制将从原来的宏转出。当另一个宏运行结束时，控制将转回到原来宏的下一个操作。

如果要将 RunMacro 操作添加到 VB 过程中，在过程中添加 DoCmd 对象的 RunMacro 方法，然后指定要运行的宏名即可。例如，DoCmd. RunMacro "AutoExec"。

3. 从控件中运行宏

宏的应用是多方面的，它不仅可使工作自动化，自动完成一串命令，而且还可以挂接到窗体、报表或控件的事件中去。可对单击鼠标、打开窗体、数据更改等事件做出响应，进而可方便地使用和操作数据库。

如果希望从窗体、报表或控件中运行宏，只需给相应的控件添加一种事件响应，其中的事件过程选择相应要运行的宏。这样在事件发生时，就会自动执行所设定的宏。例如，在例 9-2 中为"管理员登录"窗体的"确定"按钮的"单击"事件处理，就是采用的这种方法。

9.4 宏向 Visual Basic 代码转换

在 Access 中提供了将宏转换为等价的 VBA 事件过程或模块的功能，这些事件过程或模块用 Visual Basic 代码来完成与宏相同的操作。转换操作分为将窗体或报表中的宏转换为 Visual Basic 代码和转换不属于任何窗体与报表的全局宏两种情况。

9.4.1 转换窗体或报表中的宏

要转换窗体或报表中的宏，操作步骤如下。
① 在"设计"视图中打开窗体或报表。
② 从菜单栏中选择"窗体设计工具/设计/将窗体的宏转换为 Visual Basic 代码"或"报表设计工具/设计/将报表的宏转换为 Visual Basic 代码"。
③ 在弹出的"转换窗体宏"对话框中（见图 9.19 所示），单击"转换"按钮，在弹出的对话框中再单击"确定"按钮即可。

图 9.19 "转换窗体宏"对话框

9.4.2 转换宏到 Visual Basic 代码

宏转换到 Visual Basic 代码的操作步骤如下。
① 在"数据库"窗口中单击"宏"选项卡。
② 单击要转换的宏名。

③ 从菜单栏中选择"宏工具/设计/将宏转换为 Visual Basic 代码",弹出图 9.20 所示"转换宏"对话框。

④ 在图 9.20 中单击"转换"按钮,弹出"另存为"对话框,将保存类别选为"模块",然后单击"确定"按钮。在图 9.20 所示对话框中,选中"包含宏注释",然后单击"转换"按钮。

⑤ 这时,就会出现一个"转换完毕"对话框,如图 9.21 所示,表明转换已经完成,最后,单击对话框上的"确定"按钮即可。

图 9.20 "转换宏"对话框

图 9.21 "转换宏"对话框

习 题 9

一、填空题

1. 被命名为_____保存的宏,在打开该数据库时会自动运行。
2. 宏可以成为实用的数据库管理系统菜单栏的_____,从而控制整个管理系统的操作流程。
3. 宏中的条件项是_____,返回值只有"真"和"假"。
4. 在 If 宏中加入_____,可以限制宏在满足一定的条件时才能完成某种操作。
5. 在宏的调试中,使用_____,可以观察宏的流程和每一个操作的结果。
6. 宏以动作为基本单位,一个宏命令能够完成一个操作动作,宏命令是由_____组成的。
7. 宏是 Access 的一个对象,其主要功能是使操作_____。
8. 打开数据库时,要想取消运行的宏,应按住_____。
9. 宏中包含的每个操作也有名称,但都是_____、_____的操作命令,其名称用户不能随意修改。
10. 在 Access 中,宏只有_____一种方式,用户可以通过它创建或修改宏的内容。
11. 实际上,所有宏操作都可以转换为相应的模块代码,它可以通过_____来完成。
12. 经常使用的宏运行方法是:将宏赋予某一窗体或报表控件的_____,通过触发事件运行宏或宏组。
13. 宏是一个或多个_____的集合。
14. 有多个操作构成的宏,执行时是按_____依次执行的。

二、选择题

1. 要限制宏命令的操作范围,可以在创建宏时定义( )。
   A. 宏操作对象   B. 宏条件表达式   C. 窗体或报表控件属性   D. 宏操作目标
2. 下列宏操作中限制表、窗体或报表中显示的信息是( )。
   A. Apply Filter   B. DisplayHourglassPointe   C. MessageBox   D. Beep
3. 在宏操作命令中,不属于运行和控制流程的命令是( )。
   A. SubMaero   B. RunMacro   C. AddMenu   D. Close

4. 下列关于宏与宏组的说法中不正确的是（　　）。
    A．宏可以是由一系列操作组成的一个宏，也可以是一个宏组
    B．创建宏与宏组的区别在于：创建宏可以用来执行某个特定的操作，创建宏组则是用来执行一系列操作
    C．运行宏组时，Microsoft Access 会从第一个操作起，执行每个宏，直至它遇到 StopMacro 操作、其他宏组名或已完成所有操作
    D．不能从其他宏中直接运行宏，只能将执行宏作为对窗体、报表、控件中发生的事件做出的响应
5. 为窗体或报表上的控件设置属性值的宏命令是（　　）。
    A．SetLocalVar　　B．MessageBox　　C．Beep　　D．SetProperty
6. 有关宏操作，以下叙述错误的是（　　）。
    A．宏的条件表达式中不能引用窗体或报表的控件
    B．所有宏操作都可以转化为相应的模块代码
    C．使用宏可以启动其他应用程序
    D．可以利用宏组来管理相关的一系列宏
7. 下列关于宏的描述，错误的一项是（　　）。
    A．宏是为了响应已定义的事件让 Access 去执行一个操作
    B．可以利用宏打开并执行查询、打开表或打印或观察报表
    C．使用宏可以提供一些更为复杂的自动处理操作
    D．可以在一个宏内运行其他宏或模块过程
8. 定义（　　）有利于数据库中对宏对象的管理。
    A．宏　　　　B．宏组　　　　C．宏操作　　　　D．宏定义
9. 创建宏不用定义（　　）。
    A．宏名　　　B．窗体属性　　C．宏操作目标　　D．宏操作对象
10. 宏命令 OpenReport 的功能是（　　）。
    A．打开窗体　　B．打开查询　　C．打开报表　　D．增加菜单
11. 宏操作 GoToRecord 的参数类型是（　　）。
    A．对象类型　　B．规格名称　　C．工具栏名称　　D．命令
12. 用于查找满足指定条件的第一条记录的宏命令是（　　）。
    A．FindNextRecord　　B．FindRecord　　C．SetFilter　　D．RefreshRecord
13. 宏不能修改的是（　　）。
    A．窗体　　　B．宏本身　　C．表　　　D．数据库
14. 使用下列（　　）方法来引用宏组。
    A．宏名.宏组名　　B．宏.宏名　　C．宏组名.宏名　　D．宏组名.宏
15. 宏的命名方法与其他数据库对象相同，宏按（　　）调用。
    A．顺序　　　B．名　　　C．目录　　　D．系统
16. 在 Access 系统中提供了（　　）执行的宏调试工具。
    A．单步　　　B．同步　　　C．运行　　　D．继续
17. 条件宏 If 的条件项的返回值是（　　）。
    A．"真"　　B．"假"　　C．"真"或"假"　　D．难以确定
18. 宏操作中，CloseWindows 命令用于（　　）。

A．退出 Access　　B．关闭窗体　　C．关闭查询　　D．关闭模块
19．宏组是由（　　）组成的。
A．若干宏操作　　B．子宏　　C．若干宏　　D．都不正确

三、简答题

1．常见的宏操作有哪些？
2．宏编程与普通编程相比有什么优势？
3．简述宏与宏组的区别。
4．宏有什么作用？
5．宏的执行方式有哪些？应注意些什么？

四、操作题

1．创建一个宏，完成在一个数据库中对一个已有表的记录进行移动的功能。
2．创建一个宏，里面包含4个宏操作，第一个宏操作用于打开"用户登录"窗体；第二个宏操作用于打开一个窗体，第三个宏操作用于打开一个查询，第四个宏操作用于打开一个表。
3．建立一个条件宏，它可根据一个窗体文本框中输入的值来决定执行不同的查询。
4．建立一个AutoExec宏，当打开"学生管理"数据库时直接打开"用户登录"窗体。
5．建立一个宏，里面包含4个宏组分别完成"成绩处理"、"查询"、"报表"和"退出Access系统"操作。再创建一个新窗体，在此窗体中创建"成绩处理"、"查询"、"报表"和"退出Access系统"4个命令按钮，并分别运行宏组中的4个宏。

第 10 章 模块和 VBA

宏的运行速度比较慢，而且不够灵活，且有些特殊需求任务可能不能实现，因此，在给数据库设计一些特殊的功能时，需要通过模块对象来实现。模块对象实际是使用 VBA 语言编写程序，然后将这些程序编译成拥有特定功能的模块对象。

10.1 模块和 VBA 简介

VBA（Visual Basic for Applications）是一种全新的数据库编程语言，它不像其他语言那样通过代码调用对象完成数据获取、数据显示等工作，在 VBA 中，所有这些处理都是通过窗体、报表和宏来完成。可以说 VBA 是一种面向对象的程序设计语言。

模块是被命名为 VBA 代码的集合对象。一般是以 VBA 声明、语句和过程作为一个独立单元的集合，且每个模块独立保存。

10.1.1 模块的基本概念

1. 模块

在 VBA 中，执行 VBA 操作步骤的指令被称为语句，而一组完成指定功能的程序语句被称为过程，存储在数据库中的过程被称为模块。

用户可以将存储在数据库中的所有过程放入一个模块，也可以将这些过程按用户的意愿放入几个模块。换句话说，模块是由一个或多个过程构成的。

2. 模块的结构

模块由声明段和过程段两部分组成。模块中的声明段用于存储诸如自定义数据类型、全局常量及声明动态链接库（DLL）中的外部程序等信息。声明段的信息对于该模块的所有程序都有效。模块中的过程段是包含 VBA 代码的单位，它包含一系列的语句和命令，以执行操作或计算数值。通常它有函数过程与子程序两种形式。

函数过程是一种返回值的过程，将返回一个值，该值可以在表达式中使用，函数声明使用 Function 语句，并以 End Function 语句作为结束。

子程序又称为 Sub 过程，它完成某一特定的操作，没有返回值，通常以 Sub 开始，End Sub 结束。

3.模块的分类

Access 2013 包含类模块和标准模块两种基本类型。

（1）类模块

类模块是指包含新对象定义的模块。在新建一个类的实例的同时，也就创建了新的对象。类模块又可以分成窗体模块、报表模块和独立的类模块 3 种。

① 窗体模块：指与特定的窗体相关联的类模块。当向窗体对象中增加代码时，将在 Access

数据库中创建新类。用户为窗体所创建的事件处理过程是这个类的新方法，用户使用事件过程对窗体的行为及用户操作进行响应。

② 报表模块：指与特定的报表相关联的类模块。包含响应报表、报表段、页眉和页脚所触发的事件的代码，对报表模块的操作与对窗体模块的操作类似。

③ 独立的类模块：在 Access 2013 中，类模块可以不依附于窗体和报表而独立存在。这种类型的类模块可以为自定义对象创建定义。独立的类模块列在"数据库"的窗口中，用户可以方便地找到它。

（2）标准模块

标准模块是指存放整个数据库可用的函数和自定义程序的模块。它包含与任何其他对象都无关的通用过程，以及可以从数据库的任何位置运行的常规过程。

标准模块通常安排一些公共变量或过程供类模块中的过程调用。在各个标准模块内部也可以定义私有变量和私有过程仅供本模块内部使用。标准模块中的公共变量和公共过程具有全局特性，其作用范围在整个应用程序里，生命周期是从应用程序的运行开始到结束而终止。

独立的类模块与标准模块的区别主要在于范围和生命周期方面，独立的类模块没有相关的对象，声明的任何常量和变量都仅在代码运行时是可用的。

10.1.2 VBA 与 VB 的区别

VBA 是内含于 Office 各软件的宏语言。VB 的全名是 Visual Basic，是单独包装及执行的程序语言，目前最新版本为.NET。VBA 与 VB 的具体区别如下。

1. 编译执行文件

VB 由于内含编译器，故可形成 exe 文件（可执行文件的扩展名为.exe）独立运行。VBA 由于内含于 Office 系列各软件内，且不提供编译器，故 VBA 程序只可依附于各软件而执行，无法形成可执行文件。

2. 资源的引用

程序内可引用的资源包括对象、函数等。VB 是较专业的程序设计语言，具有较广的资源引用，而 VBA 的目的则是强化 Office 应用系统，故在可用资源方面，VBA 不及 VB。

3. 基本语法

VBA 和 VB 语法完全相同，故只要有 Visual Basic 基础，就可使用 VBA。

10.1.3 VBA 开发环境

为了便于编写 VBA 程序，Access 2013 提供了一个易于使用的 VBA 开发环境。选定数据库窗口上的"创建"标签，再单击"模块"命令，这时就会弹出 VBA 开发环境，如图 10.1 所示。

VBA 开发环境窗口内主要含"模块代码"、"工程资源管理器"和"模块属性"三部分。

1. 模块代码窗口

用于编写模块内部的 VBA 程序，是 VBA 开发环境的核心。它是多文档结构，也就是说一个模块一个文档，同样一个报表一个文档、一个窗体一个文档、一个类模块一个文档。

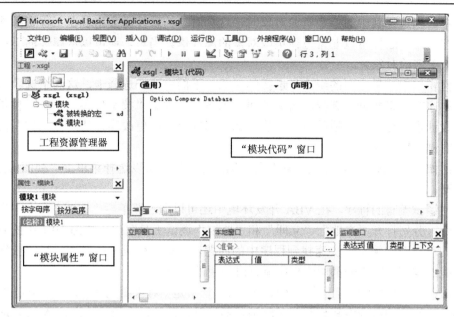

图 10.1 VBA 开发环境

在代码编辑窗口的顶部排列了两个组合框，左边的组合框可以用来选择当前文档所对应的对象列表，右边的组合框包含左侧所选的对象的事件处理程序和方法的列表，可以从这个列表中选择某个过程或函数来使开发人员快速切换到要编辑的位置。而在这两个组合框下方就是代码编辑区，在这里可以输入要编写的程序。在窗口的最下方的横向滚动条的左侧排列着两个按钮，第一个按钮可以切换成单个过程或函数的编辑方式，而不让其他代码干扰视线，第二个按钮可以切换成全部代码的编辑方式，这样便于总揽全局。

配合"编辑"工具栏的缩进工具，可以编写非常漂亮的缩排格式的代码，配合注释工具，可以快速注释代码。

2．工程资源管理器

用来显示本数据库中所有的模块。当选择该窗口内的一个"模块"选项时，就会在模块代码窗口上显示出这个模块的 VBA 程序代码。

工程资源管理器是用来管理工程中所用到的资源，如窗体对象、报表对象、模块对象和类模块对象及工程中引用的其他对象。它以树形方式来组织工程中的资源，顶层节点是工程，包括当前工程和引用工程，工程下按 Access 类对象、模块、类模块进行分类，最下面一层才是具体的资源。

在工程资源管理器中可以很方便地添加、移除、导入、导出模块和类模块，以及管理工程的属性。

提示：如果在 VBA 开发环境中看不到"工程资源管理器"，可以选择菜单上"视图/工程资源管理器"命令来打开，也可以按快捷键"Ctrl+R"打开。

3．模块属性窗口

显示当前选定的"模块"所具有的各种属性。由于 VBA 是可视化的程序设计语言，在设计程序时会有很多的可视化对象，如窗体、报表、模块、类模块等，它们都会出现在工程资源管理器中，当选择其中的一个资源对象时，这个对象的属性就会出现在工程资源管理器下方的属性窗口中，这样可以非常方便更改对象的属性值。当然，还可以从属性的下拉组合中选择对象（更多的对象）。

在属性窗口中，最上面的组合是选择的对象，下面有两个选择卡，这两个选项卡是按两种不同的排序方式来排列所选择的对象的属性列表，一种是"按字母序"，另一种是"按分类序"，设计者可选择其习惯的方式来快速选择属性查看或更改属性值。列表的左侧是属性的名称，右侧是属性的值。

提示：如果在 VBA 开发环境中看不到"属性窗口"，可以选择菜单上"视图/属性窗口"命令来打开。

为方便调试编写的程序，在 VBA 开发环境中还可以通过菜单栏"视图"命令中提供的相应级联命令，分别打开"本地"、"立即"和"监视"调试工具窗口，如图 10.1 中的右下部分所示，它们可以帮助编程者快速找到程序中的问题，并修改代码中的错误，最终获得正确实现既定功能的程序。即它们都用于程序调试时使用的窗口。

在 VBA 开发环境中还有两个很重要的部分，一个是"对象浏览器"，另一个是"引用"，可通过菜单栏相应的命令将其打开。对象浏览器可以帮助开发人员快速浏览 Access 应用程序所涉及的对象的方法、事件、属性、常数、枚举。而引用则可以让开发人员使用"前期绑定"的方式来使用其他组件，如 Office 组件、Excel 组件，或者 Windows 组件，如 MSXML 或者第三方组件，以加快应用程序开发速度或者减小应用程序难度、合理利用有效资源。

10.2 模块的创建和调试

通常，每个 Access 应用程序都有一个 VBA 工程名称，一般与数据库名称或者项目名称相同，但是当改变数据库名称后，其工程名称是保持不变的。例如本教材示例中使用的数据库名称为"xsgl"，因此它的 VBA 工程名称也为"xsgl"。所有 VBA 代码都以模块的方式保存在已建立的数据库中。

10.2.1 创建模块

模块的建立可通过两种方式：一种是在窗体或报表设计视图中建立，即创建窗体模块或报表模块，另一种是直接在模块窗口中建立。

1. 在窗体或报表设计视图中建立模块

在窗体或报表中建立窗体模块或报表模块实际上是给窗体、报表或它们中的各种控件的事件属性指定一个模块，当窗体或报表处于打开状态时，一旦发生了某个事件，系统便会执行指定的模块。

建立模块的步骤如下。

① 首先以设计视图方式打开指定的窗体或报表。例如，打开"xsgl"数据库中的"学生信息"窗体，如图 10.2 所示。

② 显示窗体、报表、节或窗体及报表中控件的属性表。

③ 选定"事件"选项卡，单击想要触发某一过程的事件属性。例如，要显示"学生信息"窗体中的"院系"控件的"更改"事件的"事件过程"，可选定该控件的"更改"属性。

第 10 章 模块和 VBA

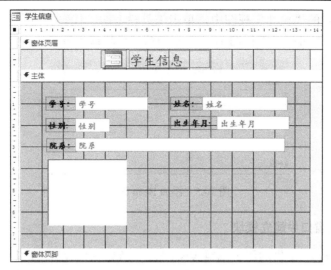

图 10.2 "学生信息"窗体设计视图

④ 向该控件的"更改"事件过程中添加程序代码。单击该事件属性旁的"生成器"按钮，出现如图 10.3 所示的"选择生成器"对话框。Access 提供了三种生成器，即"表达式生成器"、"宏生成器"和"代码生成器"，这里选择"代码生成器"。

⑤ 这时，Access 将显示一个带有一个空子过程的类模块窗口，如图 10.4 所示，同时显示事件过程的 Sub 和 End Sub 语句，用于定义或声明事件过程。Access 使用 Private 关键字指出该过程只能被同一模块中的其他过程访问。

图 10.3 "选择生成器"对话框

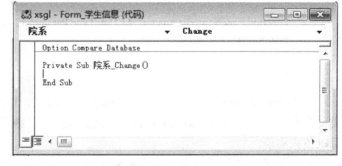

图 10.4 子过程的类模块窗口

⑥ 向事件过程中添加事件发生时要执行的程序代码，即将 VBA 程序代码填入该过程中。例如，若要在对"院系"中的数据进行更改时，使计算机的扬声器发声，可向院系 Change 事件过程中添加一个 Beep 语句（Beep 语句用于使扬声器发声一次），如图 10.5 所示。最后关闭模块设计窗口即可完成一个事件模块的建立。

在为窗体或报表创建一个事件过程时，Access 将会自动创建与之关联的窗体模块或报表模块。在窗体或报表的"设计"视图中,单击工具栏上的"代码"命令按钮或选择菜单栏的"视图/代码"命令,即可打开类似图 10.4 所示的窗体模块或报表模块。

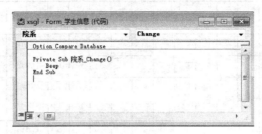

图 10.5　添加 Beep 语句

2. 直接在模块窗口中建立模块

模块窗口是 Access 提供的用于编辑 VBA 程序代码的窗口,直接打开模块窗口,就可以定义模块中的自定义函数过程或子程序,从而创建一个标准模块,或创建一个与窗体或报表无关的类模块。

① 打开一个模块窗口。在图 10.1 所示的 VBA 开发环境中,若要打开一个新的标准模块,可选择窗口菜单栏中的"创建"标签,然后单击"模块"命令;若要打开一个已有的标准模块,可双击要打开的模块;若要打开一个与窗体或报表无关的新的类模块,可选择窗口菜单栏中的"创建"标签,然后单击"类模块"命令。这时出现如图 10.1 所示的"模块代码"窗口。

② 在数据库菜单中选择"插入→过程"命令,打开"添加过程"对话框,如图 10.6 所示,设置过程名和其他选项。

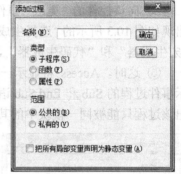

图 10.6　"添加过程"对话框

也可在打开的模块窗口中直接定义自定义函数过程或子程序。若要创建自定义函数过程,可在模块窗口内输入 Function 语句声明函数,其格式如下:

```
Function FuncName(Parameter1 As DateType,Parameter2 As DataType … ) As DataType…
FuncName = ReturnValue
…
End Function
```

其中 FuncName 是函数名,Parameter 是参数名,DataType 是数据类型,函数返回值的类型在参数表之后定义,ReturnValue 为函数返回值,函数返回值是通过一个与函数同名的变量赋值来实现。

若要创建自定义子程序,可输入 Sub 语句声明过程,其格式如下:

```
Sub SubName (Parameter1 As DateType,Parameter2 As DataType… )
…
EndSub
```

其中 SubName 是过程名,Parameter 参数名,DataType 是数据类型,过程没有返回值。

③ 在函数过程或子程序声明语句之间添加 VBA 程序代码,以便执行所需的操作或运算。在模块窗口编写程序代码时,为增加模块的可读性,应注意:

为使编码便于阅读,应采用缩进方式,按层次书写,使层次分明。

为使编码易于理解,应加上一些注释。加注释的方法有两种,一种是用"'"号,用作注释的起始符号,它在使用时可加在编码的任意位置。另一种是用 Rem 语句,它在使用时必须为注释行的第一个词。

④ 保存创建的模块。可单击工具栏上的"保存"按钮,然后在"另存为"对话框中为创建的模块指定名称。在首次保存在模块窗口中创建的模块之后,该模块的名称就会显示在"数据库"窗口中的"模块"选项卡上的列表内。

【例 10-1】 建立一个自定义子程序,完成 1+2+3+…+100 的求和。

① 打开"xsgl"数据库,选择窗口菜单栏中的"创建"标签,然后单击"模块"命令,出现如图 10.1 所示的 VBA 开发环境。

② 在打开的"模块代码"窗口中添加如下子程序代码,如图 10.7 中的"模块代码"窗口所示。

```
Private Sub lxsum( )              '定义 lxsum 子程序
    Dim i As Integer, S As Integer '定义整型变量 i 和 S
    i = 1: S = 0                   '给 i 赋值 1,S 赋值 0
    Do While i <= 100              '用 Do While——Loop 循环语句开始求和
        S = S + i
        i = i + 1
    Loop
    Debug.Print "1+2+3+…+100=";  S  '在立即窗口显示计算结果
End Sub
```

③ 保存新建立的模块,并命名模块为 lx1。

④ 单击工具栏上的"运行"命令按钮运行 lx1 模块。此时运行的结果就在立即窗口显示出,如图 10.7 中的立即窗口所示。

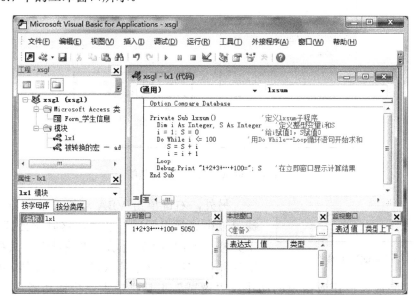

图 10.7 子过程代码及运行结果

10.2.2 模块的调试

调试是查找和解决 VBA 程序代码错误的过程。在 VBA 编码完成以后,必须经过调试,查出错误,全部正确后才能使用。通常编码错误有以下三种类型:

(1) 编译时发生的错误

编译时发生错误通常是程序代码结构错误的结果。可能是忘了配对的语句(例如,For…Next 语句中缺少 For 或无 Next),也可能是程序设计上的错误,违反了 VBA 的规则(如拼写错误、少一个分隔点或类型不匹配等错误)。编译错误也包含语法错误,它是文法检查或标点符号中的错误。包括不匹配的括号,或给函数参数传递了无效的数值。

(2) 运行时出现的错误

该编码完成后,编译正确,但运行时出错。这类错误一般是由执行了非法操作而引起的。例如被零除或向不存在的文件中写入数据等。

(3) 逻辑错误

逻辑错误指编码正确,运行也没有错误,但没有得到预想的结果,或生成无效的结果。

为了帮助区分这三种类型的错误,并监视程序代码如何执行,Access 系统提供了调试工具,使用调试工具可以逐步执行程序代码,验证或监视表达式及参数的值,以及跟踪过程调用。

1. 调试工具的使用

VBE 环境中,"调试"和"运行"菜单给出了调试命令,如图 10.8 所示。可以选择某个命令来完成该命令所指定的动作。

图 10.8 "调试"和"运行"菜单

另外,右键单击 VBA 环境菜单空白位置,在快捷菜单中选择"调试"选项,这时就会打开"调试"工具栏,如图 10.9 所示。"调试"工具栏包含在调试代码中常用的菜单项快捷方式的按钮。可以单击工具栏按钮,来完成该按钮所指定的动作。"调试"工具栏中主要按钮功能说明如表 10.1 所示。

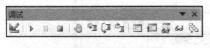

图 10.9 "调试"工具栏

表 10.1 "调试"工具栏按钮功能

按钮	名称	快捷键	功能
	设计模式		打开及关闭设计模式
	运行	F5	运行子过程/用户窗体
	中断	Ctrl+Break	当一个程序正在运行时停止其执行,并切换至中断模式
	重置设置		清除执行堆栈及模块级变量,并重置工程
	切换断点	F9	在当前程序行上设置或删除断点
	逐语句	F8	一次一个语句的方式执行代码
	逐过程	Shift+F8	在"代码"窗口中一次一个过程或语句的方式执行代码
	跳出	Ctrl+ Shift+F8	在当前执行点所在位置的过程中,执行其余的程序行
	本地窗口		显示"本地窗口"
	立即窗口	Ctrl+G	显示"立即窗口"
	监视窗口		显示"监视窗口"
	快速监视	Shift+F9	显示所选表达式当前值的"快速监视"对话框
	调用堆栈	Ctrl+L	显示"调用"对话框,列出当前活动的过程调用(应用中已开始但未完成的过程)

2. 调试过程

一般调试过程有以下 3 种方法。

(1) 使用断点暂停 VBA 程序代码的执行

所谓断点就是使程序代码运行暂停的位置。通常要在有可能发生错误的位置前设置断点,暂停 VBA 程序代码,在暂停后可以进行各种相应的测试工作。例如检查当前的变量值,查找逻辑比较式中的缺陷,无终止的循环等。在一个程序代码中,可以设置多个断点,在每个断点处进行检测和测试后,这样就可以逐渐缩小检查错误的范围。设置断点的方法如下:

① 在模块窗口中,将插入点移到需放置断点的位置。

② 单击工具栏上的"切换断点"按钮或单击"调试"菜单上的"切换断点"命令,即可设置断点。

注意:在暂停 VBA 程序代码时,程序代码仍然在执行,只是在运行语句之间暂停,如果要继续执行程序代码,可以单击"运行"菜单上的"运行子过程/用户窗体"命令或工具栏上的"运行子过程/用户窗体"按钮。

如果要清除断点,可以将插入点移到设置断点的程序代码行,然后在工具栏上单击"切换断点"按钮。

(2) 逐步执行 VBA 程序代码

逐步执行 VBA 程序代码,可以帮助识别发生错误的位置。并且可以查看是否每一行程序代码都产生了预期的结果。

在以下这些逐步执行 VBA 程序代码的类型中,可以根据需要进行相应的选择。

① 如果要执行当前行之前的程序代码,然后中断,以便单步执行以后的每一行程序代码,可单击"调试"菜单上的"运行到光标处"命令。

② 如果要执行当前过程中的剩余代码，然后返回过程调用中的前一个过程的下一行程序代码，可单击菜单上的"跳出"命令。

③ 如果要单步执行每一行程序代码，但是将任何被调用的过程作为一个单位执行，可单击菜单上的"逐语句"命令。

（3）监视表达式的值

单击菜单上的"监视窗口"按钮即可打开监视窗口。"监视"窗口是用来查看一个或多个选定表达式的值，即监视表达式的值。要向"监视"窗口中添加监视表达式，单击"调试"菜单上的"添加监视"命令，就可打开"添加监视"对话框，如图 10.10 所示。在"添加监视"对话框中要求定义要计算的表达式，以及选择表达式的范围、定义系统如何反映监视表达式。如果在模块窗口中已经选择了表达式，它将自动地显示在对话框中（图 10.10 就是选定例 10-1 中"i<=100"表达式后打开的"快速监视"对话框）。如果没有表达式显示，那么可键入要计算的表达式。也可以在模块窗口中选择表达式，并将其拖动到"监视"窗口中。如果要选择表达式的范围，可在"上下文"中选择模块或过程中的上下文。尽量选择适合需要的最小范围。如果选择全部的程序或模块将减慢程序代码的执行速度。要定义系统如何反应监视表达式，可在图 10.10 所示"监视类型"中选择下列选项：

① 如果要显示监视表达式的值，选择"监视表达式"。

② 如果要在表达式计算为 True 时挂起，选择"当监视值为真时中断"。

③ 如果要在更改表达式的值时挂起，选择"当监视值改变时中断"。

当执行程序代码时，"监视"窗口将显示所设置的表达式的值。如果要修改监视表达式，可以在"监视"窗口中选择要修改的表达式，然后单击"调试"菜单上的"编辑监视"。要删除监视表达式，可在"编辑监视"对话框中单击"删除"。

"本地"窗口是用来显示当前过程中所有变量和对象的名称、当前值及其类型。每当挂起代码执行时，"本地"窗口中的值都会更新。要在"本地"窗口中更新变量的值，只需选定现有的值并输入新值即可。

单击工具栏上"快速监视"按钮，可打开如图 10.11 所示的"快速监视"对话框，在其中可以查看选定的表达式和表达式的当前值。在图 10.11 所示对话框中单击"添加"，即可向"监视"窗口的监视表达式列表中添加表达式。图 10.11 就是选定例 10-1 中"i<=100"表达式后打开的"快速监视"对话框。

图 10.10 "添加监视"对话框

图 10.11 "快速监视"对话框

3. 执行模块中的过程

执行模块中的过程指通过运行子程序或函数过程，在 Access 中执行 VBA 程序代码。执行 VBA 程序代码有以下几种方法。

（1）创建一个事件过程。在用户执行操作引发事件时，执行该事件过程。例如，可以向命令按钮的单击"事件过程"中添加程序代码，使用户单击按钮时便打开窗体。

（2）在表达式中使用函数。例如，在表达式中使用函数来定义窗体、报表或查询的计算字段。也可以在查询和筛选中使用表达式作为属性设置，还可以在宏操作、VBA 语句和方法或 SQL 语句中使用表达式。

（3）在其他过程或"代码"窗口中调用子程序。对于需要经常执行的程序代码，可以将它们放在子程序中。这样只需在公用过程中编写一次程序代码，而不用在每一个过程中重复编写相同的 VBA 程序代码。每次要执行操作时，只需调用公用过程即可。

（4）在模块窗口的"执行"菜单上单击"运行/ 继续"命令，或单击工具栏上的"运行/继续"按钮，可以执行不带参数的过程。注意在执行该命令前，要将光标放在要执行的过程上。

（5）在宏中执行 RunCode 操作。使用 RunCode 操作可以执行系统的内置函数或自定义函数。要执行子程序或事件过程，可以先创建一个调用子程序或事件过程的函数，然后使用 RunCode 宏操作来执行函数。

【例 10-2】 调试例 10-1 建立的子程序（过程）。

① 选择子程序中的"Do While i <= 100"语句，单击菜单（或工具）栏上的切换断点（ ）命令，即为该语句设置断点，如图 10.12 所示。

图 10.12　调试例 10-1 建立的过程的界面

② 选择子程序的"Do While i <= 100"语句中的"i <= 100"表达式，并将其拖动到"监视"窗口中。

③ 将光标放在要执行的子程序任意位置上（过程），单击工具栏上的"运行/继续"（ ）按钮，可以看到程序开始运行并到设置的断点处就暂停运行，再单击"运行/继续"按钮，则程序又执行一圈到此处暂停。此时，可在"监视"窗口看到表达式的当前值，在"本地"窗口内看到所有变量的当前值及类型，如图 10.13 所示。

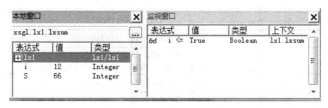

图 10.13　"本地"和"监视"窗口显示的内容

④ 不断单击"运行/继续"按钮直至程序运行结束。

10.3 VBA 基础

在程序的编辑中，任何高级语言都有自己的语法规则、语言书写规则，否则系统不会理解，也就产生错误。创建模块，离不开 VBA 程序设计。而要掌握编写 VBA 程序代码，对于一个初学者，则应先掌握一些 VBA 程序设计的基本知识，主要包括词、语句构成的基本语法规则及数据类型等内容。

10.3.1 关键字和标识符

1．关键字

关键字是事先定义的，有特别意义的标识符，又称为保留字。每一个关键字都有自身确定的用途，不能再定义成其他的含义。注意：关键字不区分大小写。VBA 的一些主要关键字见附录 A。

2．标识符

标识符是对程序中建立的对象进行命名的命名规则，在对模块中为过程、常数、变量、数组及参数命名时，都应按此规则来命名。具体规则如下

① 以字母或汉字开头，后可跟字母、数字或下画线，长度小于等于 255 个字符。
② 不能在名称中使用空格、句点（.）、惊叹号（!）、或 @、&、$、#等字符。
③ 不能使用 VBA 中的关键字。
④ 标识符不区分大小写。
⑤ 为了增加程序的可读性，可在名前加一个缩写的前缀来表明该对象的数据类型。如 strAbc（字符串变量）、iCount（整型变量）、dblx（双精度变量）等。

10.3.2 数据类型

数据类型是一个值的集合，以及定义在这个值集上的一组操作，即数据类型规定了一个取值的范围和其能参与的运算。VBA 数据类型可以分为数值数据类型、布尔数据类型、日期数据类型、字符数据类型、对象数据类型、变体数据类型和用户自定义数据类型，各种数据类型所占用的存储空间、数据取值范围大小及运算都不同。表 10.2 列出了 VBA 标准数据类型具体情况。

表 10.2 VBA 标准数据类型

数据类型	关键字	说明符	数据范围	所占字节数
整型	Integer	%	−32768～32767	2
长整型	Long	&	−2147483648～2147483647	4
单精度型	Single	!	1.401298E−45～3.402823E38 −1.79769313486232E308～−4.9406564584124E324	4
双精度型	Double	无	4.9406564584124E324～1.79769313486232E308	8
货币型	Currency	@	−922337203685477.5808～92 337203 685477.5807	8
字符型	String	"		与字符长度有关
字节型	Byte	无	0～255	1

(续表)

数据类型	关键字	说明符	数据范围	所占字节数
布尔型	Boolean	无	True、False	2
日期型	Date	#	100年1月1日～9999年12月31日	8
对象型	Object	无	任何Object	4
变体型	Variant	无		根据需要分配

1．数值数据类型

数值数据类型包括字节、整型、长整型、单精度、双精度、货币等。数据的存储空间从8位到96位不等。数据可进行加、减、乘、除等运算。货币类型的数据保持小数点左边15位数字，右边4位数字，以满足精度的需要。

2．布尔数据类型

布尔数据类型以16位数字形式存储。布尔数据类型只有True和False两个值。布尔数据支持逻辑或、与、非等运算。当其他数值类型转化为布尔型时，0转化为False，其他值均转化为True。当布尔型转化为其他数值类型时，False转化为0，True转化为1。

3．日期数据类型

日期数据类型以64位浮点数值形式存储。日期数据类型表示的范围为100年1月1日到9999年12月31日，时间从0:00:00到23:59:59。日期变量根据计算机中的短日期格式显示，时间则根据计算机的时间格式显示。当其他数值类型转化为时间类型时，整数部分表示日期，小数部分表示时间，负整数表示1899年12月31日前的日期。

4．字符数据类型型

每个字符以一个字节（8位）进行表示，对应的数值范围是0到255。字符集中的前128个字符对应于ASCII字符集中的定义。字符集的后128个字符代表特定的字符。字符数据类型有两种：变长字符和定长字符。变长字符可以包括的字符数量为0到大约20亿个。定长字符可以包括的字符数量为包括1到大约64K个字符。

5．对象数据类型

对象变量以32位的指向对象地址形式进行存储。使用Set语句声明成Object的变量可以包含任何对象的引用。也可以将对象引用指向特定类生成的实例对象，这样可以实现早期绑定。

6．变体数据类型

变体数据类型的变量所代表的数据类型是不确定的，可以成为任何类型的变量。变体数据类型的变量可以存储特殊值，如：Empty，Error，Nothing，Null等。变体数据类型中的数值类型可以代表任何整型或实型数。

7．自定义数据类型

以上介绍的数据类型都是原子型的数据类型，即不可再分的数据类型。使用Type语句，可以定义任何结构型数据类型，即自定义数据类型。

例如：

```
Type Person
    Name As String
    Birthdate As Date
    Sex As integer
End Type
```

这样就定义了"Person"这种数据类型,它包括 Name、Birthdate、Sex 三个数据域。

8. 数据类型间的关系

数据类型之间可以使用各种转换函数进行转换,如 CStr 和 Cint 可以分别转换为字符和整数型等。VBA 还提供了一类判断数据类型的函数,如 IsDate 可以判断是否为日期型等。Access 数据表中的数据存储类型与 VBA 中的数据类型几乎都可以相互对应和匹配。

10.3.3 常量与变量

1. 常量

常量是指其值固定不变的数据。例如,数字 25,字符"HELLLO",日期# 2001/01/16 #,这里都是字面值常量。注意:对字符型字面常量用双引号(")做定界符,对日期型字面值常量用"#"号作定界符。VBA 中对不同数据类型的常量的书写用不同的定界符给以说明,具体说明见表 10.2。

例如:25%、68&、36.56、"HELLLO"、#2011/08/20 #,分别表示整形、长整形、单精度浮点型(小数形式)、字符型、日期型。

另外,在 Access 中,还支持三种类型的常量:分别是符号常量、系统定义常量和系统内部常量。

(1)符号常量

符号常量即用户自定义的常量,它通过使用一个具有明显含义的符号来替代在程序代码中反复使用的值,这样可以增加程序代码的可读性与可维护性。一般可以用 Const 语句声明一个符号常量,即将有意义的名字赋予一个值。注意在符号常量声明之后,不能加以修改或指定新值。

Const 语句声明一个符号常量格式:

[Public/Private] Const 常量名 [As 类型] = 表达式

注:Public 和 Private 表示定义常量的使用范围,在省略情况下常数是私有的。

其中 Public(公共)表示这个常量的作用范围是整个数据库的所有过程,它必须在标准模块的声明区中使用,在窗体模块或类模块中不能声明该常量。Private(私有)表示这个常量只能在现在的这个模块中使用,它是在窗体、类或标准模块内的声明。

例如:

  Const conPI = 3 .14159265   '定义一个 conPI 符号常量,其值是3.14159265。

当想使用圆周率的时候只要用"conPI"代替就可以了。

再例如:

  Const MAX As Integer = 108   '定义一个 MAX 符号常量,其值是 108 整型。

(2)系统定义常量

系统定义的常量有 True、False、Null、Empty、Yes、No、On 和 Off。

例如,可通过下面的表达式用 True 常量来设置雇员(Employees)窗体的 Visible 属性:Forms!Employees.Visible=True。

(3)系统内部常量

系统内部常量是由应用程序提供的,在 VBA 的对象浏览器中,显示了为个别对象库提供的常量列表,这些常量可与应用程序的对象、方法和属性一起使用。为了避免不同名常量的混淆,其前缀表示定义常量的对象库名。

例如:VB 和 VBA 对象库中的常量以"vb"开头,如 vbBlack。库访问对象库中的常量以"db"开头,如 dbRelationUnique。

2. 变量

在 VBA 中,变量用来保存信息,其值在程序运行时可以改变。每个变量在其范围内都有唯一识别的名称,其命名按标识符命名规则命名。当声明一个变量后,系统就在内存中开辟一块空间来临时存储信息。

(1)变量的作用域

变量的作用域是指变量在 VBA 程序代码中的有效性。通常可定义三个级别的变量作用域:过程级别、私有模块级别和公共模块级别。

① 过程级别的变量,只能在声明此变量的过程中使用,在此过程之外则不能引用。

② 私有模块级别的变量,只能在被定义的模块中使用,不能跨越到其他模块中使用。

③ 公共模块级别的变量(全局变量),该变量可以在一个数据库系统的所有地方使用。

(2)声明变量

变量的声明有两种方法:显式声明和隐式声明。

① 显式声明

显式声明是用声明语句创建变量,一般格式如下:

Dim|Static|Private|Public   <变量名> [As <类型>][,<变量名 2>[As <类型 2>]]...

其中,变量名应遵循标识符的约定定义,As 是关键字,类型用来定义被声明变量的数据类型或对象类型,若省略了类型,则系统会将变量设置成 Variant 类型。也可以在变量名后用类型说明符来声明变量的类型,这样就可替代"As <类型>"部分。

Dim、Static 定义过程级的变量,变量只有在声明它们的过程中才能被识别,称之为局部变量。但若把它放到模块顶部,则可以创建属于模块级别的变量。

两者的区别:Dim 声明的变量随过程的调用而分配存储单元,每次调用都对变量初始化,过程体结束,变量的内容自动消失,存储单元释放。Static 声明的变量称为静态变量,在程序运行过程中一直保留其值,即每次调用过程,变量保持原来的值。

例如:

```
Dim Count As Single          '定义 Count 为单精度浮点数
Static  intx,inty,intz As Integer   '定义 intx 和 inty 为 Variant 类型,而 intz 是整型变量
Dim Var                      '定义 Var 变量,为 Variant 类型
Dim inta%                    '定义 inta 变量,为整型变量类型
```

Private 定义私有模块级变量,变量对该模块的所有过程都可用,但对其他模块的代码不可用。

又如:

  Private stra As String   '定义 stra 为私有字符型变量

Public 主要在公共模块级别(全局模块)中使用,定义的变量是全局变量,作用范围为整个应用程序。

再如:

  Public PI As Single   '定义 PI 为公有单精度浮点数

② 隐式声明

VBA 中允许不事先声明而直接使用变量,这种方法就是隐式声明变量。采用隐式声明的变量其数据类型都是变体型(Variant)。这种方式比较简单方便,在程序代码中可以随时声明并使用变量,但不易检查。

注意:一般变量在使用前应遵循"先声明,后使用"的原则。隐式声明的变量在程序中使用容易出错,为了避免出错,可以通过在通用声明段中设置 Option Explicit 语句,来要求所使用的变量必须事先声明,否则 VBA 会发出警告信息。

(3) 变量的初始化

声明而未赋值的变量的值为:数值型变量初始化为 0;字符型变量为零长度字符串;变体型变量初始化为 Empty。

注:Empty 值用来标识尚未初始化的(给定初始值)的 variant 变量,Empty 的 variant 变量值为 0,如果是字符串,则为空字符串""。

10.3.4 运算符与表达式

程序中对数据的操作,是指对数据的各种运算,被运算的对象包括变量、常量、文本、属性、Function 和 Operator 过程的返回值等。运算符与表达式就是用于描述运算的词和规则。

1. 运算符

运算符是用来对操作对象进行各种运算的操作符号,每一个运算符都会针对一个具体的某一类数据类型进行某种运算。

(1) 算术运算符

算术运算符可以对数据进行常规的算术运算,并产生算术运算结果。算术运算符及运算示例如表 10.3 所示。

表 10.3 算术运算符及运算示例

运算符	运算	示例	含义
–	负号	–2	表示负 2
^	乘方	2^6	计算 2 的 6 次方
*	乘	3*5	计算 3 乘 5 的值,结果为 15
/	除	5/2	计算 5 除以 2 的值,结果为 2.5
\	整除	5\2	计算 5 除以 2 的整值,结果为 2

(续表)

运算符	运算	示例	含义
Mod	求余数	5 Mod 2	计算 5 除以 2 的余数值，结果为 1
+	加	6+8	计算 6 加 8 的值，结果为 14
-	减	6-3	计算 6 减 3 的值，结果为 3

算术运算符的优先级顺序为：^（乘方运算）、-（取负）、*或/（乘法或除法）、\（整除）、Mod（求余）、+（加法）或-（减法）。

注意：① \（整除）运算是用来对两个数做除法运算并返回一个整数。"求余"运算用来对两个数做除法运算并且只返回余数。

② 两个日期型数据相减，结果是一个数值型数据（两个日期相差的天数）。

例如：#2010-08-11#-#2010-08-01#的结果为数值型数据 10。

③ 一个表示天数的数值型数据与日期型数据相加或减，结果仍为日期型数据。

例如：#2010-08-10#+10 的结果为日期型数据#2010-08-20#。

（2）关系运算符

关系运算符是用来比较两个数据的大小或前后关系，其结果是逻辑值，即 True（真）或 False（假）。关系运算符及运算示例如表 10.4 所示。

表 10.4 关系运算符及运算示例

运算符	运算	示例	含义
>	大于	10>6	结果为 True
<	小于	10<6	结果为 False
>=	大于等于	6>=10	结果为 False
<=	小于等于	6<=10	结果为 True
=	等于	56=45	结果为 False
<>	不等于	56<>45	结果为 True

注：所有关系运算符的优先级顺序都相同。

关系运算的比较规则如下。

① 当两个操作数均为数值型，按数值大小比较。

② 字符串比较，则按字符的编码值从左到右一一比较，直到出现不同的字符为止。例如，"ABCDE">"ABRA"，结果为 False。

③ 数值型与可转换为数值型的数据比较，例如，29>"189"，按数值比较，结果为 False。

④ 数值型与不能转换成数值型的字符型比较，例如，77>"sdcd"，不能比较，系统出错。

⑤ 日期型数据进行比较时，首先将日期看成 yyyymmdd 的八位整数，然后再按数值进行比较。

（3）连接运算符

连接运算符用来将两个字符串组合成一个字符串。连接运算符有两个，分别为"+"和"&"。但在使用"+"运算符时有可能无法确定是做加法还是做字符串连接。为避免混淆，多使用"&"运算符进行字符串连接，而不使用"+"运算符。

"+"和"&"的区别是："+"运算中两个操作数均应为字符串类型，否则可能按其他运算符进行运算或出错。&运算的两个操作数既可为字符型也可为数值型，当是数值型时，系统自动先将其转换为数字字符，然后进行连接操作。

例如：

```
Msg ="row"&i&"cols"&j        '假设 i = 10, j = 9, 则 Msg 字串的值为"rows10cols9"
"100"+"]23"                  '结果为: 字符串"100123"
"Abc"+122                    '出错
"100" & 123                  '结果为: 字符串"100123"
100+122                      '结果为: 数值 222
#2010-08-10#+1               '结果为: 日期 2010-08-11
```

（4）逻辑运算符

逻辑运算符用来对逻辑型数据进行各种逻辑运算，其结果是逻辑值。逻辑运算符有 And（逻辑与）、Or（逻辑或）、Not（逻辑非）、Eqv（等价）、Xor（异或）和 Imp（隐含）。表 10.5 给出了各种逻辑运算的真值。

表 10.5 逻辑运算的真值

A	B	A And B	A Or B	Not A	A Eqv B	A Xor B	A Imp B
True	True	True	True	False	True	False	True
True	False	False	True	False	False	True	False
False	True	False	True	True	False	True	True
False	False	False	False	True	True	False	True

逻辑运算符的优先级顺序为：Not（逻辑非）、And（逻辑与）、Or（逻辑或）、Xor（异或）、Eqv（等价）、Imp（隐含）。

（5）特殊运算符

① In

In 运算符用于判断一个表达式的值是否在一个指定范围的值之内，它的运算结果是逻辑值。例如，Name In ("Aven", "John", "Tom")，若 Name 的值是"Tom"，则运算结果是 True，如果 Name 的值是"Smith"，则运算结果是 False。

② Between…And…

Between…And…运算符用来判断一个表达式的是否在两个数所确定的范围之中，其运算结果是逻辑值。例如：

　　Postcode Between 116022 And 116028

③ Like

Like 运算符是字符串匹配运算符，用于判断前一个字符串是否包含在后一个字符串中，运算的结果是逻辑值。例如，"abc" like "a*"（其中"*"号是通配符）的结果是 True。

表 10.6 给出了主要的通配符及使用示例。

表 10.6 VBA 的通配符及使用示例

通配符	含　　义	示　　例
?	任何单个的字符	B?ll 可以找到 ball、bell 和 bill
*	任何 0 或多个字符	wh* 可以找到 what、white 和 why
#	与任何单个数字字符匹配	1#3 可以找到 103、113、123
[ ]	与方括号内任何单个字符匹配	B[ae]ll 可以找到 ball 和 bell 但找不到 bill
[!]	匹配任何不在方括号之内的字符	b[!ae]ll 可以找到 bill 和 bull 但找不到 ball 或 bell
[-]	与某个范围内的任意一个字符匹配。必须按升序指定范围（A 到 Z，而不是 Z 到 A）	b[a-c]d 可以找到 bad、bbd 和 bcd

2. 表达式

表达式是由运算符和运算对象组成的式子，运算对象就是在程序中要处理的各种数据（如常量、变量、函数、引用字段、控件或属性值等）。表达式通过运算将获得一个确定的值，其类型由数据和运算符共同决定。

VBA 表达式的书写应注意以下两点：

① 只能使用 VBA 定义的运算符，且不能省略；

② 圆括号"( )"可以改变运算符的优先级，一切以括号内的运算优先。圆括号可以嵌套使用，最里面的最优先。

例如，3+a*b-c/(8+d) 是一个正确的 VBA 表达式，而 3+ab-c/(8+d)是一个错误的 VBA 表达式。

当运算一个含有许多运算符的表达式时，系统根据运算符的优先级进行计算，同级运算符按结合律进行先后运算。具体是先处理算术运算符，接着处理比较运算符，然后再处理逻辑运算符。对于具有相同运算顺序的运算符，按照它们出现的顺序从左到右进行处理。对于字符串连接运算符(&)，就其优先顺序而言，它在所有算术运算符之后，而在所有关系运算符之前。Like 运算符的优先顺序与所有比较运算符都相同。

运算对象的数据类型应是同类型的数据，如果不同，有一些数据类型系统可以自动转换，例如数字字符串可以自动转换为数值型，但是，许多数据类型不能自动转换，需要用类型转换函数来实现。

10.3.5 基本语句

语句是各种语言组成的基本元素，它是一个语义完整的单位，用于表达特定的操作。通常可分为两部分，即语句的定义符部分及定义的对象部分。定义符部分是指定一个语句执行的操作或命令的符号。而定义的对象部分是操作或命令的具体内容、对象或参数。

在 VBA 程序代码中通常每个语句占据一行，当然在实际应用中也可以使用冒号（:）来分隔语句，从而使一行中包含多个语句。还可以使用续行符（_）将一个语句连接到下一行中，从而使一个语句占据多行。

1.注释语句

注释是对程序的说明，有时也利用注释语句屏蔽一条语句以观察变化、发现问题和错误。注释语句有两个，分别是 Rem 和撇号"'"。

Rem 通常放在某程序或程序段的首行，对整个程序或程序段的功能做说明。

"'"通常放在某语句行的后面，对所在行的功能做说明。

格式如下：

  Rem 注释内容

或

  '注释内容

说明：① 在 Rem 关键字与注释内容之间要加一个空格。

② 任何字符都可以放在注释行中作为注释内容。注释语句通常放在过程、模块的开头作为标题，也可以放在执行语句的后面。在这种情况下，注释语句必须是最后一个语句，且 Rem 前必须用冒号（:）与语句隔开。但若用撇号，则在其他语句后不必加冒号。例如：

```
Text1.text="Good morning!"        'This is a test
Text1.text="Good morning!"        :Rem This is a test
```

③ 注释语句不能放在续行符的后面。

2. 声明语句

声明语句用来命名和定义常量、变量、数组、过程等对象，确定它们的数据类型，同时指定它们的作用范围，此范围取决于声明语句的位置及用什么关键字来声明它。例如前面介绍的符号常量和变量的声明。

3. 赋值语句

赋值语句用于给变量赋值或为对象的属性指定一个值，通常用"="号来赋值。

格式如下：

    对象名=表达式

功能：计算表达式的值，然后赋值给左边的对象。当表达式值的类型与对象类型不同时，系统会将值的类型自动转换成对象的类型。例如：

```
Dim stra As String              '声明 stra 为字符串变量
stra = "你好!"                   '给 stra 字符串变量赋的值为"你好!" 字符串
Text1.Text = "欢迎使用 VBA"      '给 Text1 文本控件的 Text 属性赋值
```

说明：

（1）当数值表达式与变量精度不同时，系统强制转换成左边变量的精度。例如：

```
Dim Intx as Integer
Intx=16.6       'Intx 为整型变量，16.6 经四舍五入转换后赋值，Intx 值为 17
```

（2）当表达式是数字字符串，变量为数值型，系统自动转换成数值类型再赋值，若表达式含有非数字字符或空串时，赋值出错。例如：

```
Intx%="369"         'Intx 值为 369
Intx%="2a65"        '出错，类型不匹配
```

（3）不能在一个赋值语句中，同时给多个变量赋值。例如，以下语句语法没有错误，但结果不正确。

    x%=y%=z%=10

（4）任何非字符类型赋给字符类型，自动转换为字符类型。

（5）当逻辑型赋值给数值型时，True 转换为-1，False 转换为 0;反之，非 0 转换为 True，0 转换为 False。

（6）还有一个赋值语句是 Set 语句，它用来指定一个对象赋给已声明为对象类型的变量。其格式为：

    Set 变量名= 对象表达式

例如：

```
Dim obj1 As Object              '声明 obj1 为 Object（通用对象）类型
Set obj1=TextBox1               '给 obj1 对象赋值
obj1.Caption="new caption"      '给 obj1 的 Caption 属性赋值
```

（7）虽然赋值号与关系运算符等于号都用"="表示，但 VBA 会根据所处的位置自动判断是何种意义的符号。

4．其他操作语句

其他操作语句会初始化动作，可以执行一个方法或函数，完成一定的功能。这类语句较多，这里介绍常用的几个。

（1）AppActivate 语句

语法格式：AppActivate 标题文本

功能：可将控制从当前应用程序转移到另一个指定窗口标题的应用程序中，从而激活一个应用程序窗口。标题文本是字符串表达式，它是激活的应用程序窗口的标题条显示的名字。

（2）Beep 语句

语法格式：Beep

功能：让计算机的扬声器发声一次，产生一次蜂鸣。发声的频率与时间长短取决于所使用的计算机系统。

（3）Call 语句

语法格式：Call 名字[(参数列表)]

功能：将程序控制传送给 Access 的 Sub 过程，Function 过程或动态连接库(DLL) 过程。其中名字是被调用过程的名字，参数列表是传递到此过程的变量、数组或表达式的列表。有实参必须加括号，无实参时括号省略。

（4）DeleteControl 语句

语法格式：DeleteControl 窗体名，控件名

功能：从一个指定的窗体中删除一个指定的控件。

例如：DeleteControl "Form1", "Text1"

（5）End 语句

语法格式：End

功能：终止程序的执行。它可以放在程序中用户希望停止程序运行的任何地方。

（6）MsgBox 语句

语法：MsgBox 信息[，类型[，标题]]

功能：弹出一个对话框，在对话框中显示信息并等待用户选择按钮。

例如：MsgBox "The Areais " & Area ,64+0,"计算结果"

假设 Area 的值是 6，该语句执行的结果如图 10.14 所示。例中 64 表示显示"Information Message(i)"图标，0 表示用"确定"按钮。

（7）Stop 语句

语法格式：Stop

功能：用于暂停正在执行的程序代码，可以放在程序中的任何地方来暂停程序。

Stop 语句与 End 语句的不同之处是 Stop 语句并不关闭文件，也不清除变量。

（8）GoTo 语句

语法格式：GoTo 行标签

图 10.14 MsgBox 语句执行显示的窗口

功能：无条件地转移到过程中指定的行标签处。行标签可以是任何字符的组合，以字母开头，以冒号（:）结尾。行标签与大小写无关，必须从第一列开始。注意，GoTo 只能跳到它所在的过程中的指定行。

（9）Randomize 语句

语法格式：Randomize[数]

功能：对随机数产生机构进行初始化，该语句一般在调用 Rnd 函数之前使用。

10.3.6 函数

函数是一个具有返回值的过程。在 VBA 中，用户不仅可以创建自己的自定义函数，同时系统还提供了大量内部函数供使用，常见函数见附录 B。系统提供的函数主要有以下 4 类。

（1）数学函数

数学函数用于各种数学运算，包括三角函数、求平方根、绝对值及对数、指数函数等。

（2）字符串函数

字符串函数用来完成对字符串的操作和处理，如截取字符串、查找和替换字符串、对字符串进行大小写处理等。

（3）数据类型转换函数

在 VBA 编程中，许多数据类型不能自动转换，需要类型转换函数来实现。类型转换函数的函数名通常由字母 C 开头，然后加上需要转换的类型。

（4）日期/时间函数

日期/时间函数用于获取特定的年、月、日、时、分等数据。

10.4 数组的定义和使用

在编程时，常常会用到一组具有相同数据类型值的变量，这时就可以声明一个数组。数组是一组拥有相同名称同类元素的集合。数组中的所有元素的数据类型都相同，数组中可以存储的元素的个数称为数组的大小，单个的数据项称为数组元素，用于访问数组元素的编号称为数组下标，最小下标和最大下标称为边界。

在 VBA 中，根据数组元素是否变化，分为静态数组（固定大小的数组）和动态数组。根据数组的维数又可分为一维数组和多维数组。

10.4.1 数组的定义

数组必须先定义后使用。

1. 定义数组

定义数组实际就是声明数组变量，因而和声明其他变量一样，可以使用 DIm、Static、Private 或 public 等语句声明。格式如下：

    Dim|Static|Private|Public   <数组名(下标 1[,下标 2…])>   [As <数据类型>]…

其中：① Dim、Static、Private 和 Public 的含义同"声明变量"部分中介绍的规定。

② 数组名按标识符命名规则起名。

③ 下标是用于声明数组含有的元素个数，及标识每一个元素的序号。下标包含上界和下界，用 to 关键字描述，具体格式为"[下界 to 上界]"，若省略下界，系统默认为 0。

④ 声明时只有一个下标表示一位数组，有两个下标表示二维数组，以此类推就可以定义多维数组。

⑤ As <数据类型>用于指明数组元素的类型，省略是 Variant 类型。

2．数组元素的引用

使用数组名称和下标号来引用数组中的某个特定的元素。引用格式为：

    数组名(下标 1[,下标 2…])

注意：使用时不能超过数组声明的上下界范围。

例如：

    dim arr(5) As Integer, x As Integer　　'声明 arr 数组是具有 6 个元素的一维数组
    x=arr(3)　　　　　　　　　　　　　　　'将 arr 数组的第 4 个元素值取出赋给 x 变量

3．确定数组的边界

可以使用 UBound( )函数和 LBound( )函数分别获取数组的上界和下界。默认情况下，VBA 数组的下界是从 0 开始的，可以在模块的声明部分使用 Option Base 语句来改变模块中数组的起始下界。

例如：Option Base 1

该语句使数组元素的下界从 1 开始。

10.4.2 静态数组

在声明时指明了数组大小（包含的元素个数）的数组称为静态数组，其分配的存储空间和数组大小在程序运行期间不可改变。例如：

① dim arr1(5)

声明 arr1 数组是一个具有 6 个元素的一维静态数组，其数据类型是 Variant 类型。

② dim arr2(4) as byte

声明 arr2 数组是一个具有 5 个元素的一维静态数组，其数据类型为 byte。

③ dim arr3(1 to 3) as string

声明 arr3 数组是一个具有 3 个元素的一维静态数组，数据类型是 string，其第一个元素的下标号为 1。

④ dim arr4(3,2) as string

声明 arr4 数组是一个四行三列的二维静态数组，默认第一元素下标为 0。

⑤ dim arr5(1 to 3,1 to 2) as string

声明 arr5 数组是一个三行二列的二维静态数组，行和列的起始下标都从 1 开始。

10.4.3 动态数组

在声明时没有给出数组大小（包含的元素个数）的数组称为动态数组。动态数组声明后，在程序运行期间，数组的大小可以被重置、改变。当然新定义的动态数组只有被重置后才能使用。

1. 定义动态数组

例如：Dim myArr1( ) As Integer

声明 myArr1 数组是一维动态数组，其数据类型是 Integer 类型。

2. 重置动态数组

使用 ReDim 关键字重新定义数组的大小。例如：

    ReDim　myArr1(10)　　　　　　　'重新定义 myArr1 数组大小为 11 个元素

也可以用 ReDim 关键字同时声明一个动态数组并指定该数组的元素个数。例如：

    ReDim　myArr2 (5) As Integer　　　'声明 myArr2 数组大小为 6 个元素的动态数组

VBA 没有限制重新定义动态数组大小的次数，但在重新定义数组大小时，原有的数组数据就会丢失。如果需要保留原来的数据，可以使用 Preserve 关键字。例如：

    ReDim Preserve myArr1(5)　　　　'再次定义 myArr1 数组大小为 6 个元素

注意：

① 如果重新定义数组时减小了数组的大小，则会丢失被缩减了的那部分元素的数据。

② 如果没有 Preserve，则数组中原有数据在重新声明时被清除。

③ 如果在变量声明时的类型为 Variant，则在 ReDim 语句中可以重新设置数据类型，否则不能再设置数据类型。

10.5 基本程序设计

VBA 是一种结构化程序设计语言。这体现在两个方面：一是 VBA 的流程控制基于三种基本结构（即顺序结构、选择结构和循环结构），这样可使程序代码保持良好的结构化特性。二是在应用软件系统设计中，采用面向对象系统结构的模块化设计方法，将较大的复杂程序分解为较小的程序模块，通过模块间的特定组合来实现模块间的控制与调用，从而进行数据的传递和管理。

10.5.1　程序的基本结构

三种基本的控制结构是结构化程序设计的基础，它可使程序结构清晰、易读性强，以提高程序设计的质量和效率。理论上已经证明，任何程序均可由顺序、选择和循环三种结构构成，图 10.15 是这三种结构构成的流程图。

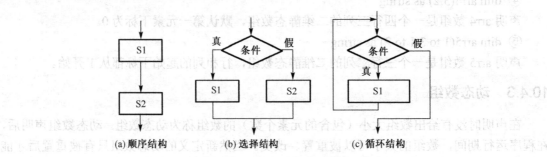

图 10.15　程序的三种基本结构

（1）顺序结构

顺序结构如图 10.15 中的(a)所示，它是从前向后顺序执行 S1 语句和 S2 语句，只有当 S1 语句执行完成后才执行 S2 语句。

（2）选择结构

选择结构如图 10.15 中的(b)所示，它根据条件有选择地执行语句。当条件成立（真）执行 S1 语句，当条件不成立（假）执行 S2 语句。

（3）循环结构

循环结构如图 10.15 中的(c)所示，它有条件的反复执行 S1 语句（也称为循环体），直到条件不成立时终止循环，控制转移到循环体外的后继语句。

10.5.2 顺序结构

顺序结构中各语句的执行顺序是按排列的先后顺序依次进行的。

【例 10-3】 采用顺序结构子程序求三角形的面积（已知三角形三边边长分别为 3、4、5）。

```
Private Sub Area ( )
Dim a, b, c, s, temp, Area As Variant
a = 3
b = 4
c = 5
s = ( a + b + c)/ 2
temp = s * ( s - a ) * ( s - b ) * ( s - c)
Area = Sqr ( temp)
MsgBox "The Areais " & Area 64+0 "计算结果"
End Sub
```

10.5.3 选择结构

程序中往往需要判断某个表达式的结果而转向执行相应的语句，选择结构是通过依据某种选择条件的结果来决定流程方向的语句。通常根据执行路径的分支数分为"单分支结构"、"双分支选择结构"和"多分支选择结构"。

1．单分支语句

语法格式：

  If 条件表达式 Then
    语句行序列
  End IF

或：

  If 条件表达式 Then 语句

说明：语句行序列可以是一条或多条语句。在使用下边的单行简单格式时，Then 后只能是一条语句，或者是用冒号分隔的多条语句，但必须与 If 语句在一行上。

功能：首先判断条件表达式的值，若为真，则执行 Then 关键字后的语句行序列或语句，然后执行 End If 后的语句；否则，直接执行 End If 后的语句。其执行过程如图 10.16 所示。

【例 10-4】 比较两个数值变量 x 和 y 的值，用 x 保存大的值，y 保存小的值。

```
If  x<y  Then
    t=x          't为中间变量,用于实现 x 与 y 值的交换
    x=y
    y=t
End If
```

或

```
If  x<y  Then  t=x: x=y: y=t
```

【例 10-5】 随机出一道两位数加法题让学生回答。

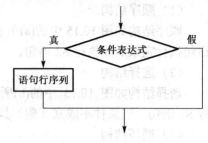

图 10.16 单分支语句执行过程

```
Sub test( )
    Dim A As Integer, B As Integer, Sum As Integer
    Randomize Timer            '用当前的时间作为种子来产生随机数,为调用 Rnd 做准备。
    A = 10 + Rnd( ) * 89: B = 10 + Rnd( ) * 89        'Rnd( ) * 89 生成一个小于 90 的数
    Sum = InputBox(A & "+" & B & "=?", "两位数加法")
    If Sum = A + B Then MsgBox ("答案正确!")
    If Sum <> A + B Then MsgBox ("答错了! 正确答案是" & A + B)
End Sub
```

2. 双分支选择结构

（1）If…Then…Else 语句

语法格式:

```
If  条件表达式  Then  语句系列 1
[ Else
    语句系列 2 ]
End If
```

功能:执行 If 语句时,首先计算条件表达式的值,然后依据其值的不同,做不同的处理。如果其值为真,则执行"语句系列 1",然后转去执行 End if 语句后面的语句。如果其值为假,则越过"语句系列 1",直接执行"语句系列 2",然后转去执行 End if 语句后面的语句,其执行过程如图 10.17 所示。

下面是用 if 语句的两种不同写法,来给变量 y 赋值的代码示例。

```
If  x>=0  Then
    y=Sqr(x)
Else
    y=Abs(x)
End If
```

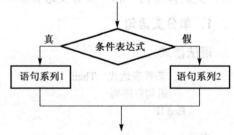

图 10.17 双分支语句执行过程

或

```
If  x>=0 Then y=Sqr(x) Else y=Abs(x)
```

注意:两种形式完成同样的任务,但第二种方法必须在一行内写完语句的所有内容。

【例 10-6】 编写子程序用于检测用户输入的密码,若密码错误,则结束代码执行。

```
Private Sub Form_Load( )
    Dim Password, Pword As Variant
```

```
       Password = "sxdsxd"
       Pword = InputBox("请输入你的密码：")
       If    Pword = Password Then
            MsgBox ("正确")
       Else
            MsgBox ("对不起，输入的密码不正确！")
       End If
    End Sub
```

（2）If 语句的嵌套

If 语句的嵌套是指在一个 If 语句里又包含另一个 If 语句。

【例 10-7】 某商场为了促销，采用购物打折的优惠办法，每位顾客一次购物的费用的打折优惠按以下方法计算：

1000 元至 2000 元，按九五折优惠。

2000 元至 3000 元，按九折优惠。

3000 元至 5000 元，按八五折优惠。

5000 元以上，按八折优惠。

编写程序，输入购物款数，计算并输出优惠价。

代码如下：

```
    Private Sub Fy( )
        Dim x As Single, y As Single, name As String
        name = InputBox("请输入购物的费用：", "购物费用计算演示")
        x = Val(name)
        If x < 1000 Then
            y = x
        Else
            If x < 2000 Then
                y = 0.95 * x
            Else
                If x < 3000 Then
                    y = 0.9 * x
                Else
                    If x < 5000 Then
                        y = 0.85 * x
                    Else
                        y = 0.8 * x
                    End If
                End If
            End If
        End If
        MsgBox ("您实际应付的费用是：" & Str(y))
    End Sub
```

子程序运行后首先弹出"请输入购物的费用"对话框，如图 10.18 所示，输入费用后（如 5000），弹出实际应付的费用对话框（如图 10.19 所示）。

图 10.18 "请输入购物的费用"对话框　　　图 10.19 实付费用对话框

注意：嵌套 If 语句应注意书写格式，为提高程序的可读性，多采用锯齿型。注意 If 与 End If 的配对。多个 If 嵌套，End If 与它最近的 If 配对。

为了增加程序的可读性，一般不使用多嵌套级的 If…Then…Else 语句，而使用后面介绍的 Select Case（多分支选择结构）语句。

（3）带 ElseIf 的 If 语句

语句格式：

```
If   条件表达式 1   Then
    语句系列 1
ElseIf   条件表达式 2   Then
    语句系列 2
……
Else
    语句系列 n+1
End If
```

功能：依次测试条件表达式 1、条件表达式 2、……，当遇到条件表达式为真时，则执行该条件下的语句块。如均不为真，若有 Else 选项，则执行 Else 后的语句块，否则执行 EndIf 后面的语句。

说明：不管条件分支有几个，若程序执行了一个分支后，其余分支就不再执行。当有多个条件表达式同时为真时，只执行第一个与之匹配的语句系列。因此，应注意多个条件表达式的次序及相交性。另外注意 ElseIf 中不能有空格。

【例 10-8】 编程实现如下操作：当输入某同学期末考试科目的总平均成绩时，显示该生对应的五级制总评结果。

```
Private Sub Slx( )
    Dim zpcj As Single, zpjg As String
    zpcj = Val(InputBox("请输入总平均成绩：", "演示练习"))
    If zpcj >= 90 Then
        zpjg = "优秀"
    ElseIf zpcj >= 80 Then
        zpjg = "良好"
    ElseIf zpcj >= 70 Then
        zpjg = "中等"
    ElseIf zpcj >= 60 Then
        zpjg = "及格"
    Else
        zpjg = "不及格"
```

```
        End If
        MsgBox ("总评结果：" & zpjg)
End Sub
```

运行结果：当在弹出的"请输入总平均成绩"文本框（如图 10.20 所示）中输入任何数值数据后，单击"确定"按钮，总评结果将显示在弹出的总评结果消息窗口中，如图 10.21 所示。

图 10.20　"请输入总平均成绩"对话框

图 10.21　总评结果消息窗口

3．多分支选择结构

Select Case 语句是多分支选择结构语句。语法格式：

```
Select Case 表达式
Case 表达式 1
语句系列 1
Case 表达式 2
语句系列 2
…
[Case Else
语句系列 n+1]
EndSelect
```

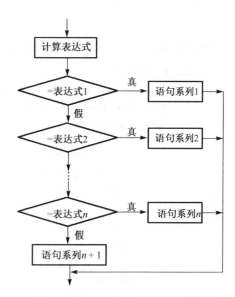

功能：执行该语句时，首先计算"表达式"的值，然后与第一个 Case 子句的"表达式 1 值"比较，如果相等，就执行"语句系列 1"，然后转去执行 End Select 语句后面的语句。否则越过"语句系列 1"，再与第二个 Case 子句的"表达式 2 值"比较。如果所有 Case 子句后面的表达式值都与"表达式"的值不匹配，则执行 Case Else 子句后面的"语句系列 n"。其执行过程如图 10.22 所示。

图 10.22　Select Case 语句执行过程

说明：

"表达式"可以是数值型或字符串表达式，且多个"表达式"的类型必须相同。

Case 表达式可以是下列几种格式：

① 单一数值或一行并列的数值，之间用逗号分开。

② 用关键字 To 分隔开的两个数值或表达式之间的范围，前一个值必须比后一个值要小。字符串的比较是从它们的第一个字符的 ASCII 码值开始比较的，直到分出大小为止。

③ 可用 Is 关系运算符表达式。

例如：

```
Case 1 to 20
Case Is>20
Case 1 To 5,7,8,10,Is>20
Case "A" To "Z"
```

【例 10-9】 编程实现：输入月，显示该月所处的季节。

```
Private Sub Slx2()
    Dim iMonth As Integer                              '定义月份变量
    iMonth = Val(InputBox("请输入月：", "演示练习"))    '为变量赋值
    Select Case iMonth                                 '计算月份
        Case Is <= 3                                   '月份为 1、2、3
            MsgBox ("春天")
        Case 4 To 6                                    '月份为 4、5、6
            MsgBox ("夏天")
        Case 7, 8, 9                                   '月份为 7、8、9
            MsgBox ("秋天")
        Case Else                                      '月份为 10、11、12
            MsgBox ("冬天")
    End Select
End Sub
```

【例 10-10】 用 Select Case 语句完成例 10-8 的功能。

```
Private Sub Slx1()
    Dim zpcj As Single, zpjg As String
    zpcj = Val(InputBox("请输入总平均成绩：", "演示练习"))
    Select Case Val(zpcj)
        Case Is >= 90
            zpjg = "优秀"
        Case 80, 81, 82 To 89
            zpjg = "良好"
        Case 70 To 79
            zpjg = "中等"
        Case 60 To 69
            zpjg = "及格"
        Case Else
            zpjg = "不及格"
    End Select
    MsgBox ("总评结果：" & zpjg)
End Sub
```

注：该子过程的执行结果同例 10-8。

10.5.4 循环结构

循环结构是用来处理某些需要反复执行的语句系列的结构。它可以对一些数据进行特殊的加工处理，同时使程序的长度大大缩短。

1. For…Next 语句

语法格式：

  For 循环变量=起始值 To 终值 Step 步长
   语句系列
  Next 循环变量

说明：当执行该循环语句时，循环变量首先被初始化为起始值，然后与终值比较，如果没有超出终值，则执行语句系列，遇到 Next 子句后再返回到前面，并将循环变量的值加上一个大小为步长的值，然后再与终值比较，如果超出了终值，则跳出循环，转去执行 Next 语句后面的语句。其中循环变量应该是数值型的变量。其执行过程如图 10.23 所示。

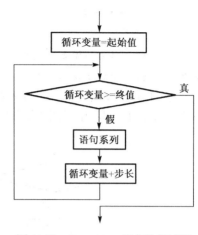

图 10.23 For…Next 语句执行过程

注意：① 语句系列可以是一条或多条语句，一般称为循环体。
② 在语句系列的语句中还可以使用 Exit for 语句直接退出循环体的执行。
③ 退出循环后，循环变量的值保持退出时的值。
④ 在语句系列中可以引用循环变量，但不要对其赋值（除非需要），否则可能影响结果。

【例 10-11】 程序分析示例，下面程序中计数变量 J 会在每次循环重复时加上 2，当循环完成时，Total 的值为 2，4，6，8 和 10 的总和。

```
Private Sub twototal( )
    Dim J As Integer, total As Integer
    For J = 2 To 10 Step 2
        total = total + J
    Next J
    MsgBox ("The total is:" & total)
End Sub
```

【例 10-12】 分析下列程序的循环结构。

```
For K=5 To 10 Step 2
    K=K*2
Next K
```

分析：按照公式计算，循环次数为：(10−5+1)/2=3 次，但这是错误的。实际上，该循环的循环次数为只有 1 次，因为循环变量先后取值 5 和 12，循环执行 1 次之后，循环变量值为 12，超过终值 10，循环结束。

2. Do…Loop 语句

Do 循环语句主要用于循环次数未知的循环结构，其语句有两种形式。

（1）Do While…Loop

语句格式：

  Do While|Until 条件表达式
   语句系列
   [Exit Do]

语句系列
　Loop

说明：① Do While 语句：当条件表达式结果为真时，执行循环体，直到条件表达式结果为假或执行到 Exit Do 语句而退出循环体，其执行过程如图 10.24 所示。

② Do Until 语句：当条件表达式结果为假时，执行循环体，直到条件表达式结果为真或执行到 Exit Do 语句而退出循环体，其执行过程如图 10.25 所示。

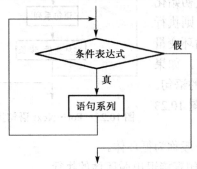 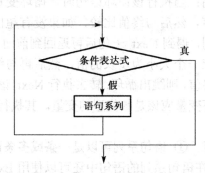

　　图 10.24　Do While 语句执行过程　　　　　图 10.25　Do Until 语句执行过程

【例 10-13】编写程序计算 S=1+2+3+…+100 的值。

```
Private Sub Dlx1()
    Dim i As Integer , S As Integer
    i=1: S=0
    Do While i<=100
        S=S+i
        i=i+1
    Loop
    MsgBox ("1+2+3+...+100=" & s)
End Sub
```

该程序也可用 Do Until 语句来编写，只要将"Do While i<=100"语句改为"Do Until i>100"语句即可。

【例 10-14】对例 10-11，用 Do While…Loop 语句来完成。

```
Private Sub twototal( )
    Dim J As Integer, total As Integer
    J = 2
    Do While J < = 10
        total = total + J
        J = J + 2
    Loop
    MsgBox("Thetotalis" & total)
End Sub
```

（2）Do…Loop While
语法格式：
　Do
　语句系列

[Exit Do]
语句系列
Loop While|Until 条件表达式

说明：① Do…Loop While/Untile 循环语句为先执行后判断，循环体至少执行一次。

② 关键字 While 用于指明当条件为真（True）时，执行循环体中的语句，其执行过程如图 10.26 所示。而关键字 Until 用于指明当条件为真（True）前执行循环体中的语句，其执行过程如图 10.27 所示。

③ 循环体中，可以在任何位置放置任意个数的 Exit Do 语句，随时跳出 Do…Loop 循环。

④ 当省略 While 或 Until 条件子句时，循环结构仅由 Do…Loop 关键字组成，表示无条件循环，若在循环体中不加 Exit Do 语句，循环结构为"死循环"。

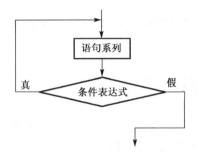

图 10.26　Do…Loop While 语句执行过程　　图 10.27　Do…Loop Until 语句执行过程

【例 10-15】 把 26 个小写英文字母赋给数组 strx。

```
Private Sub Dlx3()
Dim strx(1 to 26) As String
i=1
Do
strx(i)=Chr(i+96)
i=i+1
Debug.Print strx(i)    '在立即窗口显示 strx(i)的值
Loop While i<=26
End Sub
```

注：也可用将该程序中的"Loop While i<=26"语句改为"Loop Until i>26"语句，其结果是一样的。

3．While 循环

语法格式：

```
While 条件表达式
    语句系列
Wend
```

说明：当条件表达式为 True 时，执行循环体。因此该语句与 Do…While 语句结构一样。

【例 10-16】 把 26 个大写英文字母赋给数组 strx。

```
Private Sub Dlx3()
Dim strx(1 To 26) As String
```

```
        i = 1
        While i <= 26
            strx(i) = Chr(i + 64)
            Debug.Print strx(i)      '在立即窗口显示 strx(i)的值
            i = i + 1
        Wend
    End Sub
```

4. 循环语句的嵌套

循环语句的嵌套是指在一个循环语句中又包含另一个完整的循环语句。且允许几种循环语句互相嵌套。循环语句的嵌套使用应注意以下两个问题：

① 被嵌套的循环语句必须是一个完整的循环语句。

② 在被嵌套循环语句中如果使用 Exit For、Exit Do 语句，则只会退出到所在循环的外层循环。

10.6 VBA 过程设计

在实际编程过程中，往往把一个复杂的程序分成多个相对独立的部分，每个部分用一个功能模块实现。Access 的模块对象就是用 VBA 写的程序段，即过程。

过程，就是执行一个或多个给定任务的集合。过程一般被称为子程序，在其他程序中可通过名字访问。VBA 中的过程分为两种，一种叫函数，另外一种叫子程序过程（简称子过程），分别使用 Function 和 Sub 关键字。它们都是一个可以获取参数、执行一系列语句、以及改变其参数的值的独立过程。子程序过程是指执行一个或多个操作。其两者之间的主要区别在于，函数会返回一个值而子程序过程不会返回值。

过程最大的好处就是在一个地方写了一个功能模块之后，如果要在其他地方实现同样的功能，不必将该代码重新写一遍，只要直接调用该过程就行。

10.6.1 子程序过程

子过程是指那些用来执行一个操作或多个操作，而不会返回任何值的过程。Access 中的事件响应模块常常使用子过程来创建。

VBA 的子程序过程包括事件过程和自定义过程两类。事件过程是当用户或系统在某对象上触发某事件时，会引发执行对象的某事件过程。用户自定义过程是在应用程序设计时，某反复使用的功能可将其定义为过程，在程序的其他地方可以多次调用它，以实现其定义的功能。

1. 事件过程

事件过程的主要功能是对产生的事件进行响应处理。当在 Access 中创建一个新对象时（如窗体、控件等），就可以为该对象的相关事件建立事件过程，因此事件过程都是 Private（私有）的，其事件过程名也是由系统给定的（如 Form_Click、Text1_Click 等），用户不能改变。

语法格式：

```
Private Sub 对象名_事件名( )
    语句序列
    [Exit Sub]
```

语句序列
End Sub

注：Exit Sub 是可选项，表示退出 Sub 过程的执行。

【例 10-17】 为"学生信息"窗体的装载事件建立一个事件过程，功能是在打开该窗体时，先弹出一个介绍该窗体作用的简介消息窗口，当用户单击消息窗口中的"确定"按钮后，系统才打开"学生信息"窗体。操作步骤如下。

① 打开"XSGL"数据库，以设计视图方式打开"学生信息"窗体。

② 打开窗体的属性表，如图 10.28 所示，选择"事件"选项卡，单击"加载"事件属性。然后单击该事件属性旁的"生成器"按钮，出现"选择生成器"对话框，选择"代码生成器"。

③ 这时，Access 将打开 VBA 开发环境，同时在"模块代码"窗口中给出"Form_Load()"装载事件过程部分代码，如图 10.29 所示。

图 10.28　窗体对象的属性表

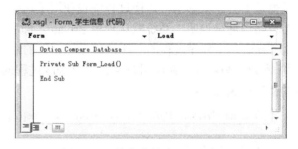

图 10.29　装载事件过程部分代码

④ 向事件过程中添加如下程序代码。

```
Private Sub Form_Load( )
    MsgBox ("学生基本情况窗体主要用于查看学生的基本信息！")
End Sub
```

⑤ 保存事件过程，并退出 VBA 开发环境。

⑥ 打开"学生信息"窗体，此时先弹出一个消息窗口，显示的是"学生基本情况窗体主要用于查看学生的基本信息！"，如图 10.30 所示。单击"确定"按钮后，系统打开"学生信息"窗体。

注意：

① 事件过程名也是由系统给定，用户不能改变。

图 10.30　Form_Load 事件弹出的消息框

② 事件过程都是私有的,所以每个事件过程都用 Private 说明其作用域只能在自己的模块内被使用。

③ 事件过程无参数,完全由系统提供的具体事件本身决定,用户不能随意添加。

2. 自定义过程

自定义过程是用户为了完成某一任务而编制的子过程。它是独立的,不属于某一具体对象,因此自定义过程属于通用过程。

语法格式:

  [Private|Public|Friend]Static] Sub name [参数列表]
    语句序列
  [Exit Sub]
    语句序列
  End Sub

其中:① [Private|Public|Friend]Static]是与作用范围有关的描述,具体如下:

Public(公有):表示所有模块的所有其他过程都可访问这个 Sub 过程。如果在包含 Option Private 的模块中使用,则这个过程在该工程外是不可使用的。

Private(私有):表示只有在包含其声明的模块中的其他过程可以访问该 Sub 过程。

Friend:只能在类模块中使用。表示该 Sub 过程在整个工程中都是可见的,但对对象实例的控制者是不可见的。主要用在类模块里面,较少使用。

Static(静态):表示在调用之间保留 Sub 过程的局部变量的值。Static 属性对在 Sub 外声明的变量不会产生影响,即使过程中也使用了这些变量。

若省略该部分说明,系统默认使用 Private,即私有。

② name 是子程序过程的名称;遵循标识符的命名约定。

③ 参数列表:代表在调用时要传递给 Sub 过程的参数列表。参数之间用逗号隔开,参数列表的语法格式如下:

  [Optional] [ByVal | ByRef] [ParamArray] varname[( )] [As type] [= defaultvalue]

各部分的含义如表 10.7 所示。

表 10.7 参数列表各个部分含义

部分	描述
Optional	表示参数不是必需的关键字。如果使用了该选项,则参数列表中的后续参数都必须是可选的,而且必须都使用 Optional 关键字声明。如果使用了 ParamArray,则任何参数都不能使用 Optional
ByVal	表示该参数按值传递
ByRef	表示该参数按地址传递,ByRef 是省略选项
ParamArray	只用于参数列表的最后一个参数,指明最后这个参数是一个 Variant 元素的 Optional 数组。使用 ParamArray 关键字可以提供任意数目的参数。ParamArray 关键字不能与 ByVal,ByRef,或 Optional 一起使用
varname	参数的名称,按标识符规定起名
type	传递给该过程的参数的数据类型。如果没有选择参数 Optional,则可以指定用户定义类型,或对象类型
defaultvalue	任何常数或常数表达式。只对 Optional 参数合法,如果类型为 Object,则显式的省略值只能是 Nothing

④ 语句序列:Sub 过程中所执行的任何语句。

⑤ Exit Sub:退出 Sub 过程的执行。

第 10 章 模块和 VBA

【例 10-18】 编写将两个数按大到小排序的 Swap 子过程。再编写一个调用 Swap 的 clx1 子过程，要求实现输入两个数值时，调用 Swap，最终显示排序结果。

```
Public Sub Swap(x As Integer, y As Integer)    '定义 Swap 子过程
    Dim t As Integer
    If x < y Then t = x: x = y: y = t          '按大小排序
End Sub
Private Sub clx1( )                            '定义 clx1 子过程
    Dim a As Integer, b As Integer
    a = Val(InputBox("请输入第一个数："))
    b = Val(InputBox("请输入第二个数："))
    Call Swap(a, b)                            '用 Call 语句调用 Swap 子过程
    Debug.Print a, b                           '在立即窗口显示 strx(i)的值
End Sub
```

将光标标定位在 clx1 子过程的任何位置，单击"运行"按钮，即可运行。

注：① Swap 子过程是一个 Public（全局）的子过程，它含有两个 Integer（整型）类型的参数，可被程序中的所有子过程调用。

② clx1 子过程是一个 Private（局部）的无参子过程，只能被它所在模块中的子过程调用。

【例 10-19】 分析下面三个子过程的声明，掌握 Static（静态）声明过程的用法。

```
Static Sub m1( )                               '定义 Static 的 m1 子过程
    Dim i As Integer, j As Integer
    i = i + 1
    j = j + 1
    Debug.Print "i=" & i & " j=" & j
End Sub
Private Sub m2( )                              '定义 Private 的 m2 子过程
    Dim i As Integer, j As Integer
    i = i + 1
    j = j + 1
    Debug.Print "i=" & i & " j=" & j
End Sub
Sub try1( )                                    '定义 Private 的 try1 子过程
    Dim i As Integer
    Debug.Print "静态过程:"
    For i = 1 To 5
        Call m1
    Next i
    Debug.Print "私有过程:"
    For i = 1 To 5
        Call m2
    Next i
End Sub
```

运行 try1 过程，然后可以在立即窗口里看到如下所示结果。

静态过程：

```
        i=1 j=1
        i=2 j=2
        i=3 j=3
        i=4 j=4
        i=5 j=5
```
私有过程：
```
        i=1 j=1
        i=1 j=1
        i=1 j=1
        i=1 j=1
        i=1 j=1
```

从结果可以看出，在调用时静态 m1 子过程的 i 和 j 局部变量值被保留，而非静态 m2 子过程的局部变量值不被保存，每次调用都重新赋一次值。

【例 10-20】 Access 中，打开窗体的命令是 DoCmd.OPENFORM，编写一个能捕获窗体打开出错的 OpenFormlx1 子过程。

```
Sub OpenFormlx1(stDocName As String)          'stDocName 为需要打开的窗体名称
    On Error GoTo Err_打开窗体                 '出错则转入错误处理程序
    DoCmd.OpenForm stDocName                   '打开指定窗体
Exit_打开窗体:
    Exit Sub                                   '退出该子过程的执行
Err_打开窗体:
    MsgBox Err.Description                     '如果错误则弹出出错消息，并结束打开动作
    Resume Exit_打开窗体
End Sub
Private Sub Olx1()                             '定义 Olx1 子过程，用于调用 OpenFormlx1 子过程
    Dim strname As String
    strname = InputBox("请输入要打开的窗体名：")
    Call OpenFormlx1(strname)                  '调用 OpenFormlx1 子过程
End Sub
```

在一个应用程序中，经常有打开窗口这样的操作，用上面方法可以避免窗体打不开的错误，防止程序运行的错误发生。

3．使用过程应注意的问题

① Sub 过程可以是递归的；也就是说，该过程可以调用自己来完成某个特定的任务。不过，递归可能会导致堆栈上溢。通常 Static 关键字和递归的 Sub 过程不在一起使用。

② 所有的可执行代码都必须属于某个过程。不能在别的 Sub、Function 或 Property 过程中定义 Sub 过程。

③ Exit Sub 语句使执行立即从一个 Sub 过程中退出。程序接着从调用该 Sub 过程的语句下一条语句执行。在 Sub 过程的任何位置都可以有 Exit Sub 语句。

④ 在 Sub 过程中使用的变量分为两类：一类是在过程内显式定义的，另一类则不是。在过程内显式定义的变量（使用 Dim 或等效方法）都是局部变量。对于使用了但又没有在过程中显式定义的变量，除非其在该过程外更高级别的位置有显示地定义，否则也是局部的。

⑤ 过程可以使用没有在过程内显式定义的变量，但只要有任何在模块级别定义的名称与

之同名，就会产生名称冲突。如果过程中使用的未定义的变量与别的过程，常数，或变量的名称相同，则认为过程使用的是模块级的名称。显式定义变量就可以避免这类冲突。可以使用 Option Explicit 语句来强制显式定义变量。

10.6.2 函数过程

函数过程也是定义的过程，通常称为 Function 过程，简称函数。函数的特点是可以返回一个值，这也是子程序过程和函数之间最大的区别。这个特点使得用户可以在表达式中使用它们。

VBA 包含可很多内置的函数，用户可以很方便地调用它们。另外，VBA 还提供 Function 语句用于用户定义自己的函数过程。自定义函数的目的与 Sub 过程类似，只是自定义函数可以很方便地得到一个返回值，可以将数据处理的结果通过这个返回值带回到调用处，所以自定义函数多用于计算场合。也可以像 Sub 过程一样不用于计算，只是完成一组计算操作，而且调用一次只有一个返回值。

1. 函数的定义

语法格式：

```
[Public | Private | Friend] [Static] Function FuncName [(参数列表)] [As 数据类型]
    函数语句
    FuncName=表达式
    [Exit Function]
    函数语句
    FuncName=表达式
End Function
```

其中：① [Public | Private | Friend] [Static]是用于规定函数的应用范围和生存期。其含义与自定义过程中介绍的一样。

② FuncName：函数的名称，遵循标识符的命名约定。

③ 参数列表：代表在调用时要传递给函数的参数列表。参数之间用逗号隔开。参数列表的语法格式如下：

```
[Optional] [ByVal | ByRef] [ParamArray] varname[( )] [As type] [= defaultvalue]
```

各部分的含义见表 10.7 中的描述。

④ As 数据类型：指明函数过程返回值的类型。

⑤ 函数语句：函数过程中所执行的任何语句。

⑥ FuncName=表达式：将返回的值赋于函数名，以便函数返回该值。

⑦ Exit Function：退出函数过程的执行。

【例 10-21】 定义一个 flx1()函数，求 k=n! (n 为自然数)。

```
Public Function flx1(n As Integer)
    Dim k As Integer, i As Integer
    k = 1
    For i = 1 To n
        k = k * i
    Next i
    flx1 = k            '将计算结果赋给函数名
End Function
```

注：函数过程总是以函数名称给调用处返回一个求解的值，因此，在函数中，最后一条语句，往往是一条将最终的计算结果赋给函数名的语句。

【例 10-22】 定义一个计算存款利息的 flx2( ) 函数。若以 d、n 和 r 分别表示本金、年限和利息，则到期提取金额的函数定义如下：

```
Public Function flx2(d As Currency, n As Integer, r As Single) As Currency
    flx2 = d * (1 + r / 100) ^ n
End Function
```

2. 函数和过程的调用

函数和过程定义后，就可被调用，具体调用有以下几种方法。

（1）用 Call 语句调用

语法格式：

  Call Name(参数列表)

注：① Call 为调用语句的关键字；Name 是要调用的函数或过程名称。参数列表是按照过程或函数的设定而传入的实际参数表。如果是有参数的函数或过程，参数列表两边必须加上括号。

② 如果使用 Call 语法来调用内建函数或用户定义函数，则函数的返回值将被丢弃。

例如，调用例 10-22 定义的 flx2 函数，就可以用 "Call flx2(1000,3,0.03)" 方法，但计算的结果被丢弃。

（2）省略 Call 关键字调用

这其实是省略了 Call 关键字的 Call 语句调用法。

语法格式：

  Name 参数列表

注：参数列表两边不能使用括号。

例如，调用例 10-22 定义的 flx2 函数，也可以用 "flx2 1000,3,0.03" 方法。

（3）在表达式中调用函数

语法格式：

  Name(参数列表)

注：① 参数列表两边必能使用括号。
② 这种方法只适合函数过程的调用，而不能用于子程序过程的调用。

【例 10-23】 对例 10-22 模块补充一个调用 flx2( ) 函数的 clx3 子过程。

```
Private Sub clx3( )
    Dim x As Currency, y As Integer, z As Single, s As Currency
    x = Val(InputBox("请输入本金："))
    y = Val(InputBox("请输入存期："))
    z = Val(InputBox("请输入利息："))
    s = flx2(x, y, z)            '在表达式中调用 flx2 函数
    MsgBox (s)
End Sub
```

10.6.3 参数传递

1. 形参和实参

在定义 Sub 和 Function 过程时,"参数列表"中的参数称为形式参数,简称形参。由于形参用于接收数据,因此形参不能是常数。在调用语句中使用的"参数列表"称为实际参数,简称实参。实参与形参名称可以不同,但类型必须一致,在调用一个过程时,实参按位置次序传送给形参。

在 VBA 中,实参向形参的数据传递有两种方式,一种称为值传递或传值,使用 ByVal 关键字;另一种称为引用传递或传址,使用 ByRef 关键字,传址调用是系统默认方式。

2. 传值调用

传值调用是当调用一个过程时,系统将相应位置实参的值复制给对应的形参,在被调过程处理中,实参和形参没有关系。被调过程的操作处理是在形参的存储单元中进行,形参由于操作处理引起的任何变化均不反馈、影响实参的值。当过程调用结束时,形参所占用的内存单元被释放,因此,传值调用方式具有单向性。要使参数用传值形式,必须在定义形参时前面加有 ByVal 关键字。

3. 传址调用

传址调用是当调用一个过程时,系统将相应位置实参的地址传递给对应的形参。因此,在被调过程处理中,对形参的任何操作处理都变成了对相应实参的操作,实参的值将会随被调过程对形参的改变而改变,传址调用方式具有双向性。这种对实参的修改只会影响到变量元素(已声明的变量、数组元素等),而不会影响到非变量元素(常数、文本、枚举、表达式)。

要使参数用传址形式,应在定义形参时前面加有 ByRef 关键字,若省略形参说明关键字,系统也默认为 ByRef(传址)形式。

【例 10-24】 创建有参子过程 Test( ),通过主调过程 Main_click( )被调用,观察实参值的变化。

被调子过程 Test( ):

```
Public Sub Test(ByRef x As Integer)      '形参 x 说明为传址形式的整型量
x=x+10                                    '改变形参 x 的值
End Sub
```

主调过程 Main_click( ):

```
Private Sub Main_click( )
Dim n As Integer                          '定义整型变量 n
n=6                                       '变量 n 赋初值 6
Call Test(n)
MsgBox( n)                                '显示 n 值
End Sub
```

分析:当主调过程 Main_click( )调用子过程 Test( )后,"MsgBox (n)"语句显示 n 的值已经发生了变化,其值变为 16,说明通过传址调用改变了实参 n 的值。

如果将主调过程 Main_click( )中的调用语句"Call Test(n)"换成"Call Test(n+1)",再运行

主调过程 Main_click( )，结果会显示 n 的值依旧是 6。表明常量或表达式在参数的传址调用过程中，双向作用无效，不能改变实参的值。

在上例中，需要操作实参的值，使用的是系统默认的传址调用方式，若使用传值调用方式，请读者分析处理结果的变化。

4. 数组参数

VBA 允许把数组作为形参出现在形参表中。

语法格式：

形参数组名( ) [As 数据类型]

形参数组只能按地址传递参数，对应的实参也必须是数组，且数据类型相同。调用过程时，把要传递的数组名放在实参表中，数组名后面不跟圆括号。在过程中不可以用 Dim 语句对形参数组进行声明，否则会产生重复声明的错误。但在使用动态数组时，可以用 ReDim 语句改变形参数组的维界，重新定义数组的大小。

5. 对象参数

VBA 中可以向过程传递对象，在形参表中，把形参变量的类型声明为"Control"，可以向过程传递控件；若声明为"Form"，则可向过程传递窗体。对象的传递只能按地址传递。

10.7 应用举例

10.7.1 VBA 函数和子过程举例

【例 10-25】 设计如图 10.31 所示的一个计算二次函数的窗体，计算自变量 x 在 $-100\sim100$ 范围内的二次函数值($y=a*x^2+b*x+c$)。其中，文本框 Text1、Text2、Text3、Text4 分别用于输入函数系数 a、b、c 和自变量 x 的值。通过单击"计算"命令按钮来启动二次函数的计算，标签 Label6 用于显示计算结果。

代码如下：

图 10.31 "计算二次函数"窗体

```
Private Sub Command1_Click()
    Dim a As Single, b As Single, c As Single, x As Single   '定义各变量类型
        a = Val(Text1)
        b = Val(Text2)
        c = Val(Text3)
        x = Val(Text4)
        Label6.Caption = Echs(a, b, c, x)              '调用 Echs 函数
End Sub
Private Function Echs(a As Single, b As Single, c As Single, x As Single) As Integer
    If x < -100 Or x > 100 Then
        MsgBox "变量 X 的值超出范围"
        Exit Function                                  '退出函数
    Else
```

```
        Echs = a * x ^ 2 + b * x + c
    End If
End Function
```

【例 10-26】 编程找出数组中的最大值。

```
Public Function Maximum( ) As Integer
    Dim q As Variant
    Dim x(100) As Integer, i As Integer, n As Integer
    Dim Start As Integer, Last As Integer, Num As Integer, Maximum As Integer
    q = Array(7, –2, 3, –20, 15, –6, 27, –12, 9, –5, 18, 23, _9, –16, 22, 0)    ' Defining the array
    Start = LBound(q)
    Last = UBound(q)
    Num = Last - Start + 1
    For i = Start To Last
        x(i) = q(i)
    Next i
    Maximum = x(Start)
    For n = Start + 1 To Last
        If x(n) > Maximum Then Maximum = x(n)
    Next n
End Sub
```

将假定最大值与其后面的每个元素进行比较；若后面的元素大于假定最大值，则将该元素定为假定的最大值。

10.7.2 VBA 对窗体操作

在一个程序中往往包含多个窗体，窗体在程序中用代码互相关联，形成一个有机的整体，可见，窗体操作在 VBA 中是很重要的。

Access 提供了一个对窗体操作非常有用的 DoCmd 对象，DoCmd 对象的常用方法如表 10.8 所示。有关 DoCmd 方法的详细信息，可在 Access 的"帮助"索引中查找。

表 10.8 DoCmd 对象常用方法

名称	作用
OpenForm	打开窗体
GoToRecord	移动记录
Close	关闭窗体
Quit	退出 Access
GotoControl	将焦点指定给窗体上的一个控件
SetFocus	使某控件获得焦点

DoCmd 对象的 OpenForm 和 Close 方法主要用于窗体的打开和关闭。这两个方法都有参数，某些参数是必需的，其他一些是可选的，如果省略可选参数，这些参数将被假定为特定方法的默认值。

（1）OpenForm 方法

OpenForm 方法有七个参数，但只有第一个参数 formname（窗体）是必需的。下面的代码示例是在"窗体"视图中打开一个 Employees 窗体，并移到一条新记录位置。

```
Sub ShowNewRecord( )
    DoCmd.OpenForm "Employees", acNormal
    DoCmd.GoToRecord , , acNewRec
End Sub
```

(2) Close 方法

语法格式：

　　Docmd.Close   acForm,   "窗体名",   acSaveNo

其中：第一个参数指定要关闭对象的类型，如要关闭一个窗体，使用 acForm（是 Access 的内置常量，使 Close 方法知道关闭的是一个窗体）；

第二个参数指定窗体的名称；

第三个参数告诉 Access 是否要保存窗体上的更改，默认设置为提示是否保存，可用 acSaveYes 或 acSaveNo 来确定关闭窗体时是否要保存。

【例 10-27】新建一个窗体，放置一个名为"指定窗体"的标签、一个文本框"txt 窗体"，再放置两个命令按钮，分别是"corn 打开"、"corn 关闭"。窗体模块中编写的代码如下：

```
Option Compare Database
Public forName As String                           '声明窗体名称变量,可在模块任何位置引用
Public Sub open_form(stDocName As String)
    On Error GoTo Err_openform
    Dim stLinkCriteria As String
    DoCmd.OpenForm stDocName, stLinkCriteria       '打开指定窗体并获得焦点
Exit_openform:
    Exit Sub
Err_openform:
    MsgBox Err.Description
    Resume Exit_openform
End Sub
Public Sub close_form(stDocName As String)         '关闭窗体过程
    On Error GoTo Err_closeform
    DoCmd.Close acForm,stDocName,acSaveYes         '关闭指定窗体并保存该窗体
Exit_closeform:
    Exit Sub
Err_closeform:
    MsgBox    Err.Description
    Resume Exit_closeform
End Sub
Sub corn 打开_Click( )                              '打开按钮的单击事件
    forName=Me.txt 窗体                             '将"txt 窗体"的内容赋值窗体名称变量
    open_form(forName)
End Sub
Sub corn 关闭_Click( )                              '关闭按钮的单击事件
    forName=Me.txt 窗体                             '将"txt 窗体"的内容赋值窗体名称变量
    close_form(forName)
End Sub
```

10.7.3 调用 Windows 系统自带的应用程序

在程序中，有时需要用到其他系统已编制好的程序。例如在一个图片管理数据库中可能需要用到 Windows 绘图程序来修改图片，也许还要用到 ACDSee 来察看图片。此时就不必要再逐个将这些程序开发出来，而可以利用 Shell 语句直接运行这些程序。

Shell( )函数语法：

  Shell(pathname[,windowstyle])

其中：pathname 是必需的参数，它指明要运行的程序（包括路径）。windowstyle 是可选的参数，表示在程序运行时的窗口样式，如："1"表示窗口具有焦点；"3"表示窗口具有焦点且最大化。

【例 10-28】 在 Access 数据库中调用 Windows 自带的"计算器"应用程序。

```
Public Sub jsq( )
    On Error GoTo Err_计算器
    Dim windowMe
    windowMe = Shell("C:windowscalc.exe", 1)
    Exit_计算器:
        Exit Sub
    Err_计算器:
        MsgBox Err.Description
        Resume Exit_计算器
End Sub
```

注：该过程调用 C:盘根当前目录（文件夹）中的"windowsscalc.exe"计算器应用程序。

习　题　10

一、填空题

1．VBA 的全称是_____。

2．模块包含了一个声明区域和一个或多个子过程（以_____开头）或函数过程（以_____开头）。

3．说明变量最常用的方法，是使用_____结构。

4．VBA 中变量作用域分为 3 个层次，这 3 个层次是_____、_____和_____。

5．在模块的说明区域中，用_____关键字说明的变量是模块范围的变量；而用_____或_____关键字说明的变量是属于全局范围的变量。

6．要在程序或函数的实例间保留局部变更的值，可以用_____关键字代替 Dim。

7．用户定义的数据类型可以用_____关键字间说明。

8．VBA 的 3 种流程控制结构是顺序结构、_____和_____。

9．VBA 中使用的 3 种选择函数是_____、_____和_____。

10．VBA 提供了多个用于数据验证的函数。其中 IsDate 函数用于_____；_____函数用于判定输入数据是否为数值。

11．在 VBA 的有参过程定义中，形参用_____说明，表明该形参为传值调用；形参用 ByRef 说明，表明该形参为_____。

12. VBA 的错误处理主要使用_____语句结构。
13. On Error Goto 0 语句的含义是_____。
14. On Error Resume Next 语句的含义是_____。
15. VBA 语言中，函数 InputBox 的功能是_____；_____函数的功能是显示消息信息。
16. 在 VBA 中双精度的类型标识是_____。
17. 在 VBA 中，分支结构根据_____选择执行不同的程序语句。
18. VBA 的逻辑值在表达式当中进行算术运算时，True 值被当作_____、False 值被当作_____来处理。
19. VBA 编程中，要得到[15,75]上的随机整数可以用表达式_____。
20. 设有以下窗体单击事件过程：

```
Private Sub Form_Click()
    a=1
    For i=1 To 3
        Select Case i
            Case 1,3
                a=a+1
            Casw 2,4
                a=a+2
        End Select
    Next i
    MsgBox a
End Sub
```

打开窗体运行后，单击窗体，则消息框的输出内容是_____。

二、选择题

1. VBA 中定义符号常量可以用（　　）关键字。
   A．Const   B．Dim   C．Public   D．Static

2. Sub 过程和 Function 过程最根本的区别是（　　）。
   A．Sub 过程的过程名不能返回值，而 Function 过程能通过过程名返回值
   B．Sub 过程可以使用 Call 语句或直接便用过程名，而 Function 过程不能
   C．两种过程参数的传递方式不同
   D．Function 过程可以有参数，Sub 过程不能有参数

3. 定义了二维数组 A(2 to 5．5)，则该数组的元素个数为（　　）。
   A．25   B．36   C．20   D．24

4. 已知程序段：

```
s=0
For i=1 to 10 step 2
    s=s+1
    i=i*2
Next i
```

当循环结束后，变量 i 的值为（ ① ），变量 s 的值为（ ② ）。

①A．10　　　　　B．11　　　　　C．22　　　　　D．16
②A．3　　　　　B．4　　　　　　C．5　　　　　　D．6

5．以下内容中不属 VBA 提供的数据验证函数的是（　　）。
　　A．IsText　　　　B．IsDate　　　　C．IsNumeric　　　D．IsNull

6．已定义好有参函数 f(m)，其中形参 m 是整型量。下面调用该函数，传递实参为 5，将返回的函数值赋给变量 t。以下正确的是（　　）。
　　A．t=f(m)　　　　B．t=Call f(m)　　　C．t=f(5)　　　　D．t=Call f(5)

7．在有参函数设计时，要想实现某个参数的"双向"传递，就应当说明该形参为"传址"调用形式。其设置选项是（　　）。
　　A．ByVal　　　　B．ByRef　　　　C．Optional　　　D．ParamArray

8．在 VBA 代码调试过程中，能够显示出所有在当前过程中变量声明及变量值信息的是（　　）。
　　A．快速监视窗口　B．监视窗口　　　C．立即窗口　　　D．本地窗口

9．VBA 的逻辑值进行错误处理的语句结构是（　　）。
　　A．0　　　　　　B．-1　　　　　　C．1　　　　　　D．任意值

10．VBA 中不能进行错误处理的语句结构是（　　）。
　　A．On Error Then 标号　　　　　B．On Error GoTo 标号
　　C．On Error Resume Next　　　　D．On Error GoTo 0

11．VBA 中用实际参数 a 和 b 调用有参过程 Area(m,n)的正确形式是（　　）。
　　A．Area m,n　　B．Area a,b　　　C．Call Area(m,n)　D．Call Area a,b

12．给定日期 DD，可以计算该日期当月最大天数的正确表达式是（　　）。
　　A．Day(DD)
　　B．Day(DateSerial(Year(DD),Month(DD),Day(DD)))
　　C．Day(DateSerial(Year(DD),Month(DD),0))
　　D．Day(DateSerial(Year(DD),Month(DD)+1,0))

13．下列关于宏和模块的叙述中，正确的是（　　）。
　　A．模块是能够被程序调用的函数
　　B．通过定义宏可以选择或更新数据
　　C．宏或模块都不能是窗体或报表上的事件代码
　　D．宏可以是独立的数据库对象，可以提供独立的操作动作

14．有如下 VBA 代码，运行结束后，变量 n 的值是（　　）。
```
n=0
For i=1 To 3
For j=-4 To -1
n=n+1
Next j
Next i
```
　　A．0　　　　　　B．3　　　　　　C．4　　　　　　D．12

15．假设有如下 Sub 过程
```
Sub sfun( x As Single,y As Single )
t=x
```

```
x=t/y
y=t Mod y
End Sub
```
在窗体中添加一个命令按钮（名为Command1），编写如下事件过程：
```
Private Sub Command1_Click()
Dim a As Single
Dim b As Single
a=5 : b=4
sfun( a,b )
MsgBox a&char(10)+chr(13)&b
End Sub
```
打开窗体运行后，单击命令按钮，消息框中有两行输出，内容分别为（   ）。

  A．1 和 1   B．1.25 和 1   C．1.25 和 4   D．5 和 4

16．有如下 VBA 程序段：
```
sum=0
n=0
For i=1 To 5
    x=n/i
    n=n+1
    sum=sum+x
Next i
```
以上 For 循环计算 sum，所完成的表达式是（   ）。

  A．1+1/1+2/3+3/4+4/5   B．1+1/2+1/3+1/4+1/5

  C．1/2+2/3+3/4+4/5   D．1/2+1/3+1/4+1/5

17．在窗体中有一个命令按钮 run16，对应的事件代码如下：
```
Private Sub run16_Enter()
Dim num As Integer
Dim a As Integer
Dim b As Integer
Dim i As Integer
For i=1 To 10
    num=InputBox("请输入数据：","输入",1)
    If Int(num/2)=num/2 Then
        a=a+1
    Else
        b=b+1
    End If
Next i
MsgBox("运行结果：a="&Str(a)&",b="&Sr(b))
End Sub
```
运行以上事件所完成的功能是（   ）。

  A．对输入的 10 个数据求累加和

  B．对输入的 10 个数据求各自的余数，然后再进行累加

C. 对输入的 10 个数据求分别统计有几个是整数，有几个是非整数

D. 对输入的 10 个数据求分别统计有几个是奇数，有几个是偶数

18. 以下内容中不属 VBA 提供的数据验证函数是（   ）。

    A. IsNull   B. IsDate   C. IsNumeric   D. IsText

19. DAO 模型层次中处在最顶层的对象是（   ）。

    A. DBEngine   B. Workspace   C. Database   D. RecordSet

20. ADO 对象模型中可以打开 RecordSet 对象的是（   ）。

    A. 只能是 Connection 对象   B. 只能是 Command 对象

    C. 可以是 Connection 对象和 Command 对象

    D. 不存在

三、操作题

1. 编制函数算出某月的天数。

2. 编制按专业统计学生人数的子过程。

3. 用随机数函数生成 20 个两位数在立即窗口中输出，并求出其中的最小数，指出是第几个。

4. 编写一个对能对密码进行加密、解密的函数。

5. 编制函数计算 sum=1+(1+3)+(1+3+5)+…+(1+3+5+…+39)。

6. 数据库中有"学生成绩表"，包括"姓名"、"平时成绩"、"考试成绩"和"期末总评"等字段。现要根据"平时成绩"和"考试成绩"对学生进行"期末总评"。要求："平时成绩"加"考试成绩"大于等于 85 分，则期末总评为"优"，"平时成绩"加"考试成绩"小于 60 分，则期末总评为"不及格"，其他情况期末总评为"合格"。请编写一个过程实现。

7. 在窗体中有一个名为 Command1 的命令按钮，请给 Click 事件添加处理代码，功能是：接收从键盘输入的 10 个大于 0 的不同整数，找出其中的最大值和对应的输入位置。

第 11 章 综 合 实 例

产品销售信息管理是实际中最常见的应用之一,本章通过使用工程化思想,开发一个简单的产品销售信息系统来说明如何使用 Access 实现数据管理。

11.1 需 求 分 析

在进行一个项目的设计之前,先要进行必要的需求分析。本例中,某企业希望通过建立一个产品销售信息管理系统,实现办公的信息化管理。其基本功能包括产品信息管理、职工管理、销售情况管理等。

11.2 系 统 设 计

数据库系统的主要功能是进行信息管理,所以,首先需要搞清楚所要存储的信息,以及它们之间的关系。在实际工作中,常见的描述工具是 E-R 图,如图 11.1 所示是产品销售信息管理系统的实体联系图。

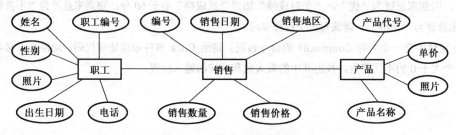

图 11.1 系统的实体联系图

Access 支持关系模型,所以需要将 E-R 图转换为关系模式。根据转换规则,初步得到职工、销售和产品三个关系模式,具体如下:

① 职工(职工编号,姓名,性别,出生日期,电话,照片)。其中职工编号为关键字。
② 销售(编号,职工编号,销售日期,产品代号,销售地区,销售数量,销售价格)。其中编号为关键字。
③ 产品(产品代号,产品名称,单价,照片)。其中产品代号为关键字。

关系模式的表结构分别如表 11.1、表 11.2 和表 11.3 所示。

表 11.1 职工关系模式表结构

字段名	类型	长度	必填字段	输入掩码	有效性规则	默认值
职工编号	文本	10	是	只能填 0 到 9 的数字符号		
姓名	文本	4	是			
性别	文本	1	是		只能填"男"或"女"	男
出生日期	日期		是			

（续表）

字段名	类型	长度	必填字段	输入掩码	有效性规则	默认值
电话	文本	13	否	只能填0到9的数字符号		
照片	OLE对象					

表11.2 销售关系模式表结构

字段名	类型	长度	必填字段	输入掩码	有效性规则	默认值
编号	文本	10	是			
产品代号	文本	10	是			
销售日期	日期		是			
销售地区	文本	8	是			
销售价格	货币		是			
职工编号	文本	10	是	只能填0到9的数字符号		
销售数量	数字	整型	是		大于0	0

表11.3 产品关系模式表结构

字段名	类型	长度	必填字段	输入掩码	有效性规则
产品代号	文本	10	是		
产品名称	文本	10	是		
单价	货币		是		
照片	OLE对象				

系统的功能模块组成如图11.2所示。

图11.2 系统功能结构图

软件是否方便使用很大程度上取决于界面设计是否友好合理，根据系统的要求主要界面设计如图11.3所示。

图11.3 系统主界面

产品信息主要完成产品表的维护工作；销售信息主要完成销售表的日常销售情况记录和维护工作；职工信息主要完成职工表的维护工作；销售情况查询主要用于查询某产品的销售情况；职工销售情况主要用于查询某职工销售的情况。

11.3 系统实现

11.3.1 数据库设计

1. 建立数据库

启动 Access 系统，创建一个空的数据库，命名为“产品销售信息管理”。

2. 创建表

在“产品销售信息管理”数据库中创建职工、销售信息和产品信息三张表，三张表分别按表 11.1、表 11.2、表 11.3 所示的结构设计。

3. 建立表间关系

对创建的三张表建立如图 11.4 所示的表间关系。

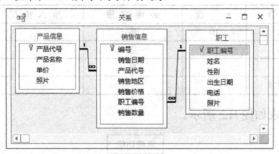

图 11.4 表间关系

11.3.2 查询设计

1. 销售信息查询

设计“销售信息”查询对象，用于查询其销售信息。查询结果视窗包含产品编号、销售日期、产品名称、销售地区、销售价格和销售数量。给查询取名“销售信息查询”，其创建结果如图 11.5 所示。

销售信息查询

编号	销售日期	产品名称	销售地	销售价	销售数
2011020001	2011/2/15	路由器	北京	¥100.00	5
2011020002	2011/2/15	无线路由器	西安	¥150.00	3
2011020003	2011/2/15	交换机	上海	¥300.00	10
2011020004	2011/2/16	无线路由器	北京	¥100.00	15
2011020005	2011/2/16	路由器	西安	¥110.00	15
2011020006	2011/2/16	交换机	西安	¥310.00	6
2011020007	2011/2/17	无线路由器	上海	¥155.00	22

记录: 第 10 项(共 101 无筛选器 搜索

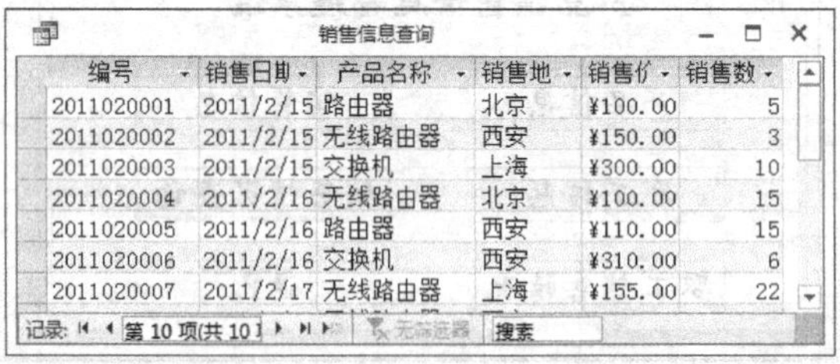

图 11.5 “销售信息查询”窗口

2. 职工销售情况查询

设计“职工销售查询”对象，用于查询职工的销售情况。查询结果视窗包含职工名、产品名称、销售日期、销售价格、销售数量和销售地区。给查询取名"职工销售查询",其设计视图如图11.6所示,运行结果如图11.7所示。

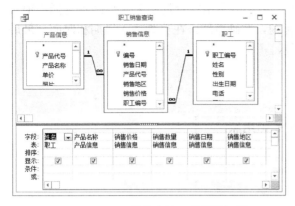

图11.6 "职工销售查询"的设计视图　　　　图11.7 "职工销售查询"运行窗口

3．产品汇总统计查询

设计"产品查询"对象,用于汇总统计产品销售情况。查询结果视窗包含产品名称、销售地区、销售价格汇总统计和销售数量汇总统计。给查询取名"产品查询",其设计视图如图11.8所示,运行结果如图11.9所示。

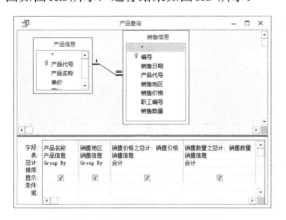

图11.8 "产品查询"的设计视图　　　　图11.9 "产品查询"运行窗口

4．销售地区汇总查询

设计一个按产品名称和销售地区汇总销售数量(求和)的交叉查询对象,给查询取名"地区销售查询",运行结果如图11.10所示。

图11.10 "地区销售查询"运行窗口

11.3.3 报表设计

通过设计视图创建销售信息查询结果报表,用于显示销售查询结果,数据源选择"销售信息查询",并对其进行美化,在页眉处添加标题,并画直线,在页脚插入日期和时间。最后将报表命名为"销售信息",结果如图 11.11 所示。

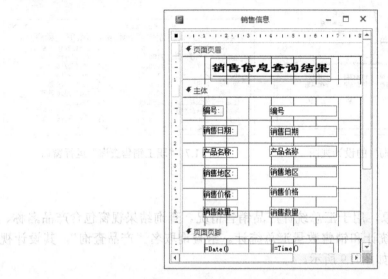

图 11.11 "销售信息"查询结果报表的设计视图

11.3.4 窗体设计

1. 产品信息管理窗体设计

产品信息管理窗体是用于对产品信息进行录入、修改等工作使用的窗体。其窗体设计过程如下。

① 使用向导创建该窗体,相关参数设置情况如下:
- 数据来源:产品表;
- 布局:纵栏式;
- 样式:标准。

窗体命名"产品信息",结果如图 11.12 所示。

② 在图 11.12 基础上添加"销售地区查看"按钮,单击该按钮可以查看产品按地区汇总的销售信息。

切换到设计视图,添加命令按钮 Cmd1,设置标题属性为"销售地区查看",右键单击该按钮,在快捷菜单上选择"事件生成器",在弹出的对话框中选择"代码生成器",在弹出的 VBA 设计窗口中添加如下代码:

```
Private Sub Command_Click()
    DoCmd.OpenQuery "地区销售查询"
End Sub
```

保存设计,退出 VBA 设计窗口。最终的设置效果如图 11.13 所示。

图 11.12 "产品信息"窗体效果　　　　图 11.13 "产品信息"窗体最终效果

2．销售信息管理窗体设计

销售信息管理窗体是用于对日常销售情况进行录入等工作使用的窗体。其窗体设计过程如下。

① 使用向导创建该窗体，相关参数设置情况如下：
- 数据来源："销售信息"表；
- 布局：纵栏式；
- 样式：标准。

窗体命名"销售信息"，结果如图 11.14 所示。

② 在图 11.14 基础上添加"产品信息"按钮，单击该按钮可以查看产品的详细信息。

切换到设计视图，添加命令按钮 Cmd，属性设置如下：
- 标题：产品信息；
- 字体：宋体；
- 字号：10；
- 字体粗细：加粗。

图 11.14 "销售信息"窗体效果

右键单击"产品信息"按钮，在快捷菜单上选择"事件生成器"，在弹出的对话框中选择"代码生成器"，在弹出的 VBA 设计窗口中添加代码，代码如下：

```
Private Sub Command_Click()
    DoCmd.OpenForm "产品信息"
End Sub
```

保存设计，退出 VBA 设计窗口。

③ 在图 11.14 基础上再添加"预览"和"打印"按钮两个按钮，用来操作报表。

"预览"按钮用于预览报表，在命令按钮向导对话框中设置如下属性："类别"选择：报表操作；"操作"选择：预览报表；数据源：选择报表对象中的"产品信息"报表。

"打印"按钮用于打印报表，在命令按钮向导对话框中设置如下属性："类别"选择：报表操作；"操作"选择：打印报表；数据源：选择报表对象中的"产品信息"报表。最终的设置效果如图 11.15 所示。

3. 职工信息管理窗体设计

职工信息管理窗体是用于对职工情况进行录入、修改等工作使用的窗体。其窗体设计过程如下。

① 使用向导创建该窗体，相关参数设置情况如下：
- 数据来源："销售信息"表；
- 布局：纵栏式；
- 样式：标准。

② 进入设计视图修改照片显示的位置，将其放到窗体的左上角处。

最后窗体命名为"职工"，结果如图11.16所示。

图11.15 "销售信息查询"窗体效果　　　　图11.16 "职工"窗体效果

4. 产品销售情况窗体设计

产品销售情况窗体主要用于查询某产品的销售情况。其窗体设计过程如下。

① 使用向导创建该窗体，相关参数设置情况如下：
- 数据来源：职工表；
- 布局：纵栏式；
- 样式：标准。

② 进入设计视图修改照片显示的位置，将其放到窗体的左上角处。

③ 添加一个子窗体控件，数据来源：选查询对象中的"产品销售情况"。

最后窗体命名为"产品销售情况"查询，结果如图11.17所示。

5. 职工销售情况窗体设计

职工销售情况窗体主要用于查询某职工销售的情况。其窗体设计过程如下。

① 使用向导创建该窗体，相关参数设置情况如下：
- 数据来源：职工表；只选择"职工编号，姓名，性别和照片"4个字段；
- 布局：纵栏式；
- 样式：标准。

② 进入设计视图修改照片显示的位置，将其放到窗体的左上角处，如图11.18所示。

③ 添加一个子窗体控件，数据来源：选查询对象中的"职工销售查询"。

最后窗体命名为"职工销售情况"，结果如图11.18所示。

6. 管理系统主窗体设计

应用程序主界面就是产品销售信息管理系统主窗体，如图11.3所示，其创建方法是通过设计视图创建。窗体属性设置如下：标题："产品销售信息管理系统"；滚动条："两者均无"；记录器选择："否"；导航按钮："否"；分隔线："否"；边框样式："对话框边框"；图片缩放模式："拉伸"。

 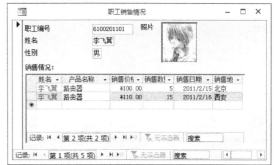

图11.17　"产品情况查询"窗体效果　　　　图11.18　"职工销售情况"窗体效果

为窗体添加背景图像，在窗体上添加标签，内容为："产品销售信息管理系统"。

在窗体上建立6个命令按钮：其名称（name）属性分别为Cmd1、Cmd2、Cmd3、Cmd4、Cmd5和Cmd6；标题属性分别为"产品信息"、"销售信息"、"职工信息"、"销售情况查询"、"职工销售情况"和"退出"。六个按钮的字体、字号和字体粗细多采用统一的标准，即14号楷体并加粗。

为主窗体中的6个按钮设置单击事件处理。

① 右键单击"产品信息"按钮，在弹出的快捷菜单中选择"事件生成器"，再在弹出的对话框中选择"宏生成器"，宏取名为"产品信息"。宏包含两个操作，第一个操作选择：Hourglass，第二个操作选择：OpenForm，窗体名称参数选"产品信息"窗体，其设置如图11.19所示。

② 右键单击"销售信息"按钮，在弹出的快捷菜单中选择"事件生成器"，再在弹出的对话框中选择"宏生成器"，宏取名为"销售信息"。宏包含两个操作，第一个操作选择：Hourglass，第二个操作选择：OpenForm，窗体名称参数选"销售信息"窗体，其设置如图11.20所示。

③ 右键单击"职工信息"按钮，在弹出的快捷菜单中选择"事件生成器"，再在弹出的对话框中选择"宏生成器"，宏取名为"职工信息"。宏包含两个操作，第一个操作选择：Hourglass，第二个操作选择：OpenForm，窗体名称参数选"职工信息"窗体，其设置如图11.21所示。

④ 右键单击"销售情况查询"按钮，在弹出的快捷菜单中选择"事件生成器"，再在弹出的对话框中选择"宏生成器"，宏取名为"销售情况查询"。宏包含两个操作，第一个操作选择：Hourglass，第二个操作选择：OpenForm，窗体名称参数选"产品情况查询"窗体，其设置如图11.22所示。

⑤ 右键单击"职工销售情况"按钮，在弹出的快捷菜单中选择"事件生成器"，再在弹出的对话框中选择"宏生成器"，宏取名为"职工销售情况"。宏包含两个操作，第一个操作选择：Hourglass，第二个操作选择：OpenForm，窗体名称参数选"职工销售情况"窗体，其设置如图11.23所示。

⑥ 最后给"退出"按钮的单击添加"Quit"事件处理。

图 11.19　产品信息宏

图 11.20　销售信息宏

图 11.21　职工信息宏

图 11.22　销售情况查询宏

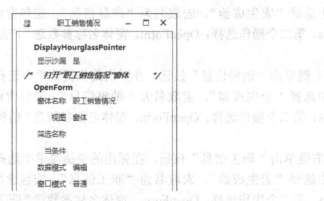

图 11.23　职工销售情况查询宏

11.4　系统测试及运行

启动系统，输入数据，测试系统是否完成了指定的功能，如果完成则可以使用，如果还没有达到要求，则需要进一步改进。

若设置了 AutoExec 宏，且宏中提供打开"产品销售信息管理系统"窗体，则启动数据库后，系统自动启动该窗体。

系统运行关系的结构如图 11.24 所示。

第 11 章 综合实例

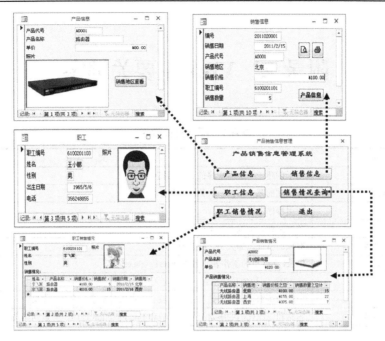

图 11.24 系统运行关系

习 题 11

结合教材内容的学习，完成"学生信息管理系统"的开发，主要包括：数据库表的建立、完整性设置、数据输入、创建查询、建立窗体、建立报表、建立系统菜单等。基本要求如下：

（1）建立数据库，数据库名称为：学生信息管理。

（2）建立数据表及关联："学生档案"表、"课程信息"表、"学生成绩"表、"学生操行分"表。

（3）建立相关查询。

（4）建立如下几个窗体。

①"学生档案登录"窗体：可输入学生的基本信息，窗体中能显示学生档案表中的所有字段。要有添加、保存、退出等相应控制按钮。

②"课程信息登录"窗体：可输入课程信息，窗体中能显示课程信息表中的所有字段。要有添加、保存、退出等相应控制按钮。

③"学生信息显示"窗体：可显示学生的基本信息，包括学生的选课情况。

④"学生选课情况"窗体：可显示学生的选课情况，通过按班级查询、按学号查询、按课程名查询等几个按钮对学生的选课情况进行查询。

⑤"学生选课"窗体：可完成学生的选课录入。

⑥"学生选课成绩登录"窗体：可完成学生选课成绩的录入。

⑦"操行分登录"窗体：用于输入学生操行分的情况。

⑧"操行分查询"窗体：用于学生操行分的查询。

（5）建立"学生成绩统"和"学生基本信息"两个报表。

（6）建立 AutoExec 宏，提供启动数据库后自动打开"学生信息管理"系统。

附录 A　VBA 主要关键字

表 A.1　框架类关键字

关　键　字	含　　义
Project（工程）	用于创建一个应用程序的文件的集合
Object（对象）	可控制的某个东西，例如窗体和控件
Form（窗体）	应用程序的用户界面
Control（控件）	各种按钮、标签、文本框等
Property（属性）	对象的特征，如大小、标题或颜色
Worksheet（工作表）	Excel 文件里的工作表，例如 sheet1、sheet2 等
Module（模块）	在 VBA 工程中存放独立于用户定义对象代码的容器
Sub（过程）	容纳和组织代码的限定符号，一般和 End Sub 连用，不返回结果
Function（函数）	容纳和组织代码的限定符号，一般和 End Function 连用，并返回结果

表 A.2　控件类关键字

关　键　字	含　　义
Label（标签）	用来显示文本
Textbox（文本框）	用来提供给用户输入文本
CommandButton（命令按钮）	用来组织和提供程序功能
ListBox（列表框）	用来提供给用户选择列表中的数据
ComboBox（组合框）	用来提供给用户下拉选择列表中的数据
OptionButton（选项按钮）	用来提供给用户指定单项数据，一般成组使用
CheckBox（复选框）	用来提供给用户指定多项数据，一般成组使用

表 A.3　声明类关键字

关　键　字	含　　义
Public	声明公共类型的数据
Private	声明私有类型的数据
Static	声明静态类型的数据
Dim	声明数据类型，如 Dim myCell As Range
ReDim	定义未显式声明的数组的维数和元素
Const	声明常量数据，如 Const limit As Integer =33
Type	声明用户自定义数据类型
Rem	注释

表 A.4　数据类型关键字

关　键　字	含　　义
Byte	字节类型
Integer	整型数值类型
Long	长整型数值类型
String	字符串类型

（续表）

关 键 字	含 义
Boolean	逻辑类型
Single	单精度类型
Double	双精度类型
Currency	货币数值类型
Decimal	可以容纳小数的数值类型
Variant	任何数字值或字符串值
Object	对象类型

表 A.5 程序结构类关键字

关 键 字	含 义	关 键 字	含 义	关 键 字	含 义
And	并且	If	如果	Me	我
Or	或者	Else	否则	Stop	停止
Not	非	For	计数	Is	是
Mod	取模	Do	做	Exit	退出
Eqv	等价	While	当	Let	让
Xor	异或	Loop	循环	Wend	当结束
Imp	隐含	Next	下一条	Select	选择
As	为	Goto	转移	Step	步长
Call	调用	Then	那么	Until	直到
Case	条件	Byavl	传值	Byref	传址

附录 B VBA 常见函数

一、几类常见函数

表 B.1 常用数学函数

函数名	含义	函数名	含义
Abs(N)	取绝对值	Rnd[(N)]	产生大于等于 0 小于 1 的随机数
Sin(N)	正弦函数	Sgn(N)	符号函数
Cos(N)	余弦函数	Sqr(N)	平方根
Tan(N)	正切函数	Fix(N)	取整
Atn(N)	返回用弧度表示的反正切值	Int(N)	取小于或等于 N 的最大整数
Exp(N)	以 e 为底的指数函数，即 eN	Round(N1[,N2])	四舍五入（若省略 N2 则取整）
Log(N)	以 e 为底 N 的自然对数		

表 B.2 常用字符串函数

函数名	含义	实例	结果
Ltrim$(字符串表达式)	去掉字符串中左边的空格	LTrim$("　ABCD")	"ABCD"
Rtrim$(字符串表达式)	去掉字符串中右边的空格	RTrim$("ABCD　")	"ABCD"
Left[$](字符串,字符个数)	返回从左边开始的指定数目的字符	Left("Visual Basic",6)	"Visual"
Right[$](字符串,字符个数)	返回从右端开始的指定数目的字符	Right("Visual Basic",5)	"Basic"
Mid[$](字符串,起始位置,[字符个数])	返回从起始位置开始的指定个数子字符串	Mid$("ABCD",2,3)	"BCD"
Len(字符串表达式)	返回字符串的长度	Len("水电出版社")	5
LenB(字符串表达式)	返回字符串中所占字节数	Len("水电出版社")	10
Space(n)	返回 n 个空格字符	Space(5)	"　　　　　"
String[$](n,字符串)	返回由首字符组成的 n 个字符串	String$(5,"abc")	"aaaaa"

表 B.3 数据类型转换函数

函数	转换后的类型或返回值	函数	转换后的类型或返回值
Cbool(x)	Boolean	CSng(x)	Single
Cbyte(x)	Byte	CStr(x)	String
Ccur(x)	Currency,小数部分最多保留 4 位,且四舍五入	Cvar(x)	Variant
Cdate(x)	Date	CVErr(x)	Error
Cdbl(x)	Double	Hex(x)	十进制转换为十六进制数
Chr(x)	返回字符码对应的 ASCII 字符	Oct(x)	十进制转换为八进制数
Cint(x)	把小数部分四舍五入后,转换为整数	Str(x)	返回字符串
Clng(x)	把小数部分四舍五入后,转换为长整数	Val(x)	返回字符串内的数字

表 B.4 常用日期/时间函数

函数名	返回类型	功能	示例	返回值
Day(日期)	Integer	返回日期，1~31 的整数	Day(#2000/3/15#)	15
Month(日期)	Integer	返回月份，1~12 的整数	Month(#2000/3/15#)	3
Year(日期)	Integer	返回年份	Year(#2000/3/15#)	2000
Weekday(日期)	Integer	返回星期几	Weekday(#2000/3/15#)	4
Time	Date	返回当前系统时间	Time	系统时间
Date	Date	返回系统日期	Date	系统日期
Now	Date	返回系统日期和时间	Now	系统日期与时间
Hour(时间)	Integer	返回钟点，0~23 的整数	Hour(#4:35:17PM#)	16
Minute(时间)	Integer	返回分钟，0~59 的整数	Minute(#4:35:17PM#)	35
Second(时间)	Integer	返回秒钟，0~59 的整数	Second(#4:35:17PM#)	17

二、其他函数

1．InputBox()函数

在应用程序中，常使用 InputBox()函数向变量输送数据。

函数格式为：

　　InputBox(<提示字符>[,标题] [,x 坐标] [,y 坐标][帮助文件,内容])

函数功能：按给定的提示信息显示消息框，接收并返回用户输入的信息。

其中，x 坐标和 y 坐标是指定消息框在屏幕上的显示位置；帮助文件的作用是：当在输入窗口选择"帮助"时所调用的显示文件。

2．MsgBox( )函数

MsgBox( )函数是产生消息框的函数，消息框通常用来显示一些提示信息，供用户选择，例如，是选择"确定"还是选择"取消"等。

函数格式：

　　MsgBox (提示信息,[消息类型标志+按钮类型+默认按钮],[标题信息],[帮助文件,内容])

函数功能：在程序运行中显示提示信息，产生一个对话框，等待用户单击选择的按钮，并返回一个整数值，用户可根据返回的值，决定下一步的操作。

函数中几个参数意义如下：

提示信息：是需要在屏幕上显示的信息。

消息类型标志：是显示的图形标志，如表 B.5 所示。

按钮类型：是指显示的按钮类型，如表 B.6 所示。

默认按钮：是设定在多个按钮中的默认按钮，如表 B.7 所示。

标题信息：显示框的标题。

帮助文件：是当在显示的对话框中选择了"帮助"时，系统调用的帮助文件名。

表 B.5　消息类型标志图形

符号常量	值	图形	含义
VbCritical	16	×	显示 Critical Message 图标
VbQuestion	32	?	显示 Warning Query 图标
VbExclamqtion	48	!	显示 Warning Message 图标
VbInformation	64	i	显示 Information Message 图标

表 B.6　按钮类型值

符号常量	值	在消息对话框显示的按钮
VbOkOnly	0	确定
VbOkCancel	1	确定、取消
VbAbortRetryIgnore	2	终止、重试、忽略
VbYesNoCancel	3	是、否、取消
VbYesNo	4	是、否
VbRetryCancel	5	重试、取消

表 B.7　默认按钮值

符号常量	值	默认的活动按钮
VbDefaultButtion1	0	第一个按钮
VbDefaultButtion2	256	第二个按钮
VbDefaultButtion3	512	第三个按钮

例如，当执行下列命令后，将显示图 B.1 所示的消息窗口。
Name=MsgBox("Application Stopped!",48+2 , "MsgBox 示例")

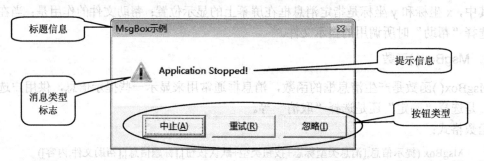

图 B.1　MsgBox ()函数执行结果

函数的返回值如表 B.8 所示。

表 B.8　函数的返回值

常数	值	含义	常数	值	含义
VbOk	1	Ok（确定）	VbCancel	2	Cancel（终止）
VbAbort	3	Abort（取消）	VbRrtey	4	Retry（重试）
VbIgnore	5	Ignore（忽略）	VbYes	6	Yes（是）
VbNo	7	No（否）			

3. IIf( )函数

该函数可用于选择操作。

函数格式：

  IIf(条件表达式,表达式 1,表达式 2)

函数功能：根据"条件表达式"的值来决定返回值。如果"条件表达式"的值为 True（真），函数返回"表达式 1"的值；"条件表达式"的值为 Flase（假），函数返回"表达式 2"的值。

例如，strx=IIf([cj] > =60, "及格","不及格")

4．DLookup()函数

该函数用于从指定记录集（一个域）获取特定字段的值。

函数格式：

  DLookup(expr, domain, [criteria])

其中，expr 是要获取值的字段名称；domain 是获取值的表或查询名称；criteria 用于限制 DLookup 函数执行的数据范围。

例如，DLookup("字段名称","表或查询名称", "条件字段名 =" & forms!窗体名!控件名)

参 考 文 献

[1] 董卫军. 数据库原理与实践. 北京：电子工业出版社，2011.
[2] 董卫军. 数据库基础与应用. 北京：清华大学出版社，2012.
[3] 董卫军. 计算机导论（第2版）. 北京：电子工业出版社，2014.
[4] David M. Kroenke. 数据库原理. 冯飞，译. 北京：清华大学出版社，2008.
[5] 王珊. 数据库系统概论（第四版）. 北京：高等教育出版社，2006.
[6] 教育部高等学校文科计算机基础教学指导委员会. 大学计算机教学基本要求（2010版）. 北京：高等教育出版社，2010.
[7] Michael R. Access 2007 教程. 谢俊，译. 北京：人民邮电出版社，2008.